MBA、MPA、MPAcc、MEM管理类联考综合能力逻辑精选600题

(20套全真试卷及详解)

周建武　编著

中国人民大学出版社
·北京·

前　言

管理类联考综合能力（科目代码199）和经济类联考综合能力（科目代码396）分别是为了招收管理类和经济类专业学位硕士研究生而设定的全国性联考科目，这两类联考的综合能力试卷中均包含逻辑推理测试。

为帮助广大考生有针对性地进行逻辑复习备考，在20多年专硕逻辑辅导和20多部管理类、经济类、工程类专硕逻辑应试图书编写经验的基础上，现全新推出考研逻辑系列图书，包括《MBA、MPA、MPAcc、MEM管理类联考综合能力逻辑历年真题分类精解（精讲篇）》《MBA、MPA、MPAcc、MEM管理类联考综合能力逻辑历年真题分类精解（精练篇）》《MBA、MPA、MPAcc、MEM管理类联考综合能力逻辑精选600题（20套全真试卷及详解）》，共三种。

逻辑研究的是理性思维。所谓理性思维，是人们通过大脑的抽象作用对客观对象内在规定性的认识，是认识发展的高级阶段。逻辑有广义和狭义两种不同的含义：广义的逻辑泛指与人的思维和论辩有关的形式、规律与方法，通常就是指人们思考问题，从某些已知条件出发推出合理的结论的规律；狭义的逻辑指的是逻辑学这门学科，主要研究推理，是关于推理有效性的科学。

逻辑推理是管理类和经济类联考综合能力考试的重要组成部分。作为能力型测试，逻辑推理测试绝不是考简单的概念、知识、原理的记忆和背诵，而是主要考查逻辑思维能力的应用和实际分析解决问题的能力。逻辑推理的考查内容包括形式推理和非形式推理两大类，题量各占一半左右。为使考生对逻辑推理测试有个整体把握，以便更好地使用本系列图书复习备考，现将逻辑试题的分类、特点、考查内容、考查目标、题量比例、试题类型归纳如下（见下表）：

<table>
<tr><th>分类</th><th>特点</th><th>考查内容</th><th>考查目标</th><th>题量比例</th><th>试题类型</th></tr>
<tr><td rowspan="2">形式推理</td><td rowspan="2">必然性推理
分析性推理</td><td>词项逻辑
命题逻辑</td><td>知识应用能力</td><td>约25%</td><td>知识型试题</td></tr>
<tr><td>演绎推理</td><td>演绎分析能力</td><td>约25%</td><td rowspan="3">能力型试题</td></tr>
<tr><td rowspan="2">非形式推理</td><td rowspan="2">或然性推理
批判性推理</td><td>归纳逻辑
论证逻辑</td><td>归纳推理能力
论证思维能力</td><td rowspan="2">约50%</td></tr>
<tr><td>论证推理</td><td>批判性思维能力</td></tr>
</table>

作为管理类、经济类专业学位硕士研究生入学考试的重要内容，逻辑推理测试的目的是科学、公平、准确地考查考生的逻辑思维能力。逻辑推理测试的特征是考查学生是否具有严谨的逻辑推理能力和在复杂情况下处理众多信息的分析能力，为应对这种富有挑战性的实力型测试，考生既需要具有雄厚的综合实力，又需要运用有效的应试方法和策略。

真题是复习备考的最好蓝本。逻辑命题具有很强的继承性，历年真题具有重要的参考价值。《MBA、MPA、MPAcc、MEM管理类联考综合能力逻辑历年真题分类精解》一书出版20余年以来，受到了历届考生的认可和推崇。由于真题的增加，从2024年开始，《MBA、MPA、MPAcc、MEM管理类联考综合能力逻辑历年真题分类精解》修订、拆分为“精讲篇”和“精练篇”两本书出版。

《MBA、MPA、MPAcc、MEM管理类联考综合能力逻辑历年真题分类精解（精讲篇）》涵盖了历年管理类联考及其前身MBA联考的真题。全书从考生的实际出发，以逻辑推理理论为立足点，以逻辑学知识体系为基础，以日常逻辑思维能力的训练为目标，以真题分类讲解为特色，把知识贯通、思维训练与解题技巧有效地结合起来。该书编写指导思想是紧扣逻辑推理考试特点，始终体现逻辑备考的基本原则，即“化繁为简，思维至上”。

《MBA、MPA、MPAcc、MEM管理类联考综合能力逻辑历年真题分类精解（精练篇）》涵盖了历年经济类联考、在职MBA联考、前期MBA联考和MPA/MPAcc联考的真题。全书从题型特点和解题方法出发，对逻辑推理考试进行了分类归总，在讲清每种套路的基本特点后，对例题的解题程序和方法进行详细分析，让考生学会运用这些基本的解题思路去实际解答考题。

书中相关真题标注表示的意思是“年代/考试类型-题号”，比如“2018MBA－31”，表示“2018年管理类联考综合能力的第31题”。其中，考试类型标注表示的意思分别为：“MBA”表示管理类联考及其前身MBA联考，“GRK”表示在职MBA联考，“JRK”表示经济类联考，“MPA/MPAcc”表示MPA/MPAcc联考。

逻辑应试能力训练需要通过大量做题，才能达到熟能生巧的效果。那么，到底要做多少题才能达到熟练的程度呢？根据笔者长期的辅导经验，达标训练量是1 000道题，理想训练量是2 000～3 000道题，完成这种程度的训练量，考生将达到豁然开朗的境界。为帮助考生更好地进行复习备考，本系列图书汇集了国内历年管理类、经济类联考的逻辑考试真题，并筛选了各类逻辑习题编制成模拟题，达到了理想的训练量。

《MBA、MPA、MPAcc、MEM管理类联考综合能力逻辑精选600题（20套全真试卷及详解）》一书精选了600道经典的逻辑题，编成了20套与考试要求高度一致的全真模拟试题，并附上了详细的解析，作为考生最后冲刺训练之用。这600道题覆盖了逻辑各类题型和考点，是考生考前训练的重要素材。做完这本书的模拟题，考生完全可以很清晰地领悟到逻辑到底考什么、怎么考，达到豁然开朗的境界。

高质量的考试辅导图书要具备三个要素：一是凸显为考生备考服务的宗旨；二是具有前瞻性，对今后的考试有指导意义；三是严格遵循大纲要求，难度与考试试卷相符或略微偏高。本系列图书就是按这样的要求来编写的。首先，针对考试题量大、内容广的特点，全面精讲基础知识和基本技能，帮助考生做好全面复习，尽快适应考试；其次，根据命题思路，举题型讲方法，对以往考题进行剖析，充分展示解题技巧和规律性，便于考生掌握和应用；最后，强调精练，在统计分析以往考题的基础上，结合未来命题的趋势，精心编排设计了针对性强、与命题发展方向相吻合的模拟试题。

本系列图书通过真题分类精讲、精练和模考训练，引导考生深刻领悟并熟练掌握各类逻辑题型的解题方法与技巧。相信本系列图书能够帮助考生更好地进行逻辑科目的复习备考，全面掌握逻辑推理的基础知识、批判性思维技法、逻辑应试特点和解题技法，在较短的时间内有效地提高逻辑推理能力和实际解题能力，以真正实现逻辑科目的高分突破。

衷心希望本系列图书能帮助考生有效地提高实战能力，给应试备考带来实实在在的训练效果。祝愿各位考生在认真准备的基础上有良好的发挥，实现高分突破，顺利考取理想院校的专业硕士研究生。

由于本系列图书涉及的范围广、内容多、题量大，疏漏和不足之处在所难免，因此，热诚欢迎广大读者提出宝贵意见，以使再版时修正。若有信息反馈，请直接发至笔者邮箱：758566755@qq. com。

周建武

2024 年 4 月于北京

目　录

模拟试题一

1.《大医精诚》一文出自唐朝孙思邈所著《备急千金要方》，是中医学典籍中论述医德的一篇重要文献。该文论述了一个好医生应该具有的素质：一是精，即要有精湛的医术；二是诚，即要有高尚的品德，具有同情仁爱救人之心。

从上文可合乎逻辑地推出以下各项陈述，除了：

A. 具有精湛医术的人是好医生。

B. 好医生应有高尚的品德。

C. 没有精湛的医术，光有高尚的品德，也不是好医生。

D. 没有高尚的品德，就不能成为好医生。

E. 好医生应有精湛的医术。

2. 许多成功的影视导演是先经过几年正规的专业学习之后才开始自己的职业生涯的，尽管有相当数量的影视导演未经过正规的专业学习，是在实践中通过向同行学习而掌握技术的，但是没有一个忽视大众心理需求的影视导演能够获得成功。

如果以上陈述为真，以下哪项陈述必然为真？

A. 一个影视导演越重视大众的心理需求，就越有可能获得成功。

B. 没有一个在实践中通过向同行学习而掌握技术的影视导演会忽视大众的心理需求。

C. 所有不成功的影视导演都忽视了大众的心理需求。

D. 并不是所有经过正规专业学习的影视导演都忽视大众的心理需求。

E. 所有没经过正规专业学习的导演都不成功。

3. 动物种群的跨物种研究表明，出生一个月就与母亲隔离的幼仔常常表现出很强的侵略性。例如，在觅食时好斗且拼命争食，别的幼仔都退让了，它还在争抢。解释这一现象的假说是，出现侵略性强的毛病是由于幼仔在初始阶段缺乏由父母引导的社会化训练。

以下哪项陈述如果为真，能够最有力地加强上述论证？

A. 早期与母亲隔离的羚羊在冲突中表现出极大的侵略性以确立其在种群中的优势地位。

B. 在由父母引导的社会化训练环境中长大的黑猩猩在交配冲突中表现出的侵略性，比不是在这一环境中长大的黑猩猩弱得多。

C. 出生头三个月被人领养的婴儿在童年时期常常表现得富有侵略性。

D. 许多北极熊在争食冲突中表现出的侵略性比在交配冲突中强。

E. 性格温顺的大熊猫在饥饿的时候也表现出了较强的侵略性。

4. “羡慕嫉妒恨”是近年来的网络流行语，它正好刻画了嫉妒的生长轨迹：始于羡慕终于恨。对一个人来说，被人嫉妒等于领受了嫉妒者最真诚的恭维，是一种精神上的优越和快感。而嫉妒别人，则或多或少透露出自己的自卑、懊恼、羞愧和不甘。忌恨优者、能者和强者，既反映出自己人格的卑污，也不会有任何好结果。因此，______

以下哪一项陈述可以最合逻辑地完成上文的论述？

A. 羡慕嫉妒恨是一种有害无益的心理情绪。

B. 与其羡慕嫉妒恨，不如知耻而后勇，尽力把自己的事情做好。

C. 我们应该用祝福的心态看待他人，用他人的成功激励自己。

D. 我们应该保持一种“比上不足，比下有余”的心态，学会宽慰自己。

E. 换位思考和同理心是减少羡慕嫉妒恨的最有效的办法。

5. “俏色”指的是一种利用玉的天然色泽进行雕刻的工艺。这种工艺原来被认为最早始于明代中期，然而，在商代晚期的妇好墓中出土了一件俏色玉龟，工匠用玉的深色部分做了龟的背壳，用白色部分做了龟的头尾和四肢。这件文物表明，“俏色”工艺最早始于商代晚期。

以下哪一项陈述是上述论证的结论所依赖的假设？

A.“俏色”是比镂空这种透雕工艺更古老的雕刻工艺。

B. 妇好墓中的俏色玉龟不是更古老的朝代留传下来的。

C. 因势象形是“俏色”和根雕这两种工艺的共同特征。

D. 周武王打败商纣王时，从殷都带回了许多商代玉器。

E. 彩绘工艺比“俏色”工艺出现的时间还要早得多。

6. 革命根据地等叫作“红色景点”，到红色景点参观叫作“红色旅游”。浙江长兴县新四军苏浙军区纪念馆以前收费卖门票时游客非常多，去年7月按省文物局规定免费开放后却变得冷冷清清。全国不少红色景点都出现了类似的尴尬局面。

以下哪项陈述如果为真，能够最好地解释上述奇怪的现象？

A. 很多游客为上海世博会所吸引。

B. 一些红色景点的公共设施比较落后，服务质量不高。

C. 国家六部委号召免费开放红色景点，旨在取消价格门槛，让更多的人接受红色教育。

D. 大部分游客通过旅行社的安排进行红色旅游，而旅行社的大部分盈利来自门票提成。

E. 红色景点免费开放有助于青少年的革命传统教育。

7. 曹操墓的具体位置历来争议颇多，宋代以来就有七十二疑冢之说。但该墓的位置近来已经得到确认，因为河南省文物局于2009年12月对外公布，经河南省文物考古研究所发掘确认，曹操墓位于河南省安阳县安丰乡西高穴村。

以下哪项陈述是上述论证所依赖的假设？

A. 从西高穴村的墓中发掘出很多文物，上面有文字表明此墓就是曹操墓。

B. 参与发掘工作的所有人员均证明，墓中发掘出来的文物全是真的。

C. 河南省文物考古研究所曾多次成功地发掘古代坟墓，经验很丰富。

D. 河南省文物考古研究的考古发现具有极高的可信度并得到公认。

E. 河南省文物考古研究所拥有很多专业考古人员。

8. 经济学家：有人主张对居民的住房开征房产税，其目的是抑制房价，或为地方政府开拓稳定的税源，或调节贫富差别。如果税收不是一门科学，如果税收没有自身运行的规律，那么，根据某些官员的意志而决定开征房产税就是可能的。房产税是财产税，只有我国的税务机关达到征收直接税和存量税的水平，才能开征房产税。

要从以上陈述推出“我国现在不能开征房产税”的结论，必须增加以下哪项陈述作为前提？

A. 税收是一门科学，并且税收有自身运行的规律。

B. 开征房产税将面临评估房地产价值、区分不同性质的房产等难题。

C. 将房产税作为抑制房价的手段或作为地方政府的稳定税源都不是开征房产税的充足理由。

D. 我国税务机关目前基本上只能征收间接税和以现金流为前提的税，不能征收直接税和存量税。

E. 开征房产税是个复杂的问题，需要全面综合考虑各方的承受能力。

9. 世界杯期间，法国足球队有替补队员参与了罢训事件。

如果上述判断为真，则以下哪项不能确定真假？

Ⅰ. 法国足球队的替补队员尼尔参与了罢训事件。

Ⅱ. 法国足球队有的替补队员没有参与罢训事件。

Ⅲ. 法国足球队全体队员都没有参与罢训事件。

Ⅳ. 法国足球队没有任何替补队员不参与罢训事件。

A. 仅Ⅰ。

B. Ⅰ、Ⅱ和Ⅲ。

C. Ⅰ、Ⅱ和Ⅳ。

D. 仅Ⅲ。

E. Ⅰ、Ⅱ、Ⅲ和Ⅳ。

10. 小行星和地球相撞而造成的全球性灾难一直是解释恐龙以及其他种类动物灭绝的一个受到特别注意的理论。支持这一理论的论据是在世界范围内发现的泥土层里有外星的化学元素，这一泥土层处于和假定事件同一时期的地质层里。一种新的不同意见认为，这和任何小行星的影响都无关，原因是巨大的火山运动把大量的灰尘抛入空气中，以使地球冷却下来从而引起生物灭绝。印度的德干地区就有很长的火山流，它们与所假定的小行星的影响和生物灭绝处于同一时期。

以上论述中的新理论假设了以下哪项？

A. 巨大的火山运动不是由小行星的影响造成的。

B. 如果小行星和地球相撞确实发生过的话，没有一只恐龙在其中幸免于难。

C. 生物灭绝如果是由小行星的影响造成的，毁灭的时间会很短。

D. 其他火山爆发与德干地区的火山爆发不是同时发生的。

E. 不可能确定是哪个首先发生：是德干地区的火山流，还是所假定的小行星的影响。

11. 智能实验室开发了三个能简单回答问题的机器人，分别起名为天使、魔鬼、常人。天使从不说假话，魔鬼从不说真话，常人既说真话也说假话。他们分别被贴上A、B、C三个标记，但忘了标记和名字的对应关系。试验者希望通过他们对问题的回答来区分他们。三个机器人对问题“A是谁？”分别作了以下回答：A的答案是“我是常人”，B的答案是“A是魔鬼”，C的答案是“A是天使”。

上述陈述能推出哪项?

A. A是天使，B是魔鬼，C是常人。

B. A是天使，B是常人，C是魔鬼。

C. A是魔鬼，B是天使，C是常人。

D. A是常人，B是天使，C是魔鬼。

E. A是常人，B是魔鬼，C是天使。

12. 中国以占世界7%的土地养活22%的人口，因此我国土地十分宝贵，保护耕地是我国的一项基本国策。但有人认为，问题不至于这么严重，因为我国90%的人口生活在40%的土地上，例如，西北还有大片的土地没有开发，只要我们注重对这些地区的土地的开发，我国的粮食问题是用不着担心的。

以下哪一项最能驳斥这些人的观点?

A. 对西北地区土地的开发，代价太大，我国目前还没有这么巨大的财力。

B. 即使我们有力量开发西北地区的土地，但也没有人愿意去那里居住。

C. 土地是有限的、不可再生的资源，而乱占耕地的倾向是始终存在的。

D. 新开发土地的粮食产量在相当长的时间内不会很高。

E. 西北地区的草原和沙漠不能开发为耕地。

13. 某个团去西藏旅游，除拉萨市之外，还有6个城市或景区可供选择：E市、F市、G湖、H山、I峰、J湖。考虑时间、经费、高原环境、人员身体状况等因素：

(1) G湖和J湖中至少要去一处。

(2) 如果不去E市或者不去F市，则不能去G湖游览。

(3) 如果不去E市，也不能去H山游览。

(4) 只有越过I峰，才能到达J湖。

如果由于天气的原因，这个团不去I峰，以下哪项一定为真?

A. 该团去E市和J湖游览。

B. 该团去E市而不去F市游览。

C. 该团去G湖和H山游览。

D. 该团去F市和G湖游览。

E. 该团去F市和H山游览。

14. 新西兰奥克兰大学的研究人员与来自英国和美国的研究小组在4年内共同对将近1.2万名老人进行了11项调查。其中一半的老人服用钙片，而另一半则服用没有药物成分的安慰剂。结果显示，前一组当中每1 000人中突发心肌梗死、中风甚至死亡的案例比后一组分别多14起、10起和13起。因此，服用钙片更容易诱发心肌梗死、中风和其他心脑血管疾病。

以下哪项最能反驳上述结论?

A. 诱发心肌梗死、中风和其他心脑血管疾病的因素很复杂，不能简单地归结为服用钙片。

B. 选择服用钙片的老人大都身体较弱，并且患有程度不同的心脑血管疾病。

C. 有的老人把发给他们的钙片偷偷扔掉了，并没有全都服用。

D. 没有充分的证据证明服用钙片会增加患心脏病的风险。

E. 服用安慰剂组的另一半老人平均年龄比服用钙片组老人要小近2岁。

15. 由于量子理论的结论违反直观，有些科学家对这一理论持不同看法。虽然他们试图严格地表明量子理论的断言是不精确的（即试图严格地证伪它），却发现，其误差在通常可接受的统计范围之内。量子理论的这些结果不同于与它相竞争的理论的结果，这表明接受量子理论是合理的。

以下哪一项原则最有助于表明上述推理的合理性？

A. 一个理论在被试图严格地证伪之前不应当被认为是合理的。

B. 只有一个理论的断言没有被实验证伪，才可以接受这个理论。

C. 如果一个科学理论中违反直观的结论比与它相竞争的理论少，那么应该接受这个理论。

D. 如果试图严格地证伪一个理论，而该理论经受住了所有的考验，那么应该接受它。

E. 只有一个理论的断言被实验所证伪，才可以接受其他理论。

16. 在科技界也同样存在着性别歧视，《科技时报》报道，在过去的 20 年间，女性从事科技工作的人数虽然有所增长，但是在各类科技奖项的评选中，男女获奖比例仅为 12∶1。

以下哪项能对上述论断提出最有力的质疑？

A. 女性从事科技工作的人数不到男性的 1/15。

B. 能否获得各类科技奖项并不是评价科技工作者的唯一指标。

C. 女性从事科技工作的人数在过去的 20 年间增长幅度高于男性。

D. 各类科技奖项的评选是匿名进行的，在性别上具有一定的偶然性。

E. 相当多的女性科技工作者不会去参评一些科技奖项。

17. 羽毛球世界锦标赛在巴黎举行，中国女子羽毛球队的小蒋、小朱和小梁报名参加女子单打的资格赛。她们三人至少有一人取得了参赛资格。已知：

（1）所有资格赛成绩合格的报名者在各种尿检中只有呈阴性才能获得参赛资格。

（2）她们三人全部通过了资格赛，而且成绩达到了羽毛球世锦赛的报名要求。

（3）只要小梁参赛，小朱就参赛。

（4）小蒋尿检呈阳性。

如果以上陈述为真，以下哪项必为真？

A. 小梁和小朱取得了参赛资格。

B. 小蒋取得了参赛资格。

C. 小蒋和小梁取得了参赛资格。

D. 小朱取得了参赛资格。

E. 小蒋、小朱和小梁都取得了参赛资格。

18. 如果鱼塘安装了机械充气机，鱼塘中的水就能保持合适的含氧量。所以，既然张明的鱼塘没有安装机械充气机，那么他的鱼塘的含氧量一定不合适。没有合适含氧量的水，鱼儿就不能生气勃勃地发育成长，所以，张明鱼塘里的鱼不会蓬勃地生长。

下面哪个论证含有以上论证中的一个推理错误？

A. 如果明矾被加进泡菜的盐水中，盐水就可以取代泡菜中的水分。因此，既然李凤没有向她的泡菜的盐水中加明矾，那么泡菜中的水就不能被盐水取代。除非它们的水分被盐水取代，否则泡菜就不会保持新鲜。于是，李凤的泡菜不会保持新鲜。

B. 如果果胶被加入果酱，果酱就会凝成胶状。没有像果胶这样的凝固剂，果酱不会凝成胶状，所以为了使他的果酱胶化，马飞应当向他的果酱中加入像果胶这样的凝固剂。

C. 如果储藏的土豆不暴露于乙烯中，土豆就不会发芽。甜菜不释放乙烯。因此，如果林琳把她的土豆和甜菜放在一起，土豆就不会发芽。

D. 如果胡萝卜在秋季时被麦秆等覆盖，胡萝卜可一直在地下储存到春季。没有覆盖物，胡萝卜就要遭受霜冻。因此，既然刘东在秋季时用覆盖物把他的胡萝卜盖上了，那么他的胡萝卜就可以安全地留在地下。

E. 如果西红柿不储藏在黑暗的地方，它们的种子有时就会发芽。发芽的种子使西红柿不宜食用。因此，既然苏拉没有把她的西红柿存放在暗处，那么有些苏拉的西红柿就不宜食用。

19. 某女生宿舍全部报名参加了考研，关于录取情况有如下几项陈述：

(1) 该宿舍有的女生被录取了。

(2) 该宿舍有的女生没有被录取。

(3) 并非该宿舍有的女生没有被录取。

(4) 该宿舍的王玲以优异的成绩被录取了。

如果以上陈述中有两个是假的，则以下哪项必为假？

A. 该宿舍有的女生被录取了。

B. 该女生宿舍所有人都被录取了。

C. 该女生宿舍所有人都没有被录取。

D. 在该女生宿舍中，所有成绩优秀的人都被录取了。

E. 该宿舍有些女生没有被录取。

20. 曙光食品厂对火腿、香肠、烤肉三种食品进行检验，检验它们所含的食品添加剂和它们所使用的包装材料，只有都通过检验的才能出厂。检验结果是食品添加剂合格的有两种食品，包装材料合格的也有两种食品。

根据上述检验结果，下列哪项一定为真？

A. 至少有一种食品可以出厂。

B. 有可能火腿、香肠、烤肉都不能出厂。

C. 这些食品要出厂还需要通过其他检验。

D. 火腿一定是合格的，所以可以出厂。

E. 有两种食品可以出厂。

21. 如今，每个人都说自己太忙了，但是，这些繁忙好像并不能促进事情的完成。现在，没有完成的工作、没有回的电话以及错过的约会的数量与这些繁忙发生之前一样多。因此，人们一定没有他们所声称的那样忙。

下面哪一项，如果正确，最能严重地削弱上述论述中的结论？

A. 如今，看起来忙忙碌碌是一种地位的象征。

B. 如今，人们不得不比所谓的繁忙发生之前做多得多的工作。

C. 人们浪费如此多的时间来谈论繁忙以至于他们不能完成工作。

D. 如今，人们做的事情与所谓的繁忙发生之前做的事情一样多。

E. 如今，人们比所谓的繁忙发生之前有更多的闲暇时间。

22. 电视台举办的名家讲座共有两种类型：历史类和科学知识类。学生会在调查学生参与电视节目情况时，发现读书协会有会员参加了所有的历史类讲座，也有会员参加了所有的科学知识类的讲座。

如果调查属实，下列哪项一定是真的？

A. 读书协会有会员参加了电视台举办的所有名家讲座。

B. 读书协会有会员没有参加电视台举办的任何名家讲座。

C. 电视台举办的每个名家讲座都有读书协会的会员参加。

D. 电视台举办的有些名家讲座没有读书协会的会员参加。

E. 其他协会会员也参加了电视台举办的名家讲座。

23. 胡晶：谁也搞不清楚甲型流感究竟是怎样传入中国的，但它对我国人口稠密地区经济发展的负面影响是巨大的。如果这种疫病在今秋继续传播蔓延，那么，国民经济的巨大损失将是不可挽回的。

吴艳：所以啊，要想挽回损失，只需要阻止疫病的传播就可以了。

以下哪项陈述与胡晶的断言一致而与吴艳的断言不一致？

A. 疫病的传播被阻断而国民经济遭受了不可挽回的损失。

B. 疫病继续传播蔓延而国民经济遭受了不可挽回的损失。

C. 疫病的传播被阻断而国民经济没有遭受不可挽回的损失。

D. 疫病的传播被控制在一定范围内而国民经济没有遭受不可挽回的损失。

E. 疫病传播蔓延而国民经济仅仅遭受了轻微的损失。

24. 富士康集团在不改变现有工作方式的情况下，为提高劳动生产率，只有提高工人的劳动强度。而提高工人的劳动强度，不利于工人身心健康，又会降低劳动生产率。

上述陈述能推出以下哪项？

A. 富士康集团的劳动强度已经对工人的身心健康造成了危害。

B. 富士康集团必须改变现有的工作方式才能提高劳动生产率。

C. 劳动强度问题只是富士康集团的问题之一。

D. 提高劳动生产率不是富士康集团的主要目的。

E. 提高劳动生产率是富士康集团的主要目的。

25. 高校的围棋比赛马上就要开始了，记者就高校 A 和高校 B 的比赛成绩作了预测：在以往两校的比赛中，高校 A 的胜率高达 90%，所以这次比赛一定也是高校 A 取胜。

以下哪项最能削弱记者的预测？

A. 记者没有考虑其他高校对两校的胜率。

B. 这次围棋比赛的规则与以往有所不同。

C. 这次围棋比赛在高校 B 举行。

D. 高校 A 原来取胜的那些选手都已经毕业了。

E. 高校 A 没有得过冠军。

26. 根据文物保护法，被作为文物保护的建筑物或其他设施，其所有权即使属于个人，所有者也无权对其进行修缮、装饰乃至改建。这一规定采取不允许任何例外的立法形式并不妥当，因为有时有的所有者提出对文物建筑进行外观和内部结构的改造，是因为他们确信，这样做有利于加固和美化文物建筑而提高它们的价值。

以下哪项如果为真，最能削弱上述反对文物保护法的论证？

A. 对文物建筑的改造，不一定就能起到加固和美化的作用，有时反而会弄得不伦不类。

B. 有的文物建筑年久失修，如不及时改造，将严重损害其价值。

C. 文物建筑的真正价值在于它是历史的遗迹，对其原貌的任何改变都是在降低其价值。

D. 一个所有者不能对其所有物进行处置，这是对其基本权利的侵犯。

E. 个人所有者往往缺乏对文物建筑进行改造的技术能力。

27. 桓公："为何说寡人读的是古人的糟粕？"轮扁："依我的经验看，斫车轮，轮孔做得稍大就松滑而不坚固，做得稍小就滞涩难入。要想做得不大不小、不松不紧，必须得之于心而应之于手，有高超的技术存在其中，却无法用语言传达，我无法教给我儿子，所以，我都七十岁了还得斫轮。古人已经死了，他们所不能言传的精华也跟着消失了，那么您所读的就是古人的糟粕了。"

以下哪一项陈述是轮扁的议论所依赖的假设？

A. 除了精华和糟粕外，还有其他值得阅读的内容。

B. 如果精华不能言传，读书不但无用反而会有害。

C. 高超的技术是无法通过语言传授给别人的。

D. 除了高超的技术外，其他精华也是不能言传的。

E. 高超的技术只可意会不能言传。

28. 经济理论专业学生的论文虽然观点没有太多错误，但是论证很不充分，因此，经济学院郭教授认为，现在大学生的逻辑水平越来越差了。

以下哪项最能削弱郭教授的观点？

A. 没有证据表明经济理论专业学生能够代表一般学生。

B. 对观点论证不充分只是逻辑水平的一个方面。

C. 经济理论专业个别学生的逻辑课成绩不错。

D. 大学生逻辑水平越来越差的原因是大学里没有合适的逻辑课。

E. 应在中学开设逻辑课。

29～30 题基于以下题干：

有 7 名心脏病患者 E、F、G、H、I、J、K 要分配给 4 名医生负责治疗，他们是张医生、李医生、王医生和刘医生，每名患者只能由 1 位医生负责，每位医生最多负责 2 名患者的治疗。患者中 J 和 K 是儿童，其余 5 名是成年人；E、F 和 J 是男性，其余 4 名是女性。以下条件必须满足：

（1）张医生只负责治疗男性患者。

（2）李医生只能负责 1 名患者的治疗工作。

（3）如果某名医生负责治疗 1 名儿童患者，那么他必须负责与这个患儿性别相同的 1 名成人患者的治疗工作。

29. 根据上面的条件，以下哪项肯定为真？

A. F 由李医生负责治疗。

B. G 由刘医生负责治疗。

C. J 由张医生负责治疗。

D. H 由王医生负责治疗。

E. G 由张医生负责治疗。

30. 如果 E 由王医生负责治疗，则以下哪一项肯定为真？

A. F 由李医生负责治疗。

B. G 由王医生负责治疗。

C. H 由刘医生负责治疗。

D. K 由刘医生负责治疗。

E. I 由张医生负责治疗。

模拟试题二

1. 父母不可能整天与他们的未成年孩子待在一起。即使他们能够这样做，他们也并不总是能够阻止他们的孩子去做可能伤害他人或损坏他人财产的事情。因此，父母不能因为他们的未成年孩子所犯的过错而受到指责或惩罚。

如果以下一般原则成立，哪一项最有助于支持上面论证中的结论？

A. 未成年孩子所从事的所有活动都应该受到成年人的监管。

B. 在司法审判体系中，应该像对待成年人一样对待未成年孩子。

C. 人们只应该对那些他们能够加以控制的行为承担责任。

D. 父母有责任教育他们的未成年孩子去分辨对错。

E. 父母应该尽可能地监管他们的未成年孩子的行为。

2. 有两类恐怖故事：一类描写疯狂科学家的实验，另一类讲述凶猛的怪兽。在关于怪兽的恐怖故事中，怪兽象征着主人公心理的混乱。关于疯狂科学家的恐怖故事则典型地表达了作者的感受：仅有科学知识不足以指导人类的探索活动。尽管有这些区别，这两类恐怖故事仍具有如下共同特点：它们描述了违反自然规律的现象；它们都想使读者产生恐惧感。

如果以上陈述为真，以下哪一项一定为真？

A. 对怪兽的所有描写都描述了违反自然规律的现象。

B. 在关于怪兽的恐怖故事中，也表达了作者的感受。

C. 大部分关于疯狂科学家的故事表达了作者反科学的观点。

D. 任何种类的恐怖故事都描写了心理混乱的人物。

E. 某些运用了象征手法的故事描述了违反自然规律的现象。

3. 甲说“乙说谎”，乙说“丙说谎”，丙说“甲和乙都说谎”。

下面哪一个选项是真的？

A. 乙说谎。

B. 甲和乙都说谎。

C. 甲和丙说谎。

D. 乙和丙都说谎。

E. 甲说谎，丙不说谎。

4. 在出土文物中，专供死者用的陪葬品叫作冥器。在出土的北宋瓷器中，有许多瓷枕头。我们都有使用枕头的经验，瓷枕头非常硬，活人不好枕，所以北宋的瓷枕一定是专门给死者枕的冥器。再说，瓷枕埋葬在坟墓里不会腐烂。

如果以下陈述为真，哪一项最严重地削弱了上述论证？

A. 在陪葬品中，既有专供死者用的冥器，也有死者生前喜爱用的器具。

B. 司马光在写《资治通鉴》期间，使用由圆木做成的硬枕。

C. 辽代的瓷枕造型多为虎形，虎画得非常勇猛威风，大将军耶律羽之在大战前睡觉时曾经用过这种枕头。

D. 冥器上从来不写教导性文字，有些出土的北宋瓷枕却刻有“未晚先投宿”“无事早归”等教导性话语。

E. 在最近的考古中发现，在北宋以前的朝代的出土文物中也发现过瓷枕。

5. 是过度集权经济而非气候变化，导致S国自其政府掌权以来农业歉收。S国的邻国T国，经历了同样的气候变化，然而，其农业产量一直在增加，尽管S国的一直在下滑。

以下哪项如果为真，将最能削弱以上论证？

A. S国的工业产量也一直下滑。

B. S国拥有一个港口城市，但T国是个内陆国家。

C. S国与T国都一直遭受严重的干旱。

D. S国一直种植的农作物不同于T国种植的农作物。

E. S国的新政府制定了一项旨在确保产品平均分配的集权经济政策。

6. 甲、乙、丙、丁四人的血型各不相同，即他们的血型各是A、B、O、AB四种血型中的一种。

甲说：“我是A型。”

乙说：“我是O型。”

丙说：“我是AB型。”

丁说：“我不是AB型。”

结果发现，四个人的话中，只有一个人的话是假的。

根据上述情况，以下哪项成立？

A. 若乙的话为假，可以推出四个人各是何种血型。

B. 若丙的话为假，可以推出四个人各是何种血型。

C. 若丁的话为假，可以推出四个人各是何种血型。

D. 无论哪个人的话为假，都可以推出四个人各是何种血型。

E. 无论哪个人的话为假，都推不出四个人各是何种血型。

7. 评论者：许多历史学家断言，他们本人在论述历史问题的时候，像任何自然科学家一样，是客观的，很少受到伦理道德的或者美学的先入之见的影响。我们显然不能接受这些历史学家的说法，因为很容易找到一些错误的历史论著，这些论著表现出作者在思想观念或其他方面的先入之见。

这位评论者的推理是有缺陷的，因为他

A. 错误地认为许多强调方法论的历史学家打算彻底消除先入之见。

B. 理所当然地认为自然科学家所提出的客观性要求应当适用于其他领域。

C. 不恰当地认为一切具有意识形态的历史学著作都是错误的。

D. 理所当然地认为某些带有先入之见的历史著作是那些声称自己是客观的历史学家写的。

E. 错误地认为伦理道德或者美学和自然科学一样都是客观的。

8. 有学者认为，产能过剩、地方政府债务、房地产泡沫是中国经济面临的三大顽疾，如果处理不当，则可能导致中国经济硬着陆。三大顽疾形成的根本原因，是中国长期的资本低利率。只有让资金成本回归到合理的位置，产能过剩的需求才能受到控制，房地产投资过度的压力才能逐步释放，地方政府借钱搞开发的冲动才能被抑制。对股市而言，如果三大顽疾不能得到有效控制，牛市就很难到来。

如果以上陈述为真，以下哪一项陈述必然为真？

A. 如果中国股市还没有迎来牛市，那一定是三大顽疾还没有得到有效控制。

B. 如果地方政府借钱搞开发的冲动没有被抑制，则国内资金成本还没有回归到合理的位置。

C. 如果中国股市迎来了牛市，那一定是国内资金成本回归到了合理的位置。

D. 只要国内资金成本回归到合理的位置，中国经济就不会硬着陆。

E. 只要中国经济硬着陆，那国内资金成本就不可能回归到了合理的位置。

9. 所有步行回家的学生都回家吃午饭，所有回家吃午饭的学生都有午睡的习惯。因此，小李不是步行回家。

以下哪项最有可能是上述结论所假设的？

A. 小李有午睡习惯。

B. 小李回家吃午饭。

C. 小李没有午睡的习惯。

D. 小李的午睡时间很短。

E. 小李的午睡保证了他的身体健康。

10. 小涛、小明、小军在大学生田径运动会上分别参加了 100 米、200 米、400 米、110 米栏、400 米栏、跳高 6 个项目中的两项。已知条件：

（1）200 米和 110 米栏两名运动员住在一起。

（2）小涛在 3 人中年龄最小。

（3）小军、100 米和 110 米栏运动员 3 个人经常一起回宿舍。

（4）100 米运动员比跳高运动员年龄大。

（5）业余时间，400 米、跳高运动员和小涛喜欢踢足球。

小涛、小明和小军各参加了哪两个田径项目的比赛？

A. 小涛是 100 米和 200 米、小明是 110 米栏和 400 米、小军是 400 米栏和跳高。

B. 小涛是 110 米栏和 400 米栏、小明是 100 米和 400 米、小军是 200 米和跳高。

C. 小涛是 110 米栏和 400 米、小明是 100 米和 400 米栏、小军是 200 米和跳高。

D. 小涛是 100 米和 400 米栏、小明是 110 米栏和跳高、小军是 200 米和 400 米。

E. 小涛是 200 米和跳高、小明是 100 米和 400 米、小军是 110 米栏和 400 米栏。

11. 某家媒体公布了某市二十所高中的高考升学率，并按升学率的高低进行排序。专家指出，升学率并不能作为评价这些高中的教学水平的标准。

以下哪项不能作为支持专家论断的论据？

A. 学生在进入这些高中前需要参加本市的高中入学考试。而这些高中的录取分数线有明显的差距。

B. 本市升学率高的中学配备了优秀的教师。

C. 有些高考升学率较高的中学的平均高考成绩却低于升学率较低的中学。

D. 有些升学率较低的中学出现了很多高考成绩优异的毕业生。

E. 有些中学之所以升学率较低，很大程度上是因为很多考生虽然高考成绩很好，但是由于选择专业和大学的倾向性，而决定复读。

12. 王刚：据确认，超过 80%的海洛因吸食者都有吸食大麻的历史。这样的数据似乎表明，吸食大麻将确定无疑地导致吸食海洛因。

李燕：或许吸食大麻确实会导致吸食海洛因，但引用你提到的统计数据去证实这一点却是荒谬的，因为在吸食海洛因的人中 100%都有喝水的历史。

在回应王刚的论述时，李燕使用了以下哪一个论证技巧？

A. 提供一个例子表明，并非诱使吸食海洛因的任何东西都是不安全的。

B. 对仅仅基于统计数据确立因果关系的做法提出质疑。

C. 提供证据表明王刚用来支持他的结论的统计数据不准确。

D. 通过表明王刚的论证将导致一个明显错误的结论来表明他的论证是有缺陷的。

E. 论证中对某个关键的概念没有明确界定。

13. 人类学家坚定地断言：文化仅当它是独立的而非依赖的，才能有所发展。也就是说，只有当来自它外部的压力被来自它内部的首创精神取代的时候，它才能有所发展。换句话说，只有民族文化才是推动文化发展的动力，非主体文化可以提供有价值的建议，但是，任何把外来文化的观点强加给民族文化的做法，都会威胁它的独立和发展。如果我们把每一所单独的学校视为一种独立的文化的话，那么，教育进步的关键是______

以下哪个选项能最好地完成以上论证？

A. 每个学校必须独立于外来的压力才能有所发展。

B. 某些学校只依靠他们全体员工和学生自己的创造力就能有所发展。

C. 学校的管理人员必须随着学校的不同而调整自己的首创精神。

D. 外来的因素必须被阻止参与学校发展。

E. 学校的独立性越大，它所取得的教育进步就越大。

14. 经济学家：美国的个人所得税是累进税，税法极其复杂。想诚实纳税的人经常因理解错误而出现申报错误，而故意避税的人总能找到税法的漏洞。一般而言，避税空间的大小与税制的复杂程度成正比，避税能力的高低与纳税人收入水平成正比。复杂税制造成的避税空间大多会被富人利用，使得累进税达不到税法规定的累进程度，其调节分配的功能也大大弱化。

如果以下陈述为真，哪一项对经济学家的上述论证提供了最强的支持？

A. 在申报纳税时，美国有 60%的人需要雇请专业人士代理申报，有 22%的人需要用报税软件帮助计算。

B. 美国人在 1981 年就提出了“废除累进税率，实行单一税率”的设想。

C. 1988 年至 2006 年，美国 1%最富人群的收入占全国收入的比重从 15%上升为 22%，但他们的平均税率却从 24%降到 22.8%。

D. 2011 年 9 月 17 日美国爆发了占领华尔街运动，示威者声称代表美国 99%的民众抗议金融业的贪婪腐败及社会不公。

E. 美国对偷税漏税行为会进行严厉的惩罚，因此，即使发现了避税空间，也很少有人会选择偷税漏税。

15. 如果李凯拿到钥匙，他就会把门打开并且保留钥匙。如果杨林拿到钥匙，他会把钥匙交到失物招领处。要么李凯拿到钥匙，要么杨林拿到钥匙。

如果上述信息正确，那么下列哪项一定正确？

A. 失物招领处没有钥匙。

B. 失物招领处有钥匙。

C. 门打开了。

D. 李凯拿到了钥匙。

E. 如果李凯没有拿到钥匙，那么钥匙会在失物招领处。

16～17 题基于以下题干：

某一伸缩自适应型控制系统能够根据组成系统组件的型号、数量和顺序的不同来执行相应的不同的控制功能。这个控制系统只能由 a、b、c、d、e 这五个组件中的几个按从左到右的顺序组合而成，而且组件组合成控制系统必须符合以下规律：

（1）两个或两个以上的组件才能组成控制系统，组成系统的组件可以相同也可以不同。

（2）组件 a 不能出现在控制系统的最左边。

（3）如果系统中存在组件 b，那么它出现次数就不止一次。

（4）在控制系统中 c 既不能是最后一个组件也不能是倒数第二个组件。

（5）只要组件 a 出现，组件 b 就一定出现。

（6）e 如果是最后一个组件，则组件 b 一定出现。

16. **下列哪一个组件可以放在 be 中的 e 后，组成一个三组件的控制系统？**

A. a。

B. b。

C. c。

D. d。

E. e。

17. **控制系统 ccbbead 可以通过下列变化变成能执行另外功能的控制系统，除了：**

A. 用 d 代替每个 b。

B. 用 e 代替第一个 c。

C. 用 e 代替 d。

D. 把 e 移到 d 的左边。

E. 把第二个 b 移到 a 的左边。

18. 表面上看，1982 年的大学毕业生很像 1964 年的大学毕业生。他们相当保守，衣着讲究，对传统感兴趣，尊敬父母。但是他们之间却有一种根深蒂固的差异：大部分 1982 年的毕业生在大一学年的调查中都认为将有一份好收入是他们决定上大学的一个重要原因。

上面的陈述如果正确，最好地支持了下面哪个结论？

A. 1964 年的大学毕业生对财政问题的关心要比 1982 年的毕业生肤浅。

B. 1964 年的大学毕业生中不到一半人在刚入学时宣称上大学是为了增加他们赚钱的潜力。

C. 教育背景对收入的决定作用在 1964 年没有在 1982 年时那么明显。

D. 大多数 1964 年的毕业生在入学头一年和接受大学教育期间改变了他们上大学的理由。

E. 1964年的毕业生实际上没有1982年的毕业生保守。

19. 虚假的财政行为不当的传闻损害了一家银行的声誉，如果管理部门不试图批驳这些传闻，它们就会传播开来并最终破坏顾客的信心。但是，如果管理部门努力地去批驳这些谣言，这种批驳所增加的怀疑比它所减少的还多。

如果以上陈述为真，基于它们所作出的以下哪项陈述必然为真？

A. 一家银行的声誉不可能受到强劲的广告活动的影响。

B. 真实的财政行为不当的传闻对一家银行的顾客的信心不会造成像虚假的传闻所造成的那样大的损害。

C. 面对虚假的财政行为不当的传闻，银行管理者所采取的最好策略就是直截了当地澄清这些谣言。

D. 管理部门无法阻止业已存在的虚假的财政行为不当的传闻对银行声誉的威胁。

E. 银行声誉的良好口碑能够增加银行财政的可信赖性。

20. 世界卫生组织报告说，全球每年有数百万人死于各种医疗事故。在任何一个国家的医院，医疗事故致死的概率不低于0.3%。因此，即使是癌症患者也不应当去医院治疗，因为去医院治疗会增加死亡的风险。

为了评估上述论证，对以下哪个问题的回答最为重要？

A. 患者能否通过自身的努力来减少医疗事故的发生？

B. 医疗事故致死的概率是否因医院管理水平的提高而正在下降？

C. 去医院治疗的癌症患者和不去医院治疗的癌症患者的死亡率分别是多少？

D. 在因医疗事故死亡的癌症患者中，即使不遭遇医疗事故最终也会死于癌症的人占多大比例？

E. 医疗事故致死与医生的医术水平之间是不是也存在着必然联系？

21. 柏拉图学园的门口竖着一块牌子“不懂几何者不得入内”。这天，来了一群人，他们都是懂几何的人。

如果牌子上的话得到准确的理解和严格的执行，那么以下诸断定中，只有一项是真的。这一真的断定是：

A. 他们可能不会被允许进入。

B. 他们一定不会被允许进入。

C. 他们一定会被允许进入。

D. 他们不可能被允许进入。

E. 他们不可能不被允许进入。

22. 若干年前鲑鱼无法在这条污染严重的缺氧河中生存，许多其他种类生物同样无法生存。而如今，经过这些年的人工治理，鲑鱼已经重现。这是该条河不再受污染的可靠指标。

下列各项都表明上述推理中可能存在缺陷，除了：

A. 重新出现的鲑鱼可能是某个不受该河污染物影响的品种。

B. 污染可能已经减少到鲑鱼能生存的水平。

C. 缺氧常是污染的一个后果，这可能已经杀死鲑鱼。

D. 鲑鱼可能是被一种特定污染物杀死，而这种污染物已经被除掉，其他的还在。

E. 污染仍存在，但其性质发生改变，鲑鱼能忍受这种改变后的污染。

23. 凡是绿色或发芽的土豆中都含有较多的毒性生物碱——茄碱。没有一个经过检查的土豆是绿色的或发芽的。所以，经过检查的土豆都是可以安全食用的。

如果使用以下哪项陈述作为假设，上面推理的结论就可以合乎逻辑地推出？

A. 凡不含茄碱的土豆都是可以安全食用的。
B. 绿色或发芽的土豆都是不能安全食用的。
C. 不是绿色、也没有发芽的土豆都可以安全食用。
D. 食用含有较多茄碱的土豆是不安全的。
E. 凡含有茄碱的土豆都是绿色或发芽的。

24～25 题基于以下题干：

三个中国学生张林、赵强、李珊和三个外国留学生约翰、杰西、安娜暑假外出旅游，可供选择的旅游地有西安、杭州、大连和张家界。已经知道：

(1) 每人只能去一个地方。
(2) 凡是有中国学生去的地方，就必须有外国留学生去。
(3) 凡是有外国留学生去的地方，就必须有中国学生去。
(4) 约翰去西安或者杭州，赵强去张家界。

24. 如果杰西去大连，则以下哪项一定为真？

A. 安娜去张家界。
B. 张林去大连。
C. 李珊去西安。
D. 约翰去杭州。
E. 安娜去西安。

25. 如果题干断定为真，则去杭州的人中不可能同时包含哪两位？

A. 张林和李珊。
B. 李珊和安娜。
C. 杰西和安娜。
D. 张林和杰西。
E. 张林和约翰。

26. 喜热蝙蝠是一种罕见的杂食蝙蝠种类，仅见于高温环境。由于动物园里的食物通常主要由水果与浆果构成，生活在那儿的喜热蝙蝠大多数都内分泌失调。所以，喂养这种蝙蝠的最健康方法是，主要供给坚果、幼虫、蔬菜和极少量的水果与浆果。

以下哪项没有显示上述论证所依赖的假设？

A. 那些在动物园里照顾喜热蝙蝠的人不应给它们喂导致其内分泌失调的食物。
B. 动物园里的喜热蝙蝠不会因食物包含极少量的水果与浆果而营养不良。
C. 动物园里的喜热蝙蝠需要吃包含坚果、幼虫及蔬菜而不包含水果与浆果的食物。
D. 动物园里的喜热蝙蝠通过主要由坚果、幼虫与蔬菜构成的食物可以获取充分的营养。
E. 对动物园里的喜热蝙蝠来说，因食物主要由坚果、幼虫与蔬菜构成而导致的任何健康问题都不会比由内分泌失调引起的健康问题更严重。

27. 某大学进行论文比赛，得第一名的只能有一人。究竟谁得第一名？在对甲、乙、丙、丁、戊、己六个参赛者进行名次预测时，四人作了如下的预测：

甲：取得第一名的要么是我，要么是乙。

乙：取得第一名的要么是甲，要么是丙。

丙：如果不是戊取得第一名，就一定是己。

丁：第一名绝不会是甲。

比赛结束后，发现只有一个人的预测是正确的。

根据以上信息，可推出谁得了第一名？

A. 甲。

B. 乙。

C. 丙。

D. 丁。

E. 戊。

28. 某高校对所有报名参加国庆检阅方阵的学生进行了体检，没有发现心脏异常者。

如果以上陈述为假，则以下哪项必为真？

Ⅰ. 虽然有的报名者没有进行体检，但是还是发现了心脏异常者。

Ⅱ. 或者有的报名者没有进行体检，或者在报名者中发现了心脏异常者。

Ⅲ. 只要对所有的报名者都进行体检，就会发现有心脏异常者。

A. 仅Ⅲ。

B. 仅Ⅰ。

C. 仅Ⅱ。

D. 仅Ⅱ和Ⅲ。

E. 仅Ⅰ和Ⅱ。

29～30 题基于以下题干：

一位音乐制作人正在一张接一张地录制 7 张唱片——F、G、H、J、K、L 和 M，但不必按这一次序录制。安排录制这 7 张唱片的次序时，必须满足下述条件：

(1) F 必须排在第二位。

(2) J 不能排在第七位。

(3) G 既不能紧挨在 H 的前面，也不能紧接在 H 的后面。

(4) H 必定在 L 前面的某个位置。

(5) L 必须在 M 前面的某个位置。

29. 如果 M 在 J 之前的某个位置和 K 之前的某个位置，下面哪一项一定是真的？

A. K 第七。

B. L 第三。

C. H 或者紧挨在 F 的前面或者紧接在 F 的后面。

D. L 或者紧挨在 G 的前面或者紧接在 G 的后面。

E. K 或者紧挨在 J 的前面或者紧接在 F 的后面。

30. 下面哪一项列出了可以被第一个录制的唱片的完整且准确的清单？

A. G，J，K。

B. G，H，J。
C. G，H，J，L。
D. G，J，K，L。
E. G，H，J，K。

模拟试题三

1. 黑长尾猴在发现附近有食肉动物时，会用惊叫声通知同伴。根据危险是来自陆地还是来自空中，黑长尾猴会发出不同的惊叫声。

以下哪项陈述如果为真，最有助于解释黑长尾猴的上述行为？

A. 某些陆地食肉动物只吃黑长尾猴，从空中攻击黑长尾猴的猛禽以各种动物为食。

B. 黑长尾猴爬到树上以躲避陆地食肉动物，潜在叶子底下以躲避猛禽。

C. 没有一种对黑长尾猴构成危险的食肉动物，能够既从陆地又从空中攻击黑长尾猴。

D. 不同种类的食肉动物可以对付不同数量的黑长尾猴。

E. 大部分动物使用某种通用的警告信号通报危险的临近。

2. 保护思想自由的人争论说，思想自由是智力进步的前提条件。因为思想自由允许思考者追求自己的想法，而不管这些想法会冒犯谁，以及会把他们引到什么方向。然而，一个人必须挖掘出与某些想法相关的充分联系，才能促使智力进步，为此，思考者需要思考法则。所以，关于思想自由的论证是不成立的。

加入以下哪项陈述，能够合乎逻辑地得出上文的结论？

A. 在那些保护思想自由的社会里，思考者总是缺乏思考法则。

B. 思考者把他的思想路线局限于某一正统思想，这会阻碍他们的智力进步。

C. 思想自由能够引发创造力，而创造力能够帮助发现真理。

D. 没有思考法则，思考者就不能拥有思想自由。

E. 思想自由的人无论何时都会推动人类智力进步。

3. 佛江市的郊区平均每个家庭拥有2.4部小汽车，因而郊区的居民出行几乎不坐公交车。因此，郊区的市政几乎不可能从享受补贴的服务于郊区的公交系统中受益。

以下哪项如果为真，最能质疑上述结论？

A. 佛江市内的房地产税率比郊区的要高。

B. 去年郊区旨在增加公交线路补贴的市政议案以微小差距被否决了。

C. 郊区许多商店之所以能吸引到足够的雇员，正是因为有享受市政补贴的公交系统可用。

D. 公交车在上座率少于35%时每英里乘客产生的污染超过私家车。

E. 如果公交车乘客数量下降，明年郊区市政大多数投票者都不支持继续补贴公交系统。

4. 利比亚危机已经持续了一段时间，随着反对派攻占其首都和国内绝大部分地区，反对派首领宣布：卡扎菲政权已经被彻底消灭，利比亚的局势将迅速稳定下来。但是有个国际政治评论家则断言说：这是不可能的。

对这位政治评论家的观点最准确的理解是：

A. 利比亚的局势可能很快会稳定下来。

B. 利比亚的局势一定不会很快稳定下来。

C. 利比亚局势能否迅速稳定下来要看卡扎菲能否被反对派找到。

D. 利比亚的局势发展很难判断。

E. 利比亚的局势不一定会很快稳定下来。

5. 高塔公司是一家占用几栋办公楼的公司，它正在考虑在它所有的建筑内都安装节能灯泡，这种新灯泡与目前正在使用的传统灯泡发出同样多的光，而所需的电量仅是传统灯泡的一半。这种新灯泡的寿命也大大加长。因此通过在旧灯泡坏掉的时候换上这种新灯泡，高塔公司可以大大地降低其总体照明的成本。

下列哪一项如果正确，最能支持上面论述？

A. 如果广泛地采用这种新灯泡——这是非常可能的，那么新灯泡的产量就会大大增加，从而使其价格与那些传统灯泡相当。

B. 向高塔公司提供电力的公用事业公司向其大客户们提供折扣。

C. 高塔公司最近签订了一份合同，要再占用一栋小的办公楼。

D. 高塔公司发起了一项运动，鼓励其员工每次在离开房间时关灯。

E. 生产这种新灯泡的公司对灯泡中使用的革新技术取得了专利，因此它享有生产新灯泡的独家权利。

6.《拯救地球》这本书的说服力足以使每位读者都注意到环境保护主义者要传达的信息。地球村的成员上个月赠送了2 000本《拯救地球》，地球村的人据此宣布上个月又至少有2 000个人加入了环保主义者的阵营。

以下哪一项是上述论证所依靠的假设？

A. 在地球村成员赠送2 000本《拯救地球》的一个月期间，没有其他环保组织同时赠送这本书。

B. 被地球村成员赠予《拯救地球》的人将不会再花钱买这本书。

C. 地球村成员赠送的《拯救地球》是用回收的纸印刷的。

D. 所有收到地球村成员赠送的《拯救地球》的人，在收到书以前都没有加入环保主义者的阵营。

E. 每个收到赠书的人都会拥护地球村的环保项目。

7～8题基于以下题干：

在某公司职员中，所有的年轻人都有大学学历，有的部门经理有留学经历，有的年轻人也有留学经历，所有有大学学历的人都建立了公积金个人账户，没有部门经理有公积金个人账户。

7. 如果以上为真，则以下哪项必假？

A. 有的年轻人建立了公积金个人账户。

B. 所有的年轻人都建立了公积金个人账户。

C. 有的年轻人当上了部门经理。

D. 没有部门经理建立了公积金个人账户。

E. 有的部门经理没有大学学历。

8. 以下哪个人是上述前提所断定的一个反例?

A. 一个女部门经理。

B. 一个没有公积金个人账户的年轻人。

C. 一个没建立公积金个人账户的部门经理。

D. 有的年轻人有大学学历，但不是部门经理。

E. 有的人有公积金个人账户，但是不在此公司工作。

9. 某珠宝店失窃，五个职员涉嫌被拘审。假设这五个职员中，参与作案的人说的都是假话，无辜者说的都是真话。这五个职员分别有以下供述：

张说：“王是作案者。王说过是他作的案。”

王说：“李是作案者。”

李说：“是赵作的案。”

赵说：“是孙作的案。”

孙没说一句话。

依据以上叙述，能推断出以下哪项结论?

A. 张作案，王没作案，李作案，赵没作案，孙作案。

B. 张没作案，王作案，李没作案，赵作案，孙没作案。

C. 五个职员都参与作案。

D. 五个职员都没作案。

E. 题干中缺乏足够的信息来确定每个职员是否作案。

10. 一项新研究发现，大鼠连续摄入高脂食物可以造成其短时失忆和运动困难。研究人员对摄入低脂食物（脂肪含量占7.5%）和高脂食物（脂肪含量占55%）的大鼠进行了研究。连续4天摄入高脂食物的大鼠的肌肉利用氧气制造运动所需能量的能力下降，导致其心脏负担加重。连续9天摄入高脂食物后，大鼠要用更长的时间才能钻出迷宫，而在这一过程中它们犯的错误要比摄入低脂食物的大鼠多。

根据以上研究成果，最有可能得出的结论是:

A. 高脂饮食可能会使人变笨变懒。

B. 长期的高脂饮食对人类的危害更大。

C. 这种试验的持续时间过短，不能得出任何结论。

D. 所有的动物，包括人类，都应该控制高脂食物。

E. 大鼠连续4天摄入高脂食物或连续9天摄入高脂食物则会导致心脏病。

11. 科学家假设，一种特殊的脂肪，即“P-脂肪”，是视力发育形成过程中所必需的。科学家观察到，用P-脂肪含量低的配方奶喂养的婴儿比用母乳喂养的婴儿视力要差，而母乳中P-脂肪的含量高，于是他们提出了上述假说。此外还发现，早产5～6周的婴儿比足月出生的婴儿视力要差。

如果以下哪一项陈述为真，最能支持上述科学家的假设?

A. 胎儿只是在妊娠期的最后4周里加大了从母体中获取的P-脂肪的量。

B. 日常饮食中缺乏P-脂肪的成年人比日常饮食中P-脂肪含量高的成年人视力要差。

C. 胎儿的视力是在妊娠期的最后3个月中发育形成的。

D. 母亲的视力差并不会导致婴儿的视力差。

E. 父母视力好的婴儿即使用P-脂肪含量低的配方奶喂养，长大后他们的视力仍然好。

12～13 题基于以下题干：

计算机的操作系统软件正在日益标准化，但是，大量的具有多种用途的商用计算机系统被联结在一起，而且所有的计算机都使用完全相同的操作系统软件，当一个计算机黑客（破坏者）侵入一台计算机时，便能自动进入系统中的所有计算机，使用一种被称作“病毒”的程序摧毁所有计算机上的数据。如果一个公司能开发出一种操作系统之间略有不同的软件，就可以避免在同一时刻黑客非法侵入所有的计算机，而且这种不同对商用计算机的兼容性不会产生任何影响。所以，有公司来完成这样的操作系统是明智的。

12. 以下哪一项如果为真，可以强化上文中的结论？

A. 计算机操作系统软件的标准化提高了不同商用计算机的兼容性。

B. 修正由于病毒侵犯所造成的损害比预防这种损害的费用更加昂贵。

C. 公司不会因为使用不具有兼容性的计算机操作系统而提高成本。

D. 有些其他种类的计算机的破坏性病毒并不依赖网络联结。

E. 操作系统可以看成是对计算机硬件的扩充。

13. 以下哪一项能从上文中推出？

A. 如果一个公司没有采用略有不同的计算机操作系统，它将会由于病毒的损害而失去所有的数据。

B. 如果计算机病毒侵入一台商用计算机，这台计算机的所有数据都会丢失。

C. 如果一个公司在其网络中采用略有不同的计算机操作系统，它将会提高对其网络的整体保护，但它不能保护每一台计算机不被病毒侵入。

D. 如果一个公司没有多种用途的计算机联结系统，它们的计算机就不可能防止病毒的入侵。

E. 如果系统软件使得计算机使用者和其他软件将计算机当作一个整体，就不需要顾及底层每个硬件是如何工作的。

14. 有人认为用电池驱动的电动车是解决未来空气污染问题的一个潜在方案，但他们却忽略了电池是要充电的，而目前我们的大多数电力都是通过燃烧有机燃料产生的，使用的电动车越多，就需要建越多的电厂，因为目前所有的电厂都在以最大的负荷运转。即使所有的汽车都被电动车替代，也不过是由一种燃料替代另一种燃料而已。

上述议论的主要论点是：

A. 用电池驱动的车替代汽车需要建立更多的电厂。

B. 除非人们少开车，否则，明显地减少空气污染是不可能的。

C. 在使用中，用电池驱动的电动车也会造成空气污染。

D. 用电动车替代汽车不是解决汽车造成空气污染问题的有效方案。

E. 有些为驱动电动车而建的电厂是燃烧有机燃料型的。

15. 据最近的统计，在需要同等学历的十个不同的职业中，教师的平均工资五年前排名第九位，而目前上升到第六位；另外，目前教师的平均工资是其他上述职业的平均工资的86%，而五年前只是55%。因此，教师工资相对偏低状况有了很大的改善。

上述论证基于以下哪项假设？

Ⅰ. 近五年来的通货膨胀率基本保持稳定。

Ⅱ. 和其他职业一样，教师中的最高工资和最低工资的差别是很悬殊的。

Ⅲ. 学历是确定工资标准的主要依据。

Ⅳ. 工资是实际收入的主要依据。

A. 只有Ⅰ和Ⅲ。

B. 只有Ⅱ和Ⅳ。

C. 只有Ⅲ。

D. 只有Ⅳ。

E. Ⅰ、Ⅲ和Ⅳ。

16. 在信息纷繁复杂的互联网时代，每个人都时刻面临着被别人的观点欺骗、裹挟或操纵的风险。如果你不想总是受他人摆布，如果你不想混混沌沌地度过一生，如果你想学会独立思考、理性决策，那你就必须用批判性思维来武装你的头脑。

如果以上陈述为真，以下哪一项陈述不必然为真？

A. 不能用批判性思维武装头脑的人，就不可能学会独立思考、理性决策。

B. 你或者选择用批判性思维来武装你的头脑，或者选择混混沌沌地度过一生。

C. 不想学会独立思考、理性决策的人，就不必用批判性思维来武装头脑。

D. 只有用批判性思维武装头脑的人，才能摆脱被他人摆布的命运。

E. 不能用批判性思维武装头脑的人，就可能会总是受他人摆布。

17～18 题基于以下题干：

某国东部沿海有 5 个火山岛 E、F、G、H、I，它们由北至南排列成一条直线，同时发现：

(1) F 与 H 相邻并且在 H 的北边。

(2) I 和 E 相邻。

(3) G 在 F 的北边某个位置。

17. 假如 I 在 G 北边的某个位置，下面哪项陈述一定为真？

A. E 与 G 相邻并且在 G 的北边。

B. G 与 F 相邻并且在 F 的北边。

C. I 与 G 相邻并且在 G 的北边。

D. E 与 F 相邻并且在 F 的北边。

E. E 与 G 相邻并且在 G 的南边。

18. 假如 G 和 E 相邻，下面哪项陈述一定为真？

A. E 位于 G 的北边的某处。

B. F 位于 I 的北边的某处。

C. G 位于 E 的北边的某处。

D. I 位于 F 的北边的某处。

E. I 位于 G 的北边的某处。

19. 政府的功能是满足人民的真正需要。除非政府知道人民真正需要什么，否则，政府就无法满足那些需要。言论自由能够确保政府官员听到这样的需求信息。因此，对于一个健康的国家来说，言论自由是必不可少的。

如果以下陈述为真，哪一项不能削弱上述论证的结论？

A. 言论自由对满足人民的需要是不充分的，良好的社会秩序也是不可缺少的。

B. 政府的正当功能不是去满足人民的需要，而是给人民提供平等的机会。

C. 政府官员是勤政爱民、尽职尽责的，他们已经知道人民需要什么且有什么不满。

D. 言论自由导致众声喧哗，容易破坏社会秩序，而良好的社会秩序是政府满足人民需要的先决条件。

E. 言论自由不加控制就会出现教唆、煽动他人实施危害国家安全、破坏民族团结、破坏社会公德、扰乱社会秩序的行为。

20. 如果石油供应中断导致国际石油价格上涨，那么开放市场的国家（如美国），无论其石油完全进口还是完全自产，其国内石油价格也都将上涨。

以下哪项如果为真，最好地支持了上文？

A. 当国际石油供应中断时，开放市场的国家的国内石油生产商被驱逐出国内石油市场。

B. 只要开放市场的国家的国内石油供应能满足内需，那么国际石油供应中断对其国内油价的影响，即便有，也微乎其微。

C. 实际上，即便开放市场的国家的国内石油通常用于内销，其国内石油市场也是国际石油市场的组成部分。

D. 即便国际油价大幅上涨，那些不出口或少量出口石油的市场开放的国家仍可使国内油价保持稳定。

E. 如果国际油价上升，开放市场的国家的销售商进口石油量将超过出口石油量。

21. 中世纪阿拉伯人有许多古希腊文手稿。当需要的时候，他们就把它们译成阿拉伯语。中世纪阿拉伯哲学家对亚里士多德的《诗学》非常感兴趣，这种兴趣很明显不被阿拉伯诗人分享，因为一个对《诗学》感兴趣的诗人一定想读荷马的诗，亚里士多德本人就经常引用荷马的诗，但是，荷马的诗一直到当代才被译成阿拉伯语。

如果以下陈述为真，哪一项最强有力地支持上面的论证？

A. 有一些中世纪阿拉伯翻译家拥有古希腊文的荷马诗手稿。

B. 亚里士多德的《诗学》经常被现代阿拉伯诗人引用和评论。

C. 亚里士多德的《诗学》的大部分内容与戏剧有关，中世纪阿拉伯人也写戏剧作品，并表演这些作品。

D. 中世纪阿拉伯的系列故事，如《阿拉伯人之夜》，与荷马史诗的某些部分很相似。

E. 除了翻译希腊文手稿之外，中世纪的阿拉伯翻译家还把许多原版为印第安语和波斯语的著作译成了阿拉伯语。

22. 在上次考试中，老师出了一道非常古怪的难题，有86%的考生不及格。这次考试之前，王见明预测说："根据上次考试情况，这次老师不一定会出那种难题了。"胡思明说："这就是说这次考试老师肯定不出那种难题了。太好了！"王见明说："我不是这个意思。"

下面哪句话与王见明说的意思相似？

A. 这次考试老师不可能不出那种难题。

B. 这次考试老师必定不出那种难题了。

C. 这次考试老师可能不出那种难题了。

D. 这次考试老师不可能出那种难题了。

E. 这次考试老师不一定不出那种难题。

23. 一个数据库中现有A、B、C、D、E、F六个语句，但目前这个数据库是不协调的，必须删除某些语句才能恢复数据库的协调性。已知：

（1）如果保留语句A，那么必须保留语句B和语句C。

（2）如果保留语句E，则必须同时删除语句D和语句C。

（3）只有保留语句E，才能保留语句F。

（4）语句A是重要的信息，不能删除。

以上各项如果为真，则以下哪项一定为真？

A. 保留语句E并且删除语句C。

B. 同时保留语句C和语句D。

C. 保留语句E并且删除语句D。

D. 同时删除语句E和语句F。

E. 同时保留语句A和语句E。

24. 脊髓中受到损害的神经依靠自身不能自然地再生，即使在神经生长刺激剂的激发下也无法再生。最近发现，其原因是脊髓中存在着抑制神经生长的物质。现在已经开发出降低这种物质的活性的抗体。显然，在可以预见的未来，神经修复将是一项普通的医疗技术。

如果以下哪项陈述为真，将会对上述预测的准确性提出最严重的质疑？

A. 某种神经生长刺激剂与这种抑制神经生长的物质具有相似的化学结构。

B. 研究人员只使用神经生长刺激剂，已经能够做到激发不在脊髓内的神经生长。

C. 阻止受损的神经再生只是这种抑制神经生长的物质在人体中主要功能的一个副作用。

D. 要在持续很长的一段时间内降低抑制神经生长物质的活性，必须有抗体的稳定供应。

E. 大脑中的神经在不能自然再生方面与脊髓中的神经相似。

25. 物种灭绝是大自然的规律。据科学家估计，在人类使用最原始的工具以前，地球上曾经存在的物种就已经灭绝了大半。大自然的这种不断产生和消灭物种的恒常过程被那些指责人类使用技术而影响了环境，并由此而造成新近的物种灭亡的人忽视。这些人必须明白：现代灭绝的物种即使没有人类技术的应用，现在也会灭绝的。

以下哪项指明了上文中的推理错误？

A. 作者错误地假设技术不会导致任何环境上的破坏。

B. 作者忽视了这样一个事实：目前尚未灭绝的物种面临着灭绝的危险。

C. 作者没有考虑到可能存在着还没有被科学家区分和研究过的物种。

D. 作者只引证了那些支持半数以上曾经存在的物种已经灭绝的理论的科学家，而没有提到任何一个不支持这一理论的科学家。

E. 作者没有提供明确的证据表明现代灭绝的物种与在没有人类技术应用的情况下将会灭绝的物种是相同的。

26. 奥运场馆的规定是：没有当场门票者不得进入比赛场馆。小梅持当场的门票来到比赛场馆入口说：根据规定我可以进入比赛场馆。

小梅最可能将奥运场馆的规定理解为：

A. 除非持有当场门票，否则不能进入奥运赛场。

B. 只有持有当场比赛门票的人，才能进入奥运赛场。

C. 只要持有当场比赛的门票，就能进入奥运赛场。

D. 没有当场门票的人，如果是运动员就可以进入赛场。

E. 不是运动员的人，要想看比赛，就必须有当场的门票。

27. 统计局报告指出，2011年中产家庭的收入较2010年提高了1.6%。一般说来，家庭收入的提高会使贫困率下降。但是2011年国家的贫困率较2010年却没有下降。

下面哪一项如果正确，最能解释上述矛盾？

A. 中产家庭的模式在2010年到2011年发生了有利于家庭收入增长的改变。

B. 中产家庭的消费在2010年到2011年有所增长。

C. 家庭的收入变化不会影响国家的贫困率。

D. 贫困人口的比例下降。

E. 2009年到2010年国家发生了经济萧条，而经济萧条的影响将会持续，且会在5年之内使国家贫困率维持在较高的水平上。

28. 中超足球联赛开赛前，甲、乙、丙、丁四名队员在一起议论本俱乐部球员的转会申请情况。

甲说：“咱们俱乐部所有球员都已递交了转会申请。”

乙说：“如果大刘递交了转会申请，那么小王就没递交申请。”

丙说：“大刘递交了转会申请。”

丁说：“咱们俱乐部有的球员没有递交转会申请。”

已知四人中只有一人说假话，则可推出以下哪项结论？

A. 甲说假话，大刘没递交申请。

B. 乙说假话，小王没递交申请。

C. 甲说假话，小王没递交申请。

D. 丁说假话，小王递交了申请。

E. 丙说假话，大刘没递交申请。

29. 只待在学术界，小说家就不能变伟大。学院生活的磨炼所积累起来的观察和分析能力，对小说家非常有用。但是，只有沉浸在日常生活中，才能靠直觉把握生活的种种情感，而学院生活显然与之不相容。

以下哪项陈述是上述论证所依赖的假设？

A. 伟大的小说家都有观察和分析能力。

B. 对日常生活中情感的把握不可能只通过观察和分析来获得。

C. 没有对日常生活中情感的直觉把握，小说家就不能成就其伟大。

D. 对生活的投入和理智的观察，会使小说家变得伟大。

E. 有的小说家可以游走于学院生活和日常生活中。

30. 绝大部分植物在长期进化过程中产生出了抵御寄生生物的化学物质。人类常用的植物含有大约40种自然药物，即抗细菌、真菌和其他寄生生物的复合的化学毒素。人每天都摄取这些毒素却没有中毒，因此，喷洒在作物上的人工合成农药所导致的新增危害是非常小的。

如果以下陈述为真，除哪项外，都能削弱上述论证？

A. 植物所含自然药物的浓度远远低于喷洒在作物上的人工合成农药的浓度。
B. 人类在几千年里都在摄取这些植物所含的自然药物，有适应它们的时间。
C. 人工合成农药的化学结构通常比植物所含自然药物的化学结构更简单。
D. 植物所含自然药物通常只适合抵御特定的生物，而人工合成的农药通常对多种生物有害。
E. 植物在长期进化过程中产生出的化学毒素极少，人体的解毒功能对付其绰绰有余。

模拟试题四

1. 在对反复重感冒患者进行治疗过程中，有的医生经常会使用一种抗生素，这会产生两种副作用：一是常常会破坏患者体内的菌群平衡，二是使患者产生抗药性。因为没被抗生素杀死的细菌开始具有抗药性，而且它们还有可能不断繁殖。

以下哪种方法最有可能解决上述问题?

A. 只使用消炎效果好的抗生素。

B. 研究更好的抗生素来减少其副作用。

C. 根据患者的病症，周期性地使用不同种类的抗生素。

D. 用中药来代替抗生素。

E. 逐渐增加抗生素的使用量使没被杀死的细菌尽可能地减少。

2. 许多报纸有两种版面：免费的网络版和花钱订阅的印刷版。报纸上网使得印刷版的读者迅速流失，而网络版的广告收入有限，报纸经济收益大幅下挫。如果不上网，报纸的影响力会大大下降。如果对网络版收费，很多读者可能会流转到其他网站。要让读者心甘情愿地掏腰包，报纸必须提供优质的、独家的内容。

如果以上陈述为真，以下哪项陈述一定为真?

A. 如果对网络版报纸收费，则一部分读者会重新订阅印刷版。

B. 只有提供优质的、独家的内容，报纸才会有良好的经济收益。

C. 只要报纸具有优质的、独家的内容，即使不上网，也能造成巨大的影响力。

D. 随着越来越多的人通过网络接收信息，印刷版的报纸将逐渐退出历史舞台。

E. 数字阅读已成为一种新的时尚，也是未来的发展趋势。

3. 有则广告想让读者相信，杜尔公司生产的汽车耐用性能极佳。该广告引用如下事实作为其根据：该公司自 20 世纪 80 年代以来生产的汽车，目前有超过一半的车仍在正常使用，而其他任何品牌的汽车只有不到三分之一。

以下哪项如果为真，最能支持该广告的论证?

A. 考虑到通货膨胀因素，现在一辆杜尔产的新汽车其价格仅略高于 20 世纪 80 年代其生产的新汽车。

B. 杜尔公司汽车年产量自 20 世纪 80 年代以来没有显著增加。

C. 杜尔汽车车主特别注意车辆的保养。

D. 自 20 世纪 80 年代以来，与其他公司相比，杜尔对汽车所做改变更少。

E. 杜尔汽车近来的销售价格一直相对稳定。

4. 若兰国 10 年前放松了对销售拆锁设备的法律限制后，盗窃案发生率急剧上升。因为合法购置的拆锁设备被用于大多数盗窃案，所以重新引入对销售该设备的严格限制将有助于减少若兰国的盗窃发生率。

下面哪一项如果正确，最有力地支持了以上论述?

A. 若兰国的总体犯罪率在过去 10 年中急剧增加了。

B. 重新引入对拆锁设备销售的严格限制在若兰国得到了广泛的支持。

C. 在若兰国重新引入对拆锁设备的严格限制不会阻碍警察和其他公共安全机构对这种设备的合法使用。

D. 在若兰国使用的大多数拆锁设备是易坏的，并且通常会在购买几年后损坏而无法修好。

E. 5 年前引进的对被控盗窃的人更严厉的惩罚对若兰国的盗窃率没有什么影响。

5. 检测系统 X 和 Y 所依据的原理不同，却都能检测出所有的产品缺陷，但它们也都会错误地淘汰 3%的无缺陷的产品。由于误测造成较高的检测成本，所以通过安装这两套系统，而不是其中的一套系统，而且只淘汰两套系统都认为有缺陷的产品，就会省钱。

以上论证需要下面哪项假设?

A. X 系统误测的 3%无缺陷的产品与 Y 系统误测的不完全相同。

B. 接受一个次品所造成的损失比淘汰一个无缺陷产品所造成的损失大。

C. 在同等价格的产品中，X 和 Y 系统是市场上出错最少的检测系统。

D. 无论采用哪套系统，第二次检测只需对第一次没被淘汰的产品进行检测。

E. 除了采用 X 和 Y 系统外，其他检测瑕疵的方法都需要把产品全都拆开。

6. 环保人士批评海滨浴场用网将泳区与鲨鱼隔开的做法。因为，每年这种网无谓地杀死了数以千计的海洋动物。最近环保人士发现将电缆埋在泳区四周的下面，鲨鱼就会自动游开，这样既不伤人又不会伤害海洋动物。所以，安装这种电缆后，既能维持旅游业，同时又能满足环保人士的要求。

以下哪项最能削弱上面的论述?

A. 许多从未出现鲨鱼的海滨浴场也计划安装电缆。

B. 尽管许多人声称害怕鲨鱼，但有鲨鱼出没地区的旅游业所受影响并不大。

C. 一些游泳的人看不到将他们与鲨鱼隔开的障碍，以后就不再光顾这些海滩了。

D. 在环保主义者认可的能成功驱除鲨鱼同时又不伤害鲨鱼的办法中，在下面埋电缆并非唯一的办法。

E. 埋在下面的电缆产生的电流吓跑了许多鱼，但并没有吓走吸引游客的海洋哺乳动物。

7. 一户人家养了四只猫，其中一只猫偷吃了他家里的鱼。主人对它们进行审问，只有一只猫说真话。这四只猫的回答如下：

甲："乙是偷鱼贼。"

乙："丙是偷鱼贼。"

丙："甲或者乙是偷鱼贼。"

丁："乙或者丙是偷鱼贼。"

根据以上陈述，可确定以下哪项陈述为假?

A. 甲不是偷鱼贼。

B. 乙不是偷鱼贼。

C. 丙说真话。

D. 丁说假话。

E. 无法确定。

8. 甲、乙、丙、丁、戊要么是女足运动员，要么是女排运动员。她们相互知道各自的身份，但其他人却不知道。一次联欢会上，她们请大家推理。

甲对乙说："你是女排队员。"

乙对丙说："你和丁都是女排队员。"

丙对丁说："你和乙都是女足队员。"

丁对戊说："你和乙都是女排队员。"

戊对甲说："你和丙都不是女排队员。"

如果规定同一个队的人之间说真话，不同队的人之间说假话，那么下面哪一个选项必真？

A. 五个人都说真话，她们都是女排队员。

B. 甲说真话，女排队员是甲、乙、丙。

C. 丙说真话，女排队员是丙、丁、戊。

D. 丁说假话，女排队员是甲、丙、丁。

E. 甲说真话，女排队员是甲、乙、丁。

9. 在南非的祖鲁兰，每 17 个小时就有一头犀牛被偷猎。"飞翔的犀牛" 行动从乌姆福洛奇保护区精心挑选了 114 头白犀牛和 10 头黑犀牛，将它们空运到南非一个秘密的地区，犀牛保护者希望犀牛能在这里自然地繁殖和生长，以避免因偷猎而导致犀牛灭绝的厄运。

以下哪一项陈述不是"飞翔的犀牛"行动的假设？

A. 对犀牛新家的保密措施严密，使偷猎分子不知道那里有犀牛。

B. 给犀牛人为选择的新家适合白犀牛和黑犀牛的繁殖和生长。

C. 住在犀牛新家附近的居民不会有人为昂贵的犀牛角而偷猎。

D. 60 年前为避免黑犀牛灭绝而进行的一次保护转移行动获得成功。

E. 在新家的犀牛不会因遇到意外而灭绝。

10. 心理学家对一家商场停车场进行长期观察发现，当有一辆车在一旁安静地等待进入车位时，驾驶员平均花 39 秒驶出车位；当等待进入的车主不耐烦地鸣笛时，驾驶员平均花 51 秒驶出车位；当没有车等待进入车位时，驾驶员平均花 32 秒就能驶出车位。这表明驾驶员对即将驶出的车位仍具有占有欲，而且占有欲随着其他驾驶员对这个车位期望的增加而增加。

以下哪项陈述如果为真，能最有力地削弱上文中的推测？

A. 在商场停车场驶出或驶入的驾驶员，大多数都是业余的驾驶员，其中有许多是驾驶里程不足 5 000 公里的新手。

B. 当有人在一旁不耐烦地鸣笛时，几乎所有正在驶出车位的驾驶员都会感到不快，这种不快影响他们驶出车位的时间。

C. 当有人在一旁期待驾驶员娴熟地将车子驶出时，大多数驾驶员会产生心理压力，这种压力越大，驾驶员驶出车位的速度就越慢。

D. 就有车辆等待进入车位而言，与邻近的其他停车场相比，在商场停车场驶出和驶入车位的事例未必有代表性。

E. 驾车久了会使人的中枢神经处于持续高度紧张状态，导致神经衰弱，内分泌功能紊乱，容易造成心理疾病。

11. 达里湖是由火山喷发而形成的高原堰塞湖，生活在半咸水湖里的华子鱼——瓦氏雅罗鱼，像生活在海中的鲑鱼一样，必须洄游到淡水河的上游产卵繁育。尽管目前流入达里湖的四条河流都是内陆河，没有一条河流通向海洋，科学家们仍然确信，达里湖的华子鱼是最初从海洋迁徙来的。

以下哪一项陈述如果为真，对科学家的信念提供了最佳的解释？

A. 生活在黑龙江等水域的雅罗鱼比达里湖的瓦氏雅罗鱼个头大一倍。

B. 捕捞出的华子鱼放入海水或淡水中只能存活一两天，死后迅速腐坏。

C. 冰川融化形成达里湖，溢出的湖水曾与流入海洋的辽河相连。

D. 科研人员将达里湖华子鱼的鱼苗放入远隔千里的柒盖淖，养殖成功。

E. 达里湖的华子鱼虽然能适应不同的水域，但繁殖能力非常弱。

12. 在大学里，许多温和宽厚的教师是好教师，但有些严肃且不讲情面的教师也是好教师。而所有好教师都有一个共同特点：他们都是学识渊博的人。

如果以上陈述为真，以下哪项陈述一定为真？

A. 许多学识渊博的教师是温和宽厚的。

B. 有些学识渊博的教师不是好教师。

C. 所有学识渊博的教师都是好教师。

D. 有些学识渊博的教师是严肃且不讲情面的。

E. 温和宽厚的教师都是学识渊博的人。

13. 一段时期以来，网络上所谓政府官员的“神回复”接连出现，引发公众对官员“雷语”现象的关注。据报道，某地方官员问专家“江豚好不好吃”，当得到“不好吃”的答复时，这位地方官员竟说：“不好吃为什么要保护？”

以下各项都是该地方官员的话所隐含的意思，除了：

A. 只有江豚好吃，我们才保护它。

B. 如果江豚不好吃，我们就不保护它。

C. 对于动物保护工作来说，首先要考虑的是被保护动物是否好吃。

D. 动物是否需要保护，与它是否好吃无关。

E. 如果江豚需要保护，那么它必须好吃。

14. 任何一条鱼都比任何一条比它小的鱼游得快，所以，有一条最大的鱼就有一条游得最快的鱼。

下面哪项陈述中的推理模式与上述推理模式最为类似？

A. 任何父母都有至少一个孩子，所以，任何孩子都有并且只有一对父母。

B. 任何一个偶数都比任何一个比它小的奇数至少大，所以，没有最大的偶数就没有只比它小 1 的最大奇数。

C. 任何自然数都有一个只比它大 1 的后继数，所以，有一个正偶数就有一个只比它大 1 的正奇数。

D. 在国家行政体系中，任何一个人都比任何一个比他职位低的人权力大，所以，有一位职位最高的人就有一位权力最大的人。

E. 任何一个公民都有自己的权利和义务，所以，有一项权利就相应地要履行一项义务。

15. 出席晚会的有 3 个人是足球爱好者，4 个人是亚洲人，2 个人是日本人，5 个人是商人。以上叙述涉及了所有晚会参加者，其中日本人不经商。

那么，参加晚会的人数是：

A. 最多 14 人，最少 5 人。

B. 最多 14 人，最少 7 人。

C. 最多 12 人，最少 7 人。

D. 最多 12 人，最少 5 人。

E. 最多 12 人，最少 8 人。

16. 对一群以前从不吸烟的青少年进行追踪研究，以确定他们是否抽烟及其精神健康状态的变化。一年后，开始吸烟的人患抑郁症的人数是那些不吸烟的人患抑郁症的四倍。因为香烟中的尼古丁令大脑发生化学变化，可能因而影响情绪。所以，吸烟很可能促使青少年患抑郁症。

下面哪项如果为真，最能加强上述论证？

A. 研究开始时就已患抑郁症的实验参与者与那时候没有患抑郁症的实验参与者相比，一年后吸烟者的比例一样。

B. 这项研究没有在参与者中区分偶尔吸烟与烟瘾很大者。

C. 研究中没有或者极少的参与者是朋友亲戚关系。

D. 在研究进行的一年里，一些参与者开始出现抑郁症而后又恢复正常了。

E. 研究人员没有追踪这些青少年的酒精摄入量。

17. 所谓动态稳定中的“动态”，天然就包含了异见，包含了反对。只有能够包容异见和反对的稳定，才是真正的动态稳定，也才是可持续的和健康的稳定。我们一直主张，要尊重和支持人民的宣泄权利。只要处置得当，就可化“危”为“机”。

如果以上陈述为真，以下哪项陈述一定为真？

A. 如果处置不当，则会转“机”为“危”。

B. 倘若化“危”为“机”，说明处置得当。

C. 如果包容异见和反对，则会达成真正的动态稳定。

D. 如果不能包容异见和反对，则不能达成真正的动态稳定。

E. 如果能够化“危”为“机”，那么就说明达到了真正的动态稳定。

18. 如果尽可能多的包装都用垃圾场里可生物降解的材料来制造的话，将对环境更加有益。因此，用在垃圾场不可生物降解的塑料制造的包装来取代用纸或纸板制造的包装，总是一个更糟的变化。

以下哪项如果正确，将构成对上面论述的最强烈的反对？

A. 通常用于包装的纸和纸板在垃圾场里是不能生物降解的。

B. 在包装中所使用的一些塑料在垃圾场是可生物降解的。

C. 在许多垃圾场，相当大一部分空间都被可丢弃材料之外的材料占据。

D. 完全避免使用垃圾场中不可生物降解的包装材料是不可能的。

E. 有时候，在包装一件物品时，在垃圾场里不可生物降解的塑料是与纸板配套使用的。

19. 生活应该是一系列冒险，它很有乐趣，偶尔让人感到兴奋，有时却好像是通向不可预知未来的痛苦旅程。当你试图以一种创造性的方式生活时，即使你身处沙漠中，也会遇到灵感之井、妙想之泉，而它们不是能事先拥有的。

下面哪一个选项所强调的意思与题干的主旨相同？

A. 英国哲学家休谟说，习惯是人生的伟大指南。

B. 美国诗人弗罗斯特说，假如我知道写诗的结果，我就不会开始写诗。

C. 法国化学家巴斯德说，机遇只偏爱有准备的头脑。

D. 英国哲学家怀特海说，观念的改变损失最小，成就最大。

E. 中国数学家华罗庚说，数学带给我的是快乐和成就感。

20. 某旅游团去木兰围场旅游，团员们骑马、射箭、吃烤肉，最后去商店购买纪念品。已知：

(1) 有人买了蒙古刀。

(2) 有人没有买蒙古刀。

(3) 该团的张先生和王女士都买了蒙古刀。

如果以上三句话中只有一句为真，则以下哪项肯定为真？

A. 张先生和王女士都没有买蒙古刀。

B. 张先生买了蒙古刀，但王女士没有买蒙古刀。

C. 该旅游团的李先生买了蒙古刀。

D. 张先生和王女士都买了蒙古刀。

E. 如果张先生买了蒙古刀，则王女士没买。

21. 在球类比赛中，利用回放决定判罚是错误的。因为无论有多少台摄像机跟踪拍摄场上比赛，都难免会漏掉一些犯规动作。要对所发生的一切明察秋毫是不可能的。

以下哪一项论证的缺陷与上述论证的最相似？

A. 知识就是美德，因为没人故意作恶。

B. 我们不该要警察，因为他们不能阻止一切犯罪活动。

C. 试婚不是不道德的，因为任何买衣服的人都可以试穿。

D. 信念不能创造实在，因为把某事当成真的并不能使之成为真的。

E. 妇女不适合当警察，因为在处理暴力事件的问题上妇女不如男子。

22. 在19世纪，英国的城市人口上升，而农村人口下降。一位历史学家推理说，工业化并非导致这种变化的原因，这种变化是由一系列人口向城市地区的迁移而造成的，而这种迁移都是发生在每次农业经济的衰退时期。为证明这种假说，这位历史学家将经济数据同人口普查数据作了对比。

以下哪项如果为真，最能支持该历史学家的假说？

A. 工业经济增长最快的时期总伴随着农业人口数目的相对减少。

B. 农业经济最衰弱的时期总伴随着总人口数目的相对减少。

C. 在农业经济相对强大、工业经济相对衰弱时期，总伴随着农村人口的快速减少。

D. 在农业和工业经济都强劲的时期，伴随着城市人口尤其快速的增长。

E. 在农业经济最强劲的时期，伴随着城市人口的相对稳定。

23. 经过宣传教育，市民的交通安全意识大为增强，交通秩序大为好转。但交通干警依然以高度的责任心维护交通安全，因为他们明白，不出交通事故并不具有必然性。

以下哪项与交通干警的想法是一致的？

A. 今天必然要出交通事故。

B. 今天可能要出交通事故。

C. 今天可能不出交通事故。

D. 今天必然不出交通事故。

E. 今天要出交通事故。

24. 拥有少量受过高等教育人口的国家注定在经济和政治上疲软。然而，拥有大量受过高等教育人口的国家，他们的政府对公共教育有严肃认真的财政承诺。所以，任何一个拥有能作出这种承诺的政府的国家，都会摆脱经济和政治的疲软。

以下哪项论证中的缺陷与上述论证中的最相似？

A. 创作出高质量诗歌的诗人学过传统诗歌，没学过传统诗歌的诗人最有可能创作出创新的诗歌。所以，要创作出创新的诗歌最好不要学传统诗歌。

B. 不懂得教学的人不能理解他所教的学生的个性。因此，懂得教学的人能够理解他所教的学生的个性。

C. 缺乏感情共鸣的人不是公职的优秀候选人，而富有感情共鸣的人则善于操控他人的感情。因此，善于操控他人感情的人是公职的优秀候选人。

D. 如果气候突然变化，食物种类单一的动物将更难生存。但是，食物种类广泛的动物则不会，因为气候突变只会消除某些种类的食物。

E. 如果大量捕杀青蛙，那么害虫就会大量繁殖。如果害虫大量繁殖，那么农作物就会歉收。因此，如果大量捕杀青蛙，那么农作物就会歉收。

25～26题基于以下题干：

有七名被海尔公司录用的应聘者：F、G、H、I、W、X和Y。其中有一个人需要分配到公关部，有三个人需要分配到生产部，另外三个人需要分配到销售部。这七名员工的人事分配必须满足以下条件：

(1) H和Y必须分配在同一个部门。

(2) F和G不能分配在同一个部门。

(3) 如果X分配在销售部，则W分配在生产部。

(4) F必须分配在生产部。

25. 以下哪项列出的可能是这七名雇员最终的分配结果？

A. 公关部：W；生产部：F、H、Y；销售部：G、I、X。

B. 公关部：W；生产部：G、I、X；销售部：F、H、Y。

C. 公关部：X；生产部：F、G、H；销售部：I、Y、W。

D. 公关部：X；生产部：F、I、W；销售部：G、H、Y。

E. 公关部：X；生产部：F、G、H；销售部：I、Y、W。

26. 以下哪项陈述如果为真，能使七名雇员的分配得到完全的确定？

A. F和W分配到生产部。

B. G和Y分配到销售部。

C. I 和 W 分配到销售部。

D. I 和 W 分配到生产部。

E. I 和 Y 分配到生产部。

27. 某市警察局的统计数字显示，汽车防盗装置降低了汽车被盗的危险性。但是汽车保险业却不以为然，它们声称，装了汽车防盗装置的汽车反而比那些没有装此类装置的汽车更有可能被偷。

下面哪一项如果正确，最能解释这个明显的矛盾？

A. 被盗汽车的失主总是在案发后向警察局报告失窃事件，却延缓向保险公司发出通知。

B. 大多数被盗汽车都没有安装防盗装置，大多数安装防盗装置的汽车都没被偷。

C. 最常见的汽车防盗装置是发声报警器，这些报警器对每一起试图偷车的事件通常都会发出过多的警报。

D. 那些最有可能给他们的汽车安装防盗系统的人，都是汽车特别容易被盗的人，而且都居住在汽车被盗事件高发地区。

E. 大多数汽车被盗事件都是职业窃贼所为，对他们的手段和能力来说，汽车防盗装置所提供的保护是不够的。

28. 李明极有可能是一位资深的逻辑学教师。李明像绝大多数资深的逻辑学教师一样，熟悉哥德尔的完全性定理和不完全性定理，而绝大多数不是资深的逻辑学教师的人并不熟悉这些定理。实际上，许多不是资深的逻辑学教师的人甚至没有听说过哥德尔。

以下哪一项陈述准确地指出了上述推理的缺陷？

A. 忽视了这种可能性：大多数熟悉哥德尔这些定理的人不是资深的逻辑学教师。

B. 忽视了这种可能性：有些资深的逻辑学教师不熟悉哥德尔的这些定理。

C. 推理中“资深的”这一概念是模糊的概念。

D. 不加证明就断定不熟悉哥德尔完全性定理和不完全性定理的人也没有听说过哥德尔。

E. 哥德尔不完全性定理意味着，可证的一定是真的，但真的不一定可证。

29. 小静、小玲和小明去海边抓螃蟹，并把抓到的螃蟹放在一个竹篓里。临走时，竹篓里共有四只螃蟹。小静说：“我抓了一只螃蟹。”小玲说：“我抓了两只螃蟹。”小明说：“我抓了三只螃蟹。”显然有人说谎。接着，小静说：“小明说谎了。”小明说：“小玲说谎了。”小玲说：“你们俩都说谎了。”

已知说谎的人两次都说谎，说实话的人两次都说实话，则以下哪项一定为真？

A. 小静没有抓到螃蟹，小玲抓了一只螃蟹，小明抓了三只螃蟹。

B. 小静抓了一只螃蟹，小玲抓了两只螃蟹，小明抓了一只螃蟹。

C. 小静抓了四只螃蟹，小玲和小明没有抓到。

D. 小玲抓了四只螃蟹，小静和小明没有抓到。

E. 小静抓了两只螃蟹，小玲和小明各抓了一只。

30. 反核活动家：关闭这座核电站是反核事业的胜利，它表明核工业部门很迟才肯承认它们不能安全运作核电站的事实。

核电站经理：它并不表明这样的事实。从非核资源可以得到便宜的电力，再加上强制性的安全检查和安全维修，使继续经营这座核电站变得很不经济。因此，关闭这座核电站不是出于安全考虑，而是出于经济方面的考虑。

该经理的论证是有缺陷的，因为

A. 它不承认电力公司现在可能相信核电站是不安全的，即使关闭这座核电站不是出于安全考虑。

B. 它把采取安全预防措施导致的费用上升看作单纯的经济因素。

C. 它忽略了这样的可能性：从中可以得到便宜电力的那些资源本身也可能有安全问题。

D. 它把关闭这座核电站对公众意味着什么的问题错误地当成关闭该核电站的理由是什么的问题。

E. 它把自身的情感因素放入论证中，犯了诉诸情感的错误。

模拟试题五

1. 经过20多年的自然保护，甘肃祁连山地区野生动物的数量大大增加，活动于甘州一带的野生岩羊经常闯入牧场，侵食牧草，糟蹋草场。山丹马场放牧的羊时常被出没的狼群活活咬死。岩羊的天敌是雪豹和狼，山丹马场距甘州不过百余公里，但甘州的岩羊却未遭狼群侵害。

以下哪项陈述如果为真，能够最好地解释上述反常现象？

A. 在祁连山自然保护区的部分森林中，近来曾发现雪豹的踪迹。

B. 祁连山地区的一些群众和环保工作者呼吁，适当开放狩猎行为，以控制岩羊的数量。

C. 现在民间没有猎枪，面对肆虐的狼群，山丹马场的职工无法有效地保护自己的羊。

D. 甘州与山丹马场之间的草原围栏、高速公路、铁路等设施阻断了野生动物的迁徙通道。

E. 随着经济的发展，山丹马场的牧民生活越来越好。

2. 李先生最近决定花5 000美元购买一部1974年生产的R. R. 牌二手车，这个价格比目前这种车的平均售价低50%。买了这部车后，需要花1万美元的维修费才能把它修好。由于这部车是古典型轿车，预计五年后会涨价70%，把它修好并使用五年后，将会赚2 000美元。对车的成本和维修费做了权衡之后，李先生决定买它并对它进行大修。

以下哪一项是李先生的结论即维修费花得值所依赖的假设？

A. 他的R. R. 牌车的增值将比这种车的平均增值高20%。

B. 低于1万美元是不可能把这部车修好的。

C. 他的R. R. 牌车预计五年后增值的70%不是以他购买这部车时的价格为基数的。

D. 所有古典式轿车价格增长的速度比其下跌的速度快70倍。

E. 如果这部车没有修理到令人满意的程度，它的价格就不会增加。

3. 某校校庆时，昔日学友甲、乙、丙会聚燕园。时光荏苒，他们也都功成名就，分别为作家、教授、省长。还知道：

Ⅰ. 他们分别毕业于哲学系、经济系和中文系。

Ⅱ. 作家称赞中文系毕业者身体健康。

Ⅲ. 经济系毕业者请教授写了一个条幅。

Ⅳ. 作家和经济系毕业者在同一个省工作。

Ⅴ. 乙向哲学系毕业者请教过哲学。

Ⅵ. 过去读书时，经济系毕业者、乙都追求过丙。

根据上述条件，下列陈述哪一个是真的？

A. 丙是作家，甲是省长。

B. 乙毕业于哲学系。

C. 甲毕业于中文系。

D. 中文系毕业的是作家。

E. 经济系毕业的是教授。

4. 关于如何界定“裸官”，2010年发布的相关规定明确了以下3类国家工作人员为“裸官”：配偶、子女均已移居国（境）外的；没有子女，配偶已移居国（境）外的；没有配偶，子女均已移居国（境）外的。2014年颁布的相关管理办法规定：配偶已移居国（境）外的，或者没有配偶，子女均已移居国（境）外的国家工作人员，均为“裸官”。

以下哪一项陈述与上述两个文件的规定是相符的？

A. 根据2014年相关管理办法，只有子女均已移居国（境）外的国家工作人员才是“裸官”。

B. 对于既有配偶也有子女的国家工作人员来说，两个文件的规定是相同的。

C. 根据2014年相关规定，只要某国家工作人员的配偶已移居国（境）外，他（她）就是“裸官”。

D. 对于只有配偶、没有子女的国家工作人员来说，两个文件的规定是相同的。

E. 对于没有配偶的国家工作人员来说，这两个文件的规定是不同的。

5. 某著名画家新近谈道：我年纪大了，却整天忙活，没时间去想死，也没心思去想。再说了，死就死呗，又不是只有我一个人死，别人都不死。李白死了，苏东坡死了，曹雪芹也死了，也没怎么样，只不过后人在读他们的作品而已。

从该画家的话中，只能合乎逻辑地推出下面哪个陈述？

A. 除该画家之外的其他人也都会死。

B. 该画家会死。

C. 并非有的人不会死。

D. 如果该画家会死，至少有些别的人也会死。

E. 所有的人都会死。

6. 一位编辑正在考虑报纸理论版稿件的取舍问题。有E、F、G、H、J、K六篇论文可供选择。考虑到文章的内容、报纸的版面等因素，需要满足以下条件：

(1) 如果采用论文E，那么不能用论文F，但要用论文K。

(2) 只有不用论文J，才能用论文G或论文H。

(3) 如果不用论文G，那也不用论文K。

(4) 论文E是向名人约的稿件，不能不用。

以上各项如果为真，下面哪项一定是真的？

A. 采用论文E，但不用论文H。

B. G和H两篇文章都用。

C. J和K两篇文章都不用。

D. G和J两篇文章都不用。

E. 不用论文J，但用论文K。

7. 一本畅销书的出版商在一些促销材料中声称这本书将向读者展示如何成为一个卓越成功的人。当然，每个人都知道没有书能给很多人带来那些在定义上一定仅局限于少数人的卓越的成功。因此，尽管出版商很明显故意地作了一个虚假的声明，但是在这种情况下这种做法不应该被认为是不道德的。

下面哪一个原则如果正确，能最强有力地支持上面的推理？

A. 只要人们能合情合理地接受某一虚假的声明为真，那么故意作出这样的声明就是不道德的。

B. 如果作出虚假声明的人在损害那些认为该虚假声明为真的人的情况下获益，那么故意作出这样的声明是不道德的。

C. 当那些认为某一虚假声明为真的人遭受的困难比他们期望的收益大时，故意作出这样的虚假声明是不道德的。

D. 只要可能有人会认为某一虚假声明是真的，那么故意作出这样的声明就是不正确的。

E. 至少在其他某个人发现某个虚假声明是假的，且这个人一定一度认为该声明是真的情况下，故意作出这样的声明是不道德的。

8. 今年，华泰集团旗下的泰丰公司创下了年度销售新纪录。这颇令人感到意外，因为泰丰公司的潜在市场是最小的，而且它一直是华泰集团旗下所有分公司中销售额最低的部门。

以下哪一项陈述指出了以上论述存在的问题？

A. 由于泰丰公司的潜在市场最小，它是华泰集团销售额最低的部门并不令人感到意外。

B. 如果今年华泰集团的总销售额上升了，则泰丰公司的销售额增加并不令人感到意外。

C. 每个分公司的销售额是否创年度销售纪录只是该公司自我比较的结果，不需要与其他分公司比较。

D. 如果集团旗下其他分公司都创造了年度销售纪录，则泰丰公司创年度销售新纪录并不令人感到意外。

E. 泰丰公司的潜在市场是最小的，所以以前的销售额很低，很容易创下新纪录。

9. 睡眠不足是引起工作事故的众所周知的原因。许多医生经常连续 24 小时或更长时间不睡觉，然而在同事之间做的常规检查中，这些医生很少有被诊断为睡眠不足的。因此没有理由担心习惯性睡眠不足会导致广泛的医疗事故。

对下列哪个问题的回答最有助于评价上面的论述？

A. 被诊断为睡眠不足的医生是否同时也表现出其他与睡眠无关的疾病征兆？

B. 医生习惯性睡眠不足是否会严重减弱他判断他人睡眠不足征兆的能力？

C. 是否除了习惯性睡眠不足之外还有其他的医生本身的因素导致工作失误？

D. 在最近接受治疗的人当中，相信医生有时受睡眠不足之苦的人占多大比例？

E. 在医生中睡眠不足的发病率是否比在其他医疗工作人员中更高？

10. B 市出现雾霾天气主要是由细颗粒物（PM2.5）、氮氢化合物和可吸入颗粒物（PM10）等污染物造成的。统计调查显示，去年 B 市出现雾霾天气的次数比前年有很大下降，并且是有相关统计数据以来下降幅度最大的一年。但统计调查显示，在去年一年里 B 市公众对于雾霾天气的担忧和焦虑程度却大大增加了。

以下哪项陈述如果为真，最有助于解释上面描述中明显的不一致？

A. 去年B市各新闻媒体涉及雾霾天气的报道、评论等比前年大约增加了一倍。

B. B市有些对雾霾天气感到焦虑的人居住在PM2.5污染比较严重的区域。

C. 去年B市举办大型国际会议，车辆限行、建筑工地停工等临时措施是雾霾天气减少的主要原因。

D. B市绝大部分居民知道雾霾天气对人体的危害。

E. B市的雾霾天气是汽车尾气、工业排放、建筑扬尘、垃圾焚烧等多种污染源混合作用形成的。

11. 为什么古希腊会产生城邦制，东方国家却长期存在君主专制？亚里士多德认为，君主专制在野蛮人中间常常可以见到，同僭主或暴君制很接近。因为野蛮民族的性情天生就比希腊各民族更具奴性，其中亚细亚蛮族的奴性更甚于欧罗巴蛮族，所以他们甘受独裁统治而不起来叛乱。

如果以下各项陈述为真，除哪一项外，都能削弱亚里士多德的解释？

A. 城邦制造就了公民的自主性，君主专制造就了顺民的奴性。

B. 地理环境的差别造就了城邦制和君主专制的区别。

C. 亚里士多德的解释在感情上令绝大多数东方人难以接受。

D. 文明人与野蛮人的区别是文化和社会组织不同造成的。

E. 东方国家和古希腊的主流观念不同，东方文明更强调顺应自然。

12. 流行音乐对大学生有巨大冲击，正对他们产生恶劣的影响。书籍需要潜心钻研，它们自然无法去与流行音乐的通俗易懂、猛烈激昂竞争。怎能设想，一旦大学生沉溺到流行音乐的激烈喧嚣中不能自拔，他们还能去孜孜研读柏拉图或爱因斯坦的鸿篇巨制？流行音乐引发的兴趣，使大学生对学习的兴趣相形见绌。并且，事情还不仅仅如此，学生们越来越诉诸流行音乐来回答人生和世界的种种问题，而完全忽视了先贤和教授们的复杂理念。

下面哪些选项是这段话语所要假定的？

Ⅰ. 热衷于流行音乐，并不能舒展身心，只能增加学习负担。

Ⅱ. 用于流行音乐的时间，正是挤占了孜孜学习的时间。

Ⅲ. 流行音乐歌词优美，曲调悠扬，怡情养性……

Ⅳ. 学生们不能摆脱流行音乐的诱惑，不能在该认真学习时就投身于学习。

A. 仅Ⅰ、Ⅳ。

B. 仅Ⅱ、Ⅲ。

C. 仅Ⅰ、Ⅱ、Ⅳ。

D. 仅Ⅰ、Ⅲ、Ⅳ。

E. 仅Ⅰ、Ⅱ。

13. 最近，一位历史学家在研究的过程中，发现了两份提到同一个人——司涅孜勒——的资料，其中一份标明的日期是1739年5月3日，是一份司涅孜勒由于未经允许沿街叫卖而被逮捕的记录；第二份未标明日期，是一份司涅孜勒宣称他已经断断续续地沿街叫卖20年的声明。

以上的事实最好地支持了以下哪个结论？

A. 司涅孜勒在1719年前后开始沿街叫卖。

B. 司涅孜勒因为沿街叫卖而屡次被捕。

C. 未标明日期的那份记录书写时间是在 1765 年之前。

D. 逮捕记录在未标明日期的声明之后被书写。

E. 逮捕记录比未标明日期的声明更好地证明了司涅孜勒曾经沿街叫卖。

14. 经济学家：中国外汇储备在过去 10 年的快速增长是中国经济成功的标志之一。没有外汇储备的增长，就没有中国目前的国际影响力。但是，不进行外汇储备投资，就不会有外汇储备的增长。外汇储备投资面临风险是正常的，只要投资寻求收益，就要承担风险。

以下哪项陈述能从这位经济学家的论述中合乎逻辑地推出？

A. 中国具有目前的国际影响力，是因为中国承担了投资风险。

B. 只要进行外汇储备投资，中国就能具有国际影响力。

C. 如果不进行外汇储备投资，就不用承担风险。

D. 如果能够承担风险，就会有外汇储备的增长。

E. 中国经济成功的标志就是外汇储备的增长。

15. 近期为了提高劳动生产率，一些制造业企业优化了生产流程，以达到雇佣更少的装配线工人生产更多产品的目的。这些企业因此裁掉了很多员工。被裁掉的员工都是那些资历最浅的，一般都是年轻员工。

以上论述如果正确，则最能支持以下哪个结论？

A. 企业生产的产品在优化生产流程期间没有进行产品设计的更新。

B. 对于装配线工人提出的生产流程改进建议，一些会被采纳实施，但大部分都未能实现。

C. 优化生产流程虽然会提高装配线上劳动力的平均年龄，但可能提高劳动生产率。

D. 一些为了提高生产率而采取的创新型措施有时反而会适得其反。

E. 现在的装配线工人需要数学技能来完成他们的工作。

16. 科学家：就像地球一样，金星内部也有一个炽热的熔岩核，随着金星的自转和公转会释放巨大的热量。地球是通过板块构造运动产生的火山喷发来释放内部热量的，在金星上却没有像板块构造运动所造成的那样的火山喷发现象，令人困惑。

如果以下陈述为真，哪一项对科学家的困惑给出了最佳的解释？

A. 金星自转缓慢而且其外壳比地球的薄得多，便于内部热量向外释放。

B. 金星大气中的二氧化碳所造成的温室效应使其地表温度高达 485℃。

C. 由于受高温高压的作用，金星表面的岩石比地球表面的岩石更坚硬。

D. 金星内核的熔岩运动曾经有过比地球的熔岩运动更剧烈的温度波动。

E. 金星是太阳系中唯一一颗没有磁场的行星。

17. 在苏必利尔湖（位于美国与加拿大交界处）北部的某个湖泊中，取自无人定居的森林岛屿上的泥土包含有毒的化学物质，其中包括“毒杀芬”，一种曾经用于棉花种植而今已被禁止的毒药。但是，“毒杀芬”的制造与使用并不在加拿大或美国北部的附近区域，而是在美国的南部。这个岛上没有被堆放过垃圾，这个岛屿的湖水位置足够高以至于使来自苏必利尔湖的湖水不能流进来。

如果以上陈述为真，最强有力地支持以下哪项假说？

A. 这个岛屿湖泊的水域比苏必利尔湖的水域污染程度更深。

B. “毒杀芬”是从大气中随风飘落到这个岛上的。

C. 对诸如“毒杀芬”这样的化学品的禁止无助于自然环境的改善。

D. “毒杀芬”对人体有负面影响但对其他生物没有。

E. 在棉花种植区的土壤里的“毒杀芬”的浓度不足以测量出来。

18. 南京某医院整形美容中心对接受整形手术者的统计调查表明，对自己的孩子选择做割双眼皮、垫鼻梁等整形手术，绝对支持的家长高达85%，经过子女做思想工作同意孩子整形的占10%，家长对子女整形的总支持率达到了95%，比两年前50%的支持率高出了近一倍。

以下哪一项陈述最适合作为从上面的论述中推出的结论？

A. 95%的家长支持自己的孩子做整形手术。

B. 坚决不同意自己的孩子做整形手术的家长不超过5%。

C. 10%做整形手术的孩子给家长做了思想工作。

D. 95%做整形手术的孩子得到了家长的同意。

E. 还有5%的家长不同意孩子做整形手术。

19. 一个优秀的领导人是不会脱离群众的。所以，如果一个领导人脱离群众，他就不是一个能够得到大多数群众拥护的人。

以下哪项与上面的议论方式相似？

A. 许多领导人都是脱离群众的人。

B. 所有电脑都需要安装相应的软件才能运行某种程序。因此，如果电脑没有安装相应的软件，则这个程序就不会运行。

C. 所有孩子都喜欢与他人进行游戏活动。如果幼儿园多安排一些孩子之间的游戏活动，那么一定会受到家长的好评。

D. 这道题在5分钟内答不完。要是谁在5分钟内答完，他就不是一个死记硬背的学员。

E. 凡是想成为优秀的会计师的人都想获得会计硕士学位。刘涛想攻读会计硕士学位，因而，刘涛想成为优秀的会计师。

20. 欧洲神经心理药物学院近日公布的一项调查结果显示，38.2%的欧洲人受精神疾病困扰，但只有1/3的人接受治疗。调查报告还指出，欧洲的主要制药企业正在减少对精神疾病药物研究的投入。报告总结道：“在欧盟资金投入较少的情况下，经济危机又迫使这些企业撤回了研究资金，这意味着摧毁了患者及其家属的希望。”

以下哪项如果为真，能够最有力地削弱以上论点？

A. 欧洲接受精神病治疗的患者几乎都选择亚洲研发的药物。

B. 欧洲的精神病患者中，有2/3不接受任何治疗。

C. 欧洲接受精神病治疗的患者几乎都会选择亚洲生产的药物。

D. 资金少并不一定研发能力弱。

E. 减少资金投入的直接后果就是研究成果数量和质量的双重下降。

21～22题基于以下题干：

某校有7名优秀的学生G、H、L、M、U、W和Z。暑假期间，学校将派他们去英国和美国考察。该校只有这7名学生参加这次活动，每人恰好去这两个国家中的一个，考虑到每个学生的特长，这次活动必须满足以下条件：

(1) 如果G去英国，则H去美国。

(2) 如果 L 去英国，则 M 和 U 都去美国。

(3) W 所去的国家与 Z 所去的国家不同。

(4) U 所去的国家与 G 所去的国家不同。

(5) 如果 Z 去英国，则 H 也去英国。

21. 最多可以有几个学生一起去英国?

A. 2 个。

B. 3 个。

C. 4 个。

D. 5 个。

E. 6 个。

22. 如果 M 和 W 都去英国，则以下哪一项可以为真?

A. G 和 L 都去英国。

B. G 和 U 都去美国。

C. H 和 Z 都去英国。

D. L 和 U 都去美国。

E. Z 和 L 都去英国。

23. 运输部门认为把车票价提高 40%的方案必须执行，并对此作出解释：不可否认，这些费用的增加会加重公共汽车和地铁乘客的负担，但是，如果不加价，服务质量就会大幅度下降，结果会丧失大量的乘客，而这是不能令人接受的。

上文使用了以下哪种论证策略?

A. 它为方案的执行不会导致不利的后果提供了证据。

B. 它表明无论选择哪种主张都会陷入矛盾的困境。

C. 它通过为拒绝接受另一种选择提供理由而间接地得出了结论。

D. 它通过说明为什么坚持执行的方案不会遭到另一种方案的反对来为所坚持的方案辩护。

E. 它通过以往被证明了的同样做法所取得的效果来为现在所坚持的方案辩护。

24. 小王、小李、小张早起准备去爬山。天气预报说，今天可能下雨。围绕天气预报，三个人争论起来。

小王：“今天可能下雨，那并不排斥今天可能不下雨，我们还是去爬山吧。”

小李：“今天可能下雨，那就表明今天要下雨，我们还是不去爬山吧。”

小张：“今天可能下雨，只是表明今天不下雨不具有必然性，去不去爬山由你们决定。”

对天气预报的理解，三个人中：

A. 小王和小张正确，小李不正确。

B. 小王正确，小李和小张不正确。

C. 小张正确，小王和小李不正确。

D. 小李正确，小王和小张不正确。

E. 小李和小张正确，小王不正确。

25. 小李：“人类没有外星人来访地球的文字记录，所以外星人没有来访过地球。”

小李的推理基于以下哪项假设?

A. 如果外星人来访过地球，则人类会有外星人来访地球的文字记录。

B. 如果外星人没有来访过地球，则人类没有外星人来访地球的文字记录。

C. 如果人类有外星人来访地球的文字记录，则外星人来访过地球。

D. 如果人类没有外星人来访地球的文字记录，则外星人来访过地球。

E. 即使人类没有外星人来访地球的文字记录，外星人也可能来访过地球。

26. 科学研究日趋复杂导致多作者科技文章增加，涉及多个医院病人的临床实验报告，通常由每个参与医院的参与医生共同署名。类似地，如果实验运用了多个实验室开展的子系统，物理学论文报道这种实验结果时，每个实验室的参与人员也通常都是论文作者。

如果以上所述为真，下面哪一项一定为真？

A. 涉及多个医院病人的临床实验绝不是仅由一个医院的医生实施。

B. 涉及多个医院病人的临床实验报告，大多数有多位作者。

C. 如果一篇科技论文有多位作者，他们通常来自不同的科研机构。

D. 多个实验室的研究人员共同署名的物理学论文，通常报道使用了每个实验室开展的子系统的实验结果。

E. 大多数科技论文的作者仅是那些做了论文所报道的实验的科研人员。

27. 由微小硅片构成的电脑芯片通常包含数百万的电子开关，电子开关是如此小以至于它无法抵抗辐射。微力学有望开发一种芯片，它可以免受辐射损害。因为它仅使用精微机械开关，但这种开关比电子开关的开关速度慢，而且一个芯片只包含12 000个开关。基于上述微力学芯片的优势，人们预测未来会有这种芯片的一个较大的市场。

上述预测要求以下各项为真，除了：

A. 有些情况下使用电脑芯片，电子开关快慢不是关键。

B. 在仅包含12 000个开关的电子芯片中，这些开关比微力学芯片中的开关更易受辐射损害。

C. 有些场合需使用计算机芯片，而且要芯片一定能经受住强烈辐射。

D. 有些使用计算机芯片的装置含有其他元件，元件暴露于辐射后仍可正常工作。

E. 当有必要时，制造商能保护电子芯片免于暴露在强辐射下。

28. 农业大学的教授在河北省推广柿树剪枝技术时，为了说服当地的群众，教授把一块柿树园一分为二，除自然条件相同外，其他的条件包括施肥、灭虫、浇水、除草等也都相同，其中的一块柿树剪枝，而另一块柿树不剪枝。到收获季节，剪枝的那块柿子的产量比不剪枝的多三成以上。这下农民信服了，先进的剪枝技术很快推广开来。

以下哪一项与农业大学教授所用的方法相同？

A. 某班同学一半学英语，另一半学日语。学期结束时，学英语的同学的成绩比学日语的同学的成绩好，这说明，该班学西语的能力要强一些。

B. 某部队的一支球队参加排球比赛，另一支球队参加篮球比赛。比赛结束后，篮球队拿到了冠军，而排球队只拿到第四名。看来，该部队应大力开展篮球运动。

C. 某班同学在讨论中，一部分同学认为真理有阶级性，另一部分同学认为真理没有阶级性。后来从报纸上了解到，真理是没有阶级性的。

D. 蛆是不是由肉变成的，多年来人们对此迷惑不解。1668年，意大利医生雷地把相同的肉放在两个容器内，一个容器封闭，另一个容器敞开。结果，敞开的容器内肉里生蛆，而封闭的容器内没有生蛆。他宣布，蛆并不是肉变的。

E. 有人喜欢体育运动，有人不喜欢体育运动。喜欢体育运动的人，体质普遍比较好。由此看来，必须提倡体育锻炼。

29. 学校有两个展览。关于班级活动是否去参观展览，班上的学生意见有分歧。有1/3的人主张不去参观展览而进行其他活动，有1/3的人主张同时参观两个展览，有1/3的人主张仅参观展览1而不去参观展览2。该班对以下三个意见进行表决：

(1) 去参观展览1。

(2) 如果去参观展览1，则也去参观展览2。

(3) 或者不去参观展览1，或者不去参观展览2。

如果超过半数的人同意，意见就算通过。

以下哪项是表决的正确结果？

A. 三个意见都被通过。

B. 至多只有一个意见被通过。

C. 只有意见（1）和（2）被通过。

D. 只有意见（1）和（3）被通过。

E. 只有意见（2）和（3）被通过。

30. 为一份国际经济学时事通讯做调研的人口统计学家们宣称，库特乐国的人均收入远远低于巴尔顿国的人均收入，但他们同时宣称，库特乐国的贫困现象相对很少，而巴尔顿国却有过半的人口生活在极端的贫困状态。所以，人口统计学家们的观点至少有一种是错误的。

以上论证最易受到下面哪个批评意见的攻击？

A. 它拒绝了关于两国人均收入的经验性观点，没有尝试提供更多的经济证据来否定那种观点。

B. 它把“贫困”这一模糊概念处理成似乎其已经有了一种精确和公认的意思。

C. 它忽视了一种可能性，也就是即使两个国家中生活在贫困状态的人口比例不同，这两个国家中生活在贫困状态的人口数量也许是相同的。

D. 它未能表明财富和贫困在库特乐国和巴尔顿国具有相同的社会意义。

E. 它没有考虑到这种可能性，即和在巴尔顿国的收入分布不一样，在库特乐国所有人的收入也许非常接近该国的人均收入。

模拟试题六

1. 一项实验正研究致命性肝脏损害的影响范围。暴露在低剂量的有毒物质二氧化硫中的小白鼠，65%死于肝功能紊乱。然而，所有死于肝功能紊乱的小白鼠中，90%并没有暴露在任何有毒的环境中。

以下哪项可为上述统计数据差异提供合理的解释？

A. 导致小白鼠肝脏疾病的环境因素与非环境因素彼此完全不同。

B. 仅有一种因素导致小白鼠染上致命性肝脏疾病。

C. 环境中的有毒物质并非对小白鼠的肝脏特别有害。

D. 在被研究的全部小白鼠中，仅有小部分暴露于低剂量的二氧化硫环境中。

E. 大多数小白鼠在暴露于低剂量的二氧化硫环境之后并没有受到伤害。

2. 如果发生了交通事故，则不是骑车人违反了交通规则就是司机违反了交通规则。所以，如果骑车人没有违反交通规则，则司机违反了交通规则。

上述论证方式与以下哪项最相似？

A. 如果电影院只实行部分优惠，则甲和乙两人中必有一人要买全价电影票。因此，如果甲没有买全价电影票，则乙就要买全价电影票。

B. 如果发生了交通事故，则不是行人违反了交通规则就是司机违反了交通规则。所以，如果行人违反了交通规则，则司机没有违反交通规则。

C. 如果夏天天上云彩多，则可能下雨也可能下冰雹。所以，如果夏天天上云彩多，则可能下冰雹。

D. 如果发生了医疗事故，则医生和护士都有责任。因此，如果医生没有责任，则护士也没有责任。

E. 如果我考上了大学，就会得到助学金或奖学金。所以，如果我考上了大学，就一定会得到资助。

3. 张伟的所有课外作业都得了优，如果她的学期论文也得到优，即使不做课堂报告，她也能通过考试。不幸的是，她的学期论文没有得到优，所以她要想通过考试，就不得不做课堂报告了。

上述的推理是有缺陷的，因为该论证：

A. 忽略了这种可能性：张伟的学期论文必须得优，否则就要做课堂报告。

B. 依赖未确证的假设：如果张伟的学期论文得不到优，她不做课堂报告就通不过考试。

C. 忽略了这种可能性：如果张伟不得不做课堂报告，那么她的学期论文就没有得到优。

D. 没有考虑到这种可能性：有的学生学期论文得了优，却没有通过考试。

E. 忽略了这种可能性：张伟的学期论文不用得优，也不需要做课堂报告，也能通过考试。

4. 有人认为，只有建立良好的制度机制，才能从根本上杜绝腐败。然而，在一个社会，一种风气一旦形成，再强大的制度也会被它撕破。“正人心而后正天下”，要想从根本上解决问题，必须以“正人心”为根本。只有人心正，才能消除腐败之风和功利之风，反腐制度才能真正建立并得以有效执行。

以下哪项陈述是上述论证所依赖的假设？

A. 任何社会都有腐败，无论用什么方法都只能削弱腐败而不能根除它。

B. 腐败之风和功利之风的形成不是由制度不完善或执行不严格造成的。

C. 移风易俗的有效办法是选贤任能、缩小贫富分化和进行以义取利的思想教育。

D. 制度是端正人心的根本，有了反腐制度并严格执行，风气就会改变。

E. 如果没有良好的防腐制度，就不能从根本上杜绝腐败。

5. 招聘广告登出后，一共有 36 人应聘。打字、速记和记账三项能力中，每个应聘者至少具备一项能力，其中会打字的有 25 人，会速记的有 20 人，会记账的有 21 人。进一步统计后发现，有 7 人会打字和速记，有 9 人会打字和记账，有 6 人会速记和记账，但他们都不具备另一项能力。老板面试的是具有三项能力的全部应聘者。

老板面试了多少应聘者？

A. 2 个。

B. 4 个。

C. 5 个。

D. 8 个。

E. 10 个。

6. 荔波是世界自然遗产地，为保护世界自然遗产，荔波的旅游开发必须控制在一定的规模内，但这有限度的旅游开发的收入不够支付保护世界自然遗产的费用。

由上述断定能推出以下哪项？

A. 为保护荔波的世界自然遗产，荔波不能进行旅游开发。

B. 保护荔波的世界自然遗产，需要旅游开发以外的财政支持。

C. 其他的世界自然遗产地和荔波有同样的问题。

D. 为保护世界自然遗产，荔波的其他产业开发也必须有限度。

E. 旅游开发的收入不是用来支付保护世界自然遗产的费用的。

7. 在一个新的警察项目中，当汽车所有者的车不在距离前车 1～5 米的正常距离驾驶的时候，就会在车窗上显示一种特殊的记号，授权警察拦截汽车，以检查驾驶员的执照。采用这种特殊图案的汽车的被盗率要比普通汽车在这样的居民区内被盗的比率低很多。

如果从上述陈述得到汽车盗窃率因这一项目而降低的结论，以下哪项将是评价这一结论的最主要的问题？

A. 这一警察项目是在多少居民区内展开的？

B. 参与了这一项目的居民区内的汽车是不是在白天有时候也被盗？

C. 车窗上装了这种标记，而且觉得有必要在距离前车 1～5 米的正常距离驾驶的车主，是不是会被警察拦截？

D. 参与这一项目的车主是不是如此小心，并且采取了其他特别措施以防止他们的车被盗？

E. 采取这一项目产生效果的居民区是不是在居民所拥有的汽车类型方面具有代表性的检查对象？

8. 世界乒乓球锦标赛男子团体赛的决赛前，S国的教练在排兵布阵，他的想法是：如果4号队员的竞技状态好，并且伤已经痊愈，那么让4号队员出场，只有4号队员不能出场时才派6号队员出场。

如果决赛时6号队员出场，则以下哪一项肯定为真？

A. 4号队员伤势比较重。

B. 4号队员的竞技状态不好。

C. 6号队员没有受伤。

D. 如果4号队员伤已痊愈，那么他的竞技状态不好。

E. 4号队员伤势重且状态不好。

9. 由垃圾渗出物所导致的污染问题，在那些人均产值处于每年4 000至5 000美元之间的国家最严重，相对贫穷或富裕的国家倒没有那么严重。工业发展在起步阶段，其污染问题都比较严重，当工业发展能创造出足够多的手段来处理这类问题时，污染问题就会减少。目前X国的人均产值是每年5 000美元，未来几年，X国由垃圾渗出物引起的污染会逐渐减少。

以下哪项陈述是上述论证所依赖的假设？

A. 在随后几年里，X国将针对不合法的垃圾处理制定一套罚款制度。

B. 在随后几年里，X国周边的国家将减少排放到空气和水中的污染物。

C. 在随后几年里，X国的工业发展将会增长。

D. 在随后几年里，X国的工业化进程将会受到治理污染问题的影响。

E. 在随后几年里，X国的人均产值将维持在每年5 000美元。

10. 在最近的一则广告里，一家大型谷物食品公司指出，所受教育越好的人，在他们还是孩子的时候，经常吃燕麦粥的可能性就越大。该公司引用了对全国大学毕业生的随机调查报告来作为例证。报告显示，在被调查的人中有4/5的人在他们年幼的时候每周至少吃一次燕麦粥。

下面哪一项是支持谷物食品公司的结论的附加信息？

A. 现在的大学毕业生中有4/5的人经常吃燕麦粥。

B. 没有取得大学学历的人在他们是孩子时经常吃燕麦粥的比例不到4/5。

C. 在那些除了接受过大学教育还接受过其他教育的人中，有4/5的人在他们是孩子时经常吃燕麦粥。

D. 大学毕业生与非大学毕业生合在一起的整个人口中，有多于4/5的人在他们是孩子时经常吃燕麦粥。

E. 那些在他们是孩子时不经常吃燕麦粥的大学生，也偶尔会吃燕麦粥。

11. 南海市过去五年的商品房价格平均上涨了250%。与此同时，购买商品房的开支占南海市家庭平均月收入的比例却仅仅上涨了约90%。因此，过去五年间南海市家庭的平均收入上涨了约160%。

以下哪项最能削弱上述论证？

A. 在过去的五年中，南海市购买商品房的家庭数量增加了90%。

B. 在过去的五年中，南海市家庭购买商品房的数量显著降低。

C. 在过去的五年中，南海市平均每个家庭购买的商品房面积显著减少。

D. 在过去的五年中，南海市的有些商品房卖给了外来投资者。

E. 在过去的五年中，南海市的家庭生活水平普遍有所提高。

12. 希望自己撰写的书评获得著名的“宝言教育学评论奖”提名的教育学家，他们所投稿件不应评论超过三本著作。这是因为，如果一篇书评太长，阅读起来过于费力，那它肯定不会被《宝言教育学评论》的编辑选中发表。在该期刊投稿指南中，编辑明确写道，每次讨论涉及超过三本书的书评都将被视为太长、阅读费力。

以下哪项表达了上述论证所依赖的一个假设？

A. 讨论涉及著作最多的书评毕竟是最长的、读起来最费力的。

B. 如果一篇书评在《宝言教育学评论》发表了，则它将获得著名的“宝言教育学评论奖”。

C. 所有发表在《宝言教育学评论》上的文章必定被编辑限制在一定的篇幅以内。

D. 相比讨论两本书的书评，《宝言教育学评论》的编辑通常更喜欢涉及一本书的书评。

E. 书评想要获得“宝言教育学评论奖”提名，就必须发表在《宝言教育学评论》上。

13. 抗震等级高的房屋比抗震等级低的房屋更能抵抗地震。但统计一下在地震中倒塌的房屋数量，房屋抗震等级高的城市和房屋抗震等级低的城市几乎一样。

以下哪项陈述对解释这种矛盾最有帮助？

A. 不同城市对房屋抗震等级有不同的要求。

B. 房屋抗震等级高的城市发生的地震更多。

C. 房屋抗震等级高的城市发生的地震震级更大。

D. 抗震等级达到一定标准的房屋在一般的地震发生时不会倒塌。

E. 有些城市房屋的抗震等级没有达到要求。

14. 在许多鸟群中，首先发现捕食者的鸟会发出警戒的叫声，于是鸟群散开。有一种理论认为，发出叫声的鸟通过将注意力吸引到自己身上拯救同伴，即为了鸟群的利益而自我牺牲。

最能直接削弱上述结论的一项是：

A. 许多鸟群栖息时，会有一些鸟轮流担任警戒，危险来临时发出叫声，以此增加群体的生存机会。

B. 喊叫的鸟想找到更为安全的位置，但是不敢擅自打破原有的队形，否则捕食者会发现脱离队形的单个鸟。

C. 危险来临时，喊叫的鸟和同伴相比可能处于更安全的位置，它发出喊叫是为了提醒它的同伴。

D. 鸟群之间存在亲缘关系，同伴之间有相同的基因，喊叫的鸟虽然有可能牺牲自己，却可以挽救更多的同伴，从而延续自己的基因。

E. 鸟一生中都在鸣叫，不管发生什么，即便在呻吟，也不放弃。

15. 日本有机蔬菜的认证条件非常苛刻，要求种植有机蔬菜的土地3年以内没有使用过任何农药、化肥。日本有机蔬菜的售价只比普通蔬菜高20%～30%。而在中国，有机蔬菜的价格是普通蔬菜的数倍甚至10倍。这说明，中国的有机蔬菜种植业是暴利行业。

以下哪项陈述是上述结论需要假设的？

A. 日本普通蔬菜的价格没有偏高。

B. 中国人对食品安全的普遍担忧导致有机蔬菜供不应求。

C. 中国的有机蔬菜不比日本有机蔬菜的种植成本高。

D. 中国普通蔬菜的价格是完全市场化的，其利润率是正常的。

E. 有机蔬菜在生产过程中不使用化肥、农药、生长调节剂等化学物质。

16. 有甲、乙、丙三个学生，一个出生在北京，一个出生在上海，一个出生在武汉；他们中一个学国际金融，一个学工商管理，一个学外语。其中：

Ⅰ. 甲不是学国际金融的，乙不是学外语的。

Ⅱ. 学国际金融的不出生在上海。

Ⅲ. 学外语的出生在北京。

Ⅳ. 乙不出生在武汉。

请根据上述条件，判断甲的专业为：

A. 国际金融。

B. 工商管理。

C. 外语。

D. 三种专业都有可能。

E. 三种专业都不可能。

17. 防疫站的统计数据显示给狗注射疫苗可以减少狂犬病发生的危险性，但是医疗保险业对此进行的统计研究则得出了相反的结论，即被注射了狂犬疫苗的狗咬伤的人比那些被没有注射狂犬疫苗的狗咬伤的人更有可能得狂犬病。

下面哪项正确，最能解释题干的明显矛盾？

A. 被狗咬了的人会立即到防疫站寻求帮助，但是却不一定跟自己的保险公司联系。

B. 大多数咬人的狗都没有注射狂犬疫苗。

C. 被狗咬过的每个人都必须接受注射狂犬疫苗。

D. 人们往往是在自己的宠物狗已经表现出明显的狂犬病特征后才去给狗注射狂犬疫苗，而且他们都居住在狂犬病发病率最高的地方。

E. 大多数狗咬人事件的发生都是因为狗主人失职，因此，预防狂犬病仅仅靠给狗注射狂犬疫苗是远远不够的。

18. 规模相当于摧毁西伯利亚森林的那一次地球大气层中的陨石爆炸，威力大概相当于1 200万吨级的核爆炸，一个世纪大概出现一次。

由复杂的计算机程序控制的高度自动化的核导弹防御系统对于未预料到的情况的反应是无法预测的。

如果以上关于由一个复杂的计算机程序控制的高度自动化的核导弹防御系统的陈述是正确的，可以最适当地得出以下哪一个结论？

A. 在它建成后的一个世纪内，该系统会作出不适当的反应并且可能由于偶然性而引发一场核战争。

B. 如果在地球大气层内发生一次陨石爆炸，该系统将被摧毁。

C. 对于该系统来说，不可能将一次陨石爆炸和一件核武器的爆炸区分开来。
D. 该系统是否对一次陨石爆炸作出不适当的反应取决于爆炸发生的位置。
E. 如果该系统的设计者没有考虑到陨石爆炸这种偶然性，那么该系统对一次陨石爆炸将要作出的反应是不确定的。

19. 除非谈判马上开始，否则有争议的双方中将有一方会违反停火协议，当且仅当别的国家迫使双方进行谈判时，才会举行谈判。当且仅当别的国家在谈判进行的整个过程中给双方都施加压力时，它们才能达成一个协议。但是直到强行执行停火的国际部队表明它们具有反击来自任一方进攻的能力，从而能压制住双方重新交战的一个主要诱因时，双方才会举行谈判。

如果上面的陈述是正确的，并且双方之间的谈判确实不久就要开始，在这些谈判开始时，下面除了哪一项之外也都一定是正确的？

A. 双方中的任何一方都没有违反停火协议。
B. 强行执行停火的国际部队表明他们可以反击来自双方中任一方的进攻。
C. 使双方恢复战争行动的主要诱因已被压制。
D. 其他国家对有争议的双方施加了压力。
E. 谈判达成的协议部分依赖于其他国家的行动。

20. 某机关田径运动会有 3 个短跑项目，分别是 60 米、100 米和 200 米。老张、老王和老李分别参加了其中的一种，而且三人参赛的项目不一样。小张、小王和小李作了以下猜测：

小张：老张参加了 60 米，老王参加了 100 米。
小王：老李没参加 100 米，老王参加了 60 米。
小李：老张没参加 60 米，老王参加了 200 米。

如果他们的猜测都对了一半，则以下哪项为真？

A. 老张、老王和老李分别参加 60 米、100 米和 200 米。
B. 老张、老王和老李分别参加 60 米、200 米和 100 米。
C. 老张、老王和老李分别参加 100 米、60 米和 200 米。
D. 老张、老王和老李分别参加 200 米、60 米和 100 米。
E. 老张、老王和老李分别参加 200 米、100 米和 60 米。

21. 并非所有的教授都没有博士学位，因此，有些具有博士学位的人具有很高的学术声望。

为使上述推理成立，必须补充以下哪项作为前提？

A. 所有具有很高学术声望的人都是教授。
B. 有些教授具有很高的学术声望。
C. 有些学术声望很高的人是教授。
D. 所有教授都具有很高的学术声望。
E. 有些教授并不具有很高的学术声望。

22. 虽然普遍的猜想认为地表以下深层的地方对微生物存活来说太热了，一些科学家还是争辩说那里有与地表生物隔绝了数百万年的活的微生物群体，这些科学家立论的根据是从 1.74 英里深的钻孔里取出的样本物质中发现了活的微生物。

这些科学家的论证依赖下列哪项假设？

A. 这些出自地下的微生物与先前科学家所熟知的物种相关。

B. 没有比1.74英里更深的地表以下的钻孔。

C. 这些微生物不是由接触地表土壤的钻机设备带入地下的。

D. 作为样本来源的地层从地球形成时起就一直在地表以下。

E. 钻孔底层的温度并不比地表温度高多少。

23. 王晶：因为李军是优秀运动员，所以，他有资格进入名人俱乐部。

张华：但是李军吸烟，他不是年轻人的好榜样，因此，李军不应被名人俱乐部接纳。

张华的论证使用了以下哪项作为前提？

Ⅰ. 有些优秀运动员吸烟。

Ⅱ. 所有吸烟者都不是年轻人的好榜样。

Ⅲ. 所有被名人俱乐部接纳的都是年轻人的好榜样。

A. 仅Ⅰ。　　B. 仅Ⅱ。

C. 仅Ⅲ。　　D. 仅Ⅱ和Ⅲ。

E. Ⅰ、Ⅱ和Ⅲ。

24. 学者们已经证明：效率与公平是对矛盾统一体。实现共同富裕需要经历若干阶段性过程，不可能一蹴而就，但我们又不能不在每一个阶段为实现共同富裕做具体的准备。

以下哪项从上述题干中推出最为恰当？

A. 我们要在重视效率的前提下，兼顾公平。

B. 我们首先要重视公平。

C. 我们要坚持效率优先。

D. 效率与公平之间的矛盾永远不可能得到正确解决。

E. 效率与公平的关系在过去没有得到正确的认识。

25. 汽车电话变得越来越流行，因为它们能使人们在驾驶的时候拨打或接听商业电话。它还有一个额外的好处，驾车者能够在发生事故或有故障的情况下迅速打电话求助。尽管如此，汽车电话应该被禁止，因为它们的使用引起了危险驾驶。

从上述题干可以推断出来，作者承认下面哪一个陈述？

A. 汽车电话越来越流行主要是由于这样一个事实，即它们能使驾车者在发生事故时打电话求助。

B. 汽车电话的使用引起危险驾驶是由于在拨打电话时，驾驶员不能够把两只手放在方向盘上。

C. 汽车电话所提供的好处比起它们造成的危险驾驶带来的危险要少。

D. 为了拨打或接听汽车电话，驾驶员必须暂时使他们的视线离开路面，这种行为是非常危险的。

E. 汽车电话用于呼救的重要性高于用其进行商务联系时。

26. 只要前提正确且逻辑推理结构有效，则结论必然正确。

根据以上判断，以下哪几种情况是可能出现的？

Ⅰ. 结论正确且前提正确，但逻辑结构是无效的。

Ⅱ. 逻辑推理结构有效且结论正确，但前提是错误的。

Ⅲ. 前提错误且逻辑结构无效，但结论正确。

Ⅳ. 前提错误且逻辑结构无效，结论也是错误的。

A. Ⅰ、Ⅱ、Ⅲ和Ⅳ。

B. 仅Ⅰ和Ⅳ。

C. 仅Ⅰ、Ⅱ和Ⅳ。

D. 仅Ⅰ、Ⅲ和Ⅳ。

E. 仅Ⅳ。

27. 斯地驳尔是一种经常毁坏北美谷类庄稼的有害昆虫。在其他一些大陆上，斯地驳尔对庄稼的毁坏可以被某种蜂控制。因为这种蜂只以斯地驳尔为食，将其引进北美可使庄稼免遭斯地驳尔的毁坏且不危害其他北美的昆虫。

下面哪一个是上面论述所基于的假设?

A. 谷物是生长在北美以外大陆的斯地驳尔的主要食物。

B. 这种蜂能够在北美长期存活以吃掉大量的斯地驳尔。

C. 在北美没有与吃斯地驳尔的蜂相似的蜂。

D. 在北美以外的大陆，这种蜂能比其他昆虫控制方法更有效地控制斯地驳尔。

E. 北美大陆以外的谷物庄稼不会被任何斯地驳尔以外的昆虫毁坏。

28. 调查表明，使得大学生学习成绩下降的一个重要因素是：很多大学生玩网络游戏。为了提高大学生的学习成绩，学校作出决定：禁止在校园网上玩网络游戏。

以下哪项最能对学校的决定进行质疑?

A. 玩网络游戏是不可能被禁止的。

B. 适度地玩网络游戏可以提高大学生的素质。

C. 大学生主要在网吧里玩网络游戏。

D. 要禁止大学生在校园网上玩网络游戏，技术上实现起来比较困难。

E. 影响学习成绩的不仅仅是玩网络游戏。

29. 某个在医院工作的人说：医院里的医务人员，包括我在内，总共是16名医生和护士。下面讲到的人员情况，无论是否把我计算在内，都不会有任何变化。在这些医护人员中：

(1) 护士多于医生。

(2) 男医生多于男护士。

(3) 男护士多于女护士。

(4) 至少有一位女医生。

请问这个说话的人是什么性别和职业?

A. 男医生。

B. 男护士。

C. 女医生。

D. 女护士。

E. 都不可能。

30. 我国农村居民的基本医疗保险已经在很多地区建立起来，但是还有相当数量的农村人口尚未被覆盖。实现所有农村人口基本医疗保险全覆盖的关键是资金，而这一点只需要凭借政府的财力就够了。

以下哪项如果为真，能够最有力地支持题干？

A. 实现所有农村人口基本医疗保险全覆盖只能依靠政府出资。

B. 实现所有农村人口基本医疗保险全覆盖的资金占我国2008年财政总收入的1%左右。

C. 近年来，我国政府加大了对农村基本医疗保险的财政投入。

D. 近年来，许多企业为了实现社会责任，也开始在政府的号召下，设立一些面向农村人口的定向医疗救助。

E. 实现所有农村人口基本医疗保险的全覆盖，单靠政府是很困难的，还需要全社会的参与。

模拟试题七

1. 根据诺贝尔经济学奖获得者、“欧元之父”蒙代尔的理论，在开放经济条件下，一国的独立货币政策、国际资本流动、货币相对稳定的汇率，不能三者都得到，即存在所谓的“不可能三角关系”。

我国经济已经对外开放，如果蒙代尔的理论正确，以下哪项陈述一定为真？

A. 我国坚持独立的货币政策并保持人民币相对稳定的汇率，同时不让国际资本流入中国。

B. 我国坚持独立的货币政策并保持人民币相对稳定的汇率，但无法阻止国际资本流入中国。

C. 国际资本流动的趋势不可逆转，我国虽然仍坚持独立的货币政策，但无法保持人民币相对稳定的汇率。

D. 如果我国坚持独立的货币政策并且国际资本流动的趋势不可逆转，则无法保持人民币相对稳定的汇率。

E. 我国坚持独立的货币政策，但是国际资本流动的趋势不可逆转，且必然会造成汇率的波动。

2. 统计表明：B城考上大学的学生中，参加各种补习班的占很大的比例。因此，张老师认为参加补习班可以提高学习成绩。

以下哪项最能削弱张老师的结论？

A. 参加补习班的女生多于男生。

B. 不少没有参加补习班的学生没有考上大学。

C. B城第一中学考上大学的学生中，几乎没有参加补习班的。

D. 不参加补习班的学生也能考上大学。

E. 参加补习班的学生原来成绩就很好。

3～4 题基于以下题干：

有A、B、C三组评委投票决定是否通过一个提案。A组评委共两人，B组评委共两人，C组评委共三人。每个评委都不能弃权，并且同意、反对必选其一。关于他们投票的真实信息如下：

如果A组两个评委的投票结果相同，并且至少有一个C组评委的投票结果也与A组所有评委的投票结果相同，那么B组两个评委的投票结果也都与A组的所有评委的投票结果相同。

如果C组三个评委的投票结果相同，则A组没有评委的投票结果与C组投票结果相同。

至少有两个评委投同意票。

至少有两个评委投反对票。

至少有一个A组评委投反对票。

3. 如果B组两个评委的投票结果不同，则下列哪项可能是真的？

A. A组评委都投反对票并且恰有两个C组评委投同意票。

B. 恰有一个A组评委投同意票并且恰有一个C组评委投同意票。

C. 恰有一个A组评委投同意票并且C组所有评委都投同意票。

D. A组所有评委都投同意票并且恰有一个C组评委投同意票。

E. A组所有评委都投同意票并且恰有两个C组评委投同意票。

4. 下列哪项一定真？

A. 至少有一个A组评委投同意票。

B. 至少有一个C组评委投同意票。

C. 至少有一个C组评委投反对票。

D. 至少有一个B组评委投反对票。

E. 至少有一个B组评委投同意票。

5. 科西嘉岛野生欧洲盘羊是8 000年前这个岛上的驯养羊逃到野外后的直系后代。因而它们为考古学家提供了在人为选择培育产生现代驯养羊之前早期驯养羊的模样的图画。

上述论证做了以下哪项假设？

A. 8 000年前的驯养羊与那时的野生羊极不相像。

B. 现存的羊中已经没有品种与野生欧洲盘羊的祖先在相同时期逃离驯养。

C. 现代驯养羊是8 000年前野生羊的直系后代。

D. 欧洲盘羊比现代驯养羊更像它们8 000年前的祖先。

E. 科西嘉岛的气候在最近8 000年几乎没有发生变化。

6. 孟/关组合在雅典奥运会夺冠时，还有两对选手和他们几乎同时到达终点。在北京奥运会前，人们预测：虽然孟/关组合没有达到他们的最佳状态，但也有可能获得金牌。

以下各项中，除一项外都能提高孟/关组合在北京奥运会上夺冠的概率，这不能提高夺冠概率的是哪一项？

A. 孟/关组合在比赛中正常发挥。

B. 那两对选手也没有达到他们的最佳状态。

C. 那两对选手中有一对没有参加北京奥运会。

D. 孟/关组合和那两对选手的成绩远远超过其他选手。

E. 孟/关组合在比赛中超水平发挥。

7. 甲、乙、丙共同经营一家理发店。在任何时候，必须至少有一人留守店内。也就是说，如果丙外出，那么，如果甲也外出，则乙必须留在店内。但问题是，只有在乙陪伴时，甲才会外出。也就是说，如果甲外出，乙也必须外出。

以下哪项陈述与上面给定的条件不相容？

A. 甲能够外出。

B. 甲留在店内，乙和丙外出。

C. 乙留在店内，甲和丙外出。

D. 丙总留在店内。

E. 丙留在店内，甲和乙外出。

8. “安慰剂效应”是指让病人在不知情的情况下服用完全没有药效的假药，却能得到与真药相同甚至更好效果的现象。“安慰剂效应”得到了很多临床研究的支持。对这种现象的一种解释是：人对于未来的期待会改变大脑的生理状态，进而引起全身的生理变化。

以下陈述都能支持上述解释，除了：

A. 安慰剂生效是多种因素共同作用的结果。

B. 安慰剂对丧失了预期未来能力的老年痴呆症患者毫无效果。

C. 有些病人不相信治疗会有效果，虽然进行了正常的治疗，其病情却进一步恶化。

D. 给实验对象注射生理盐水，并让他相信是止痛剂，实验对象的大脑随后分泌出止痛物质内啡肽。

E. 实验表明，“心理作用”确实能够在人的生理上起作用。

9. 某地住着甲、乙两个部落，甲部落总是讲真话，乙部落总是讲假话。一天，一个旅行者来到这里，碰到一个土著人 A。旅行者就问他：“你是哪一个部落的人？”A 回答说：“我是甲部落的人。”这时又过来一个土著人 B，旅行者就请 A 去问 B 属于哪一个部落。A 问过 B 后，回来对旅行者说：“他说他是甲部落的人。”

根据这种情况，关于 A、B 所属的部落，旅行者所作出的正确的判断是下列的哪一项？

A. A 是甲部落的人，B 是乙部落的人。

B. A 是乙部落的人，B 是甲部落的人。

C. A 是甲部落的人，B 所属部落不明。

D. A 所属部落不明，B 是乙部落的人。

E. A、B 所属部落不明。

10. 根据大陆漂移假说，现在许多分离的陆地在史前时是一块巨大的陆地的一部分。由于地壳运动，这块陆地开始分裂。由这个理论可以猜想南美洲的东海岸原来跟非洲的西海岸是连在一起的。

以下哪个发现最能支持上述猜想？

A. 在南美洲东海岸和非洲西海岸都有一个规模很大的类型相同的古岩石带。

B. 今天很多生活在巴西的人与生活在非洲西部的人很相像。

C. 南美洲和非洲西部的气候很相似。

D. 生活在南美洲的古老部落所使用的语言与非洲西部一些部落使用的语言很相似。

E. 在非洲西部和南美洲发现了几种同样的植物。

11～12 题基于以下题干：

有 7 名运动员参加男子 5 000 米的决赛，他们是 S、T、U、W、X、Y 和 Z。运动员穿的服装不是红色，就是绿色，没有运动员同时到达终点。已知的信息如下：

相继到达终点的运动员，他们的服装不全是红色的。

Y 在 T 和 W 之前的某一时刻到达终点。

在 Y 之前到达终点的运动员，恰好有两位穿的是红色服装。

S是第六个到达终点的运动员。

Z在U之前的某一时刻到达终点。

11. 以下哪项列出的运动员，所穿的服装不可能都是红色的？

A. S和X。

B. T和S。

C. U和W。

D. W和T。

E. U和X。

12. 如果X第三个到达终点，以下哪位运动员的服装一定是绿色的？

A. S。

B. T。

C. U。

D. W。

E. Z。

13. 市场上有75个品牌的微波爆米花，它们总共占微波食品销售额的一半还多一点。与传统爆米花要花七分钟相比，在微波炉内爆米花只需三分钟。然而，微波爆米花的价钱一般是相同重量的传统爆米花价钱的5倍还多。鉴于微波爆米花受欢迎的程度，很多人愿意为了一点点附加的方便而付高价。

如果上述陈述是正确的，那么下面哪一项也一定是正确的？

A. 没有一个单一的微波爆米花品牌的销售额在微波食品销售额中占较大的份额。

B. 在市场上，微波爆米花的品牌数目比其他任何微波食品的品牌数目多。

C. 按体积计算，微波爆米花的销售量比传统爆米花的销售量大。

D. 花费在用三分钟或更少的时间来烹调的微波食品上的钱要比花费在用较长的时间来烹调的微波食品上的钱多。

E. 市场上的微波食品的总数量中，绝大多数是微波爆米花食品。

14. 天然生成的化学物质结构一旦被公布，它就不能获得新的专利。但是，一种天然生成的化学合成物被当作药物之前，必须通过与人工合成的药品一样严格的测试程序，这一程序的最终环节是在一份出版的报告中详细说明药品的结构和观察到的效果。

如果以上陈述为真，基于此的以下哪项也必然真？

A. 一旦天然生成的化学物质结构公布于众，任何天然生成的化学物质都可以由人工合成。

B. 如果人工生产的化学物质合成物获得专利，则其化学结构一定公布于众。

C. 如果天然生成的化学物质被证明效果并不差，人们偏好使用天然生成的化学物质作为药用而不偏好人工生产的药品。

D. 一旦天然生成的化合物被允许作为药物使用，它就不能获得新的专利。

E. 如果为一种天然生成的化学物质申请专利，则它作为药物的有效性一定要得到严格的证实。

15. A国的反政府武装组织绑架了23名在A国做援助工作的H国公民作为人质，要求政府释放被关押的该武装组织的成员。如果A国政府不答应反政府武装组织的要求，该组织会杀害人质；如果人质惨遭杀害，将使多数援助 A 国的国家望而却步。如果 A 国政府答应反政府武装组织的要求，该组织将以此为成功案例，不断复制绑架事件。

以下哪项结论可以从上面的陈述中推出？

A. H 国政府反对用武力解救人质。

B. 如果多数援助 A 国的国家继续派遣人员去 A 国，绑架事件还将发生。

C. 多数国家的政府会提醒自己的国民不要前往危险的 A 国。

D. 反政府武装组织还会制造绑架事件。

E. A 国政府是无能政府。

16. 第二次世界大战末期，生育期的妇女数目创纪录地低，她们的孩子的数目创纪录地高。在 1957 年平均每个家庭有 3.72 个孩子，然后几乎 20 年后，战后婴儿数目创纪录地达到最低。在 1983 年平均每个家庭有 1.79 个孩子，比 1957 年少约 2 个，甚至低于 2.11 个的人口自然淘汰率。

从上文中可以推导出下列哪项？

A. 出生率高的时候，一定有相对大量的妇女处于她们的生育期。

B. 影响出生率最重要的因素是该国是否参加一场战争。

C. 除非有极其特殊的环境，出生率将不低于人口的自然淘汰率。

D. 出生率低的时候，一定有相对少的妇女处于她们的生育期。

E. 出生率不与生育期妇女的数目成正比。

17. 某海岛上，生活有海鹦、鳗鱼和北极燕鸥三类动物。其中，鳗鱼是北极燕鸥和海鹦的主要食物。从 1980 到 1990 年的十年间，鳗鱼的数量从 100 万条下降到了 50 万条。令人奇怪的是，这十年中，海鹦的数量从 100 万只仅仅下降到了 60 万只，而北极燕鸥的数量则从 100 万只下降到了 25 万只左右。

下列哪项最好地解释 1980—1990 年海鹦和北极燕鸥这两种动物数量下降比例的不同？

A. 海鹦减少了吃鳗鱼，转而吃石鱼或其他鱼，但是北极燕鸥没有这样做。

B. 在另一些附近的且条件相似的岛屿上，这两种动物的数量是稳定的。

C. 鳗鱼的减少是因为其生存环境的改变而不是因为人类的过度捕捞。

D. 海鹦和北极燕鸥的幼鸟的食物是幼小的鳗鱼。

E. 1989 年不同寻常的恶劣气候影响了鳗鱼的生育周期和海鹦的数量，但是并没有影响北极燕鸥的数量。

18. 专家：只有当一个物品的产权界定清晰，并且能够对它进行交易时，该物品的真正价值才能体现出来。我们说要保护农民的利益，如果连农民的最大利益是什么都搞不清楚，如何保护？农民有什么值钱的东西？就是那块宅基地。只有让宅基地的价值得到充分体现，才叫真正保护农民的利益。

如果以上陈述为真，则以下哪项陈述必然为真？

A. 要想真正保护农民的利益，就要允许对宅基地进行交易。

B. 只要搞清楚了什么是农民的最大利益，就能保护农民的利益。

C. 只要宅基地的产权界定清晰，并且能够对它进行交易，它的真正价值就能体现出来。

D. 如果对宅基地进行交易，它的价值就能够得到充分体现。

E. 如果对宅基地进行交易，就能保护农民的利益。

19. 国际田径邀请赛在日本东京举行，方明、马亮和丹尼斯三人中至少有一人参加了男子 100 米比赛，而且：

(1) 如果方明参加男子 100 米，那么马亮也一定参加。

(2) 报名参加男子 100 米的人必须提前进行尿检，经邀请赛的专家审查通过后才能正式参赛。

(3) 丹尼斯是在赛前尿检工作结束后才赶来报名的。

根据以上情况，以下哪项一定为真?

A. 方明参加了男子 100 米比赛。

B. 马亮参加了男子 100 米比赛。

C. 丹尼斯参加了男子 100 米比赛。

D. 方明和马亮都参加了男子 100 米比赛。

E. 丹尼斯和方明参加了男子 100 米比赛。

20. 高校 2011 年秋季入学的学生中有些是免费师范生。所有的免费师范生都是家境贫寒的。凡家境贫寒的学生都参加了勤工助学活动。

如果以上陈述为真，则以下各项必然为真，除了：

A. 2011 年秋季入学的学生中有人家境贫寒。

B. 凡没有参加勤工助学活动的学生都不是免费师范生。

C. 有些参加勤工助学活动的学生是 2011 年秋季入学的。

D. 有些参加勤工助学活动的学生不是免费师范生。

E. 凡家境富裕的学生都不是免费师范生。

21. 脐带血指胎儿娩出时脐带结扎并断离后残留在胎盘和脐带中的血液，其中含有的造血干细胞对白血病、重症再生障碍性贫血、部分恶性肿瘤等疾病有显著疗效，是人生中错过就不再有的宝贵的自救资源。父母为新生儿保存脐带血，可以为孩子一生的健康提供保障。

如果以下陈述为真，除哪一项外，都能削弱上面论述的结论?

A. 目前中国因患血液病需要做干细胞移植的概率极小，而保存脐带血的费用昂贵。

B. 现在脐带血与外周血、骨髓一起成为造血干细胞的三大来源。

C. 目前在临床上脐带血并不是治疗许多恶性疾病的最有效手段，而是辅助治疗手段。

D. 脐带血的保存量通常为 50 毫升，这样少的数量对大多数成年人的治疗几乎没有效果。

E. 脐带血的有效保存时间有限，现有技术保存三年就会失效。

22. 在一次体育课上，20 名学生进行了箭靶射击测试。随后这些学生上了两天的射箭技能培训课，又重新进行了测试，他们的准确率提高了 30%。该结果表明，培训课对于提高人们的射靶准确率是十分有效的。

下列哪个选项如果正确，最能支持以上论述?

A. 这些学生都是出色的田径运动员，出色的田径运动员一般都善于射靶。

B. 第一次测试是第二次测试的演习阶段。

C. 人们射箭的准确性和他们的视觉敏锐度有很大关系。

D. 另一组学生也进行了箭靶射击测试，但没有进行培训，他们的准确度没有提高。

E. 只有少数从事射箭运动的人才能掌握精湛的射靶技艺。

23. 逻辑老师将上逻辑课的一部分学生组成一个学习小组，学习小组的成员获得的平均分要比没有参加学习小组的学生高许多，所以参加学习小组能够提高学习成绩。

上述推理基于以下哪项假设？

A. 学生学逻辑比较困难。

B. 参加学习小组的学生与没有参加学习小组的学生起点相同。

C. 参加学习小组没有影响学生其他课程的成绩。

D. 参加学习小组的学生中很少有人打算学习比逻辑更简单的其他课程。

E. 参加学习小组的学生比没参加学习小组的学生更能获得老师的好感。

24～25 题基于以下题干：

一个人到底是做出好的行为还是做出坏的行为，跟他生命的长短有关。如果他只活一天的话，他去偷人家东西是最好的，因为他不会遭受担心被抓住的痛苦。对于还能活 20 年的人来说偷人家东西就不是最好的，因为他会遭受担心被抓住的痛苦。

24. 如果以下各项陈述为真，除了哪项之外，都能削弱上述论证？

A. 只有遭受担心被抓住的痛苦，才不会去偷人家东西。

B. 对于只活一天的人来说，最好的行为可能是饱餐一顿牛肉。

C. 生命的长短不是一个人选择做出好行为或坏行为的充分条件。

D. 对于某些偷人家东西的人来说，良心的谴责会造成比担心抓住更大的痛苦。

E. 无论生命的长短怎样，我们每个人都要以为社会多做贡献作为人生价值。

25. 以下哪项陈述是上述论证所依赖的假设？

A. 一个人在决定是否去偷人家东西之前，能确切地知道他还能活多久。

B. 凡是去偷人家东西的人都活不了几天。

C. 只要没有被抓住，担心被抓住就不会给人带来痛苦，因为偷东西的人早有思想准备。

D. 一个知道自己活不了几天的人，通常会选择做些好事而不是去做坏事。

E. 偷盗可耻，应该予以严惩。

26. 英国医生约翰·斯诺的“污水理论”开启了流行病学研究的历史。1854 年，伦敦爆发了大规模的霍乱，约翰·斯诺发现，大多数死亡病例都曾经饮用同一水泵汲取的水，而使用其他水泵或水井的人最初都没有感染霍乱。后经调查，是下水道的废水污染了那个水泵，从而引发了霍乱。

以下哪一个选项是约翰·斯诺的推理没有运用的方法或原则？

A. 在被研究对象出现的各个场合都存在的因素很可能是该现象的原因。

B. 当被研究现象变化时，同步发生量变的那个因素很可能是该现象的原因。

C. 在被研究现象不出现的各个场合都不出现的因素很可能不是该现象的原因。

D. 在被研究现象出现的场合与该现象不出现的场合之间的差异很可能是该现象的原因。

E. 在被研究现象出现的场合透过现象看本质，发现真正的原因。

27. 从事与皮肤病相关的职业仍是医学院校毕业生的一个安全选择。与太阳紫外线照射相关的皮肤癌病例每年都保持相对稳定的数量，虽然与 20 年前盛行晒太阳时相比，现在特意将自己暴晒于太阳下的成年人要少得多。

以下各项如果为真都可解释上述统计数字上的差异，除了：

A. 因为大气层顶层臭氧含量减少，现在更多的人都将无意识地暴露在过量的太阳紫外线下。

B. 继续特意在太阳底下暴晒的人比过去太阳浴者吸收更大剂量的有害放射物。

C. 来自太阳以外的紫外线辐射量逐年增加。

D. 尽管现在更少的女性特意在太阳下暴晒，但这样做的男性人数显著增长。

E. 大多数皮肤癌患者病症发作前30年经常暴露于紫外线下。

28. 记者："一个政治家所必须具备的才能是什么？"

首相："政治家要有准确预测的才能，如果预测之事没有发生，也必须有巧妙说明的本领。"

如果首相的断定是真的，则以下哪项不能是真的？

A. 政治家可能作出错误的预测。

B. 政治家可能没有巧妙说明的本领。

C. 政治家如果有巧妙说明的能力，则不一定事事都能作出准确的预测。

D. 政治家可能既没有准确预测的才能，又没有巧妙说明的本领。

E. 政治家如果没有巧妙说明的本领，就必须有准确预测的才能。

29. 美国电动汽车Tesla使用的电池是由近7 000块松下18650型电池通过串联、并联结合在一起的大电池包。Tesla电池动力系统的安全性一直受到汽车界的质疑。一位电池专家说，18650型电池在美国的起火概率是百万分之零点二，那么，7 000块小电池组成的电池包的起火概率就是百分之零点一四，以Tesla目前的销量看，这将导致它几乎每个月发生一次电池起火事故。

如果以下陈述为真，哪一项最有力地削弱了专家的判断？

A. 18650型电池具有能量密度大、稳定、一致性好的特点。

B. 全球每年生产数十亿块18650型电池，其安全级别不断提高。

C. Tesla有非常先进的电池管理系统，会自动断开工作异常的电池单元的输出。

D. 18650型电池可循环充电次数多，因此大大延长了电池的使用寿命。

E. 18650型电池容易出现过热的情况，存在一定的起火风险。

30. 终身教育是社区工作的重要内容。某社区为老年人开设了一些业余课堂，业余课堂有两种类型，技术型的和情趣型的。有些老年人报名参加了全部的技术型业余课堂，也有些老年人报名参加了全部的情趣型业余课堂。

以下哪项一定是真的？

A. 老年人应该参加业余课堂的学习。

B. 有些老年人报名参加了全部业余课堂。

C. 每个业余课堂都有人报名参加。

D. 到了开课的时候，每个业余课堂都有人上课。

E. 社区准备开设更多的业余课堂。

模拟试题八

1. 在美洲某个国家，希望戒烟的人使用一种尼古丁皮肤贴，它可释放小剂量的尼古丁透过皮肤。从下个月开始，人们可以不用医生处方购买这种皮肤贴，尽管非处方购买的皮肤贴并不比使用处方购买的皮肤贴更有效，而且二者价格同样昂贵，但是皮肤贴制造商预计非处方购买的皮肤贴将令近年来销量一直低迷的皮肤贴销量大增。

以下哪项所述如果在这个国家为真，将最有力地支持制造商的预测？

A. 大多数想戒烟并发现尼古丁皮肤贴有助于戒烟的人都已经戒烟了。

B. 尼古丁皮肤贴通常比其他帮助人们戒烟的手段更昂贵。

C. 几种旨在帮助人们戒烟的非处方手段好几年前就可以广泛获取了。

D. 许多想戒烟的烟民感到没办法通过看医生获取处方。

E. 使用尼古丁皮肤贴帮助人们戒烟的成功比例与使用其他手段的成功比例大致相同。

2. 通过风险投资方式融资创建的公司比通过其他渠道融资创建的公司失败率要低。可见，与企业家个人素质、公司战略规划或公司管理结构等因素相比，融资渠道对于一个新公司的成功发展是更为重要的因素。

以下哪项陈述如果为真，将最有力地削弱上述论证？

A. 有大约一半的新公司在创立后 5 年内就倒闭了。

B. 在决定是否为初创公司提供资金时，风险投资人必须考虑企业家的个人素质、公司的战略规划等因素。

C. 与其他投资人相比，风险投资人对初创公司在财务需求方面的变化更为敏感。

D. 初创公司的管理结构通常不如发展中公司的管理结构那样合理。

E. 企业家个人素质、公司战略规划或公司管理结构和融资渠道同等重要。

3. 某单位组织职工游览上海世博园。所有参观沙特馆的职工都未能参观德国馆。凡参观沙特馆的职工也未能参观日本馆。有些参观丹麦馆的职工参观了德国馆，有些参观丹麦馆的职工参观了日本馆，有些参观丹麦馆的职工参观了沙特馆。

如果以上陈述为真，下面哪项关于该单位职工的陈述必然为真？

A. 有些参观了日本馆的职工未能参观德国馆。

B. 有些参观了德国馆的职工既没有参观日本馆，也没有参观丹麦馆。

C. 有些参观了丹麦馆的职工既没有参观德国馆，也没有参观日本馆。

D. 所有参观丹麦馆的职工或参观了德国馆，或参观了日本馆，或参观了沙特馆。

E. 有些参观了沙特馆的职工参观了德国馆，但没有参观丹麦馆。

4. 立法机构在讨论一项关于禁止在黄龙湾捕鱼的提案。尽管禁止捕鱼对当地以捕鱼业为支柱的经济产业会造成重大影响，这项提案也必须执行。黄龙湾是水质污染级别最高的地带之一，最近的研究表明，黄龙湾有80%的鱼体内所含的毒素超过了国家的安全标准，继续捕鱼将会对公众健康造成严重的危害。

以下哪项陈述最准确地表达了上述论证所依据的深层原则？

A. 基于可预见的后果而采取必要的预防措施的原则。

B. 基于可预见的后果而采取两害相权取其轻的原则。

C. 基于可预见的后果而采取禁止伤害他人的原则。

D. 基于目前没有掌握有罪的证据而采取无罪推定的原则。

E. 基于不可预见的后果而放弃任何行动。

5. 陕西出土的秦始皇兵马俑，其表面涂有生漆和彩绘，这为研究秦代军人的服色提供了重要信息。但兵马俑出土后，表面的生漆会很快发生起翘和卷曲，造成整个彩绘层脱落，因此，必须用防护液和单体渗透两套方法进行保护，否则不能供研究使用。而一旦采用这两套方法对兵马俑进行保护，就会破坏研究者可能从中获得的有关秦代彩绘技术的全部信息。

如果以上陈述为真，以下哪项必然为真？

A. 采取保护措施后的秦兵马俑只能提供秦代军人服色方面的信息。

B. 一个供研究秦代军人服色的兵马俑，不能成为了解秦代彩绘技术的新信息的来源。

C. 秦兵马俑是了解秦代彩绘技术的唯一信息来源。

D. 没有采取保护措施的兵马俑能够比采取保护措施后的兵马俑提供更多信息。

E. 秦兵马俑只出现在陕西西安。

6. 《星岛日报》和《星岛晚报》都有一个专门的校对小组负责防止错别字出现在每天刊出的报纸中。但是，《星岛日报》发表的文章中2%的文字有错误，而《星岛晚报》却没有出现此类错误。因此，《星岛晚报》的校对小组在发现错别字方面比《星岛日报》的校对小组更有效率。

以上论述是以以下哪项假设为前提的？

A. 大多数在《星岛日报》上发表的文章中都或多或少有错别字出现。

B. 在《星岛晚报》上发表的文章，在校对之前至少是有错别字存在的。

C. 从总体上看，《星岛晚报》校对小组的成员比《星岛日报》校对小组的成员素质更高。

D. 一份报纸错别字数量的多少是衡量该报纸编辑工作是否细致的一个重要标准。

E.《星岛晚报》的记者和给该报投稿的作者比《星岛日报》的记者和给该报投稿的作者更认真。

7. 象海豹的数目在20世纪早期由于捕猎减少到了几十只，过去几十年间在当地政府的保护下得到了急剧增长。然而，由于种族过度地通过近亲交配来繁殖自己，它展示了一种在其他哺乳动物种族中几乎无法比拟的基因一致性，因此它比其他种族更面临着濒临灭绝的危险。

考虑上面所给的信息，下面哪一个是其他哺乳动物更有可能比象海豹不容易灭绝的原因？

A. 其他的种族有大量的数目，因此失去种族的一小部分是不重要的。

B. 其他的种族通过动物代代相传的经验，增长了对危险的知识。

C. 其他哺乳类物种，猎人很容易区别雌雄个体和幼年或成年个体。

D. 在其他的种族中，一些成员基因上得到了更好的改善，能经受住某种疾病或突发事件的考验，而这些疾病或突发事件毁灭了种族中的其他成员。

E. 其他哺乳类动物因为没有被作为濒危动物保护，而保持了谨慎和警惕的生活习性。

8. 在有关占星术方面的一个电视节目中，调查员在社区里找到了20名出生在双子星座并且愿意在该电视节目中被采访并接受性格测试的志愿者。测试证实了调查员的个人印象，即每一个志愿参加者在性格上都比一般的人更善于交际。该调查支持了这样一种观点，即人所属的星座影响人的性格。

以下哪项如果为真，指明了在调查者所用的方法中存在的最严重的缺陷?

A. 这个有关人的性格测试不是由调查员亲自主持、亲自评价的。

B. 占星家断定那些不是出生在双子星座的人比那些出生在双子星座的人更缺少社交和外向的性格。

C. 调查者对其他人的性格的印象往往会被他以后与这些人的接触和交往印证。

D. 社区里出生在双子星座的人与总人口中同样的人相比不可能占很大的比例。

E. 那些不善于社交和性格内向的人不可能同意参加这样的调查。

9～10 题基于以下题干：

小红：红松鼠在糖松的树皮上打洞来吸取树液。糖松的树液主要由水和一小部分糖组成，可以确定红松鼠是为了寻找水或者糖。水在红松鼠生长的地方可以很容易地通过其他方式获得，因此，红松鼠可能是在寻找糖。

小李：一定是寻找糖以外的其他什么东西，因为糖松树液中糖的浓度太低了，红松鼠必须吸取大量的树液才能获得一点点糖。

9. 小红的论证是通过以下哪种方式展开的?

A. 排除了潜在的不确定数据。

B. 陈述了一个一般规律，而该论证则是这个规律的一个实例。

C. 对作为更大行为模式中的一部分观察性行为作出了描述。

D. 基于被清楚理解的现象和未被解释的现象间的相似性进行类推。

E. 排除了关于一个被观察现象的一种可能的解释而得出另一种解释。

10. 以下哪项陈述最能动摇小李对小红的反驳?

A. 红松鼠喜欢含糖浓度高的食物。

B. 一旦某只红松鼠在一棵糖松的树干上打洞吸取树液，其他红松鼠也会在这棵树的树干上打洞。

C. 红松鼠很少在树液含糖浓度比糖松低的其他树上打洞。

D. 红松鼠要等从树干的洞里慢慢渗出的树液中的大部分水蒸发掉以后才来吸食这些树液。

E. 在可以从糖松上获得树液的季节，天气已经冷得可以阻止树液从树中渗出。

11. 每年中秋节前夕各商家都会展开“月饼大战”。有关专家指出，月饼大战不仅不利于大众消费者的经济利益，还成了中秋佳节的“甜蜜负担”。月饼市场要想回归平实，必须从工艺和配料方面进行改良。否则，就算包装和赠品再华丽，也不能满足正当的消费需求。

据此题干，不能推出以下哪项结论？

A. 只有改良月饼工艺和配料，才是满足消费者正当需求的关键。

B. 只要从月饼工艺和配料方面进行改良，就算包装和赠品华丽些，也满足正当的消费需求。

C. 如果月饼市场满足了正当的消费需求，就说明一定是在工艺和配料方面得到了改良。

D. 若不从工艺和配料方面进行改良，就不能满足消费者的正当需求。

E. 要满足消费者的正当需求，必须从工艺和配料方面进行改良。

12. 表面上看，美国目前所面临的公众吸毒问题和20世纪20年代所面临的公众酗酒问题很类似，当时许多人不顾禁止酗酒的法令而狂喝滥饮。但其实二者还是有实质性区别的：在大多数中产阶级分子和其他一些守法的美国人中，吸毒（包括吸海洛因和可卡因这样一些毒品）从来没有成为一种被广泛接受的社会性行为。

从上述论述中，可以得出以下哪项结论？

A. 20世纪20年代，大多数美国中产阶级分子都有严重的违法行为。

B. 美国中产阶级的价值观是衡量美国社会公众行为的一种尺度。

C. 大多数美国人把可卡因和海洛因视为与酒精类似的东西。

D. 在议会制国家，法律的制定以大多数公民的意志和价值观为基础。

E. 法律越是禁止吸毒，吸毒行为就越是肆无忌惮。

13. 书店能以低于市场的价格售书而获利的唯一途径是从出版商那里得到低于正常价格的书；除非书店的销售量很大，否则，它们不能从出版商那里得到低于正常价格的书；要想得到大的销售量，书店就要广泛满足读者的兴趣爱好，或者拥有大的专业书市的独家销售权，或者二者兼具。然而，书店没有满足广大读者的个人兴趣。

如果上述陈述也为真，以下哪项不可能为真？

A. 书店以某些低于市场的价格售书获利。

B. 书店不能普遍地以低于市场的价格售书获利。

C. 即使书店拥有大的专业书市的独家销售权，也不能从出版商那里得到低于正常价格的书。

D. 书店虽然没有大的专业书市的独家销售权，但它仍能以低价出售某些书而获利。

E. 书店没有大的专业书市的独家销售权，就不能从任何一家出版商那里得到低于正常价格的书。

14. 某发展中国家所面临的问题是，要维持它的经济发展，必须不断加强国内企业的竞争力；要保持社会稳定，必须不断建立健全养老、医疗、失业等社会保障体系。而要建立健全社会保障体系，则需要企业每年为职工缴纳一定比例的社会保险费。如果企业每年为职工缴纳这样比例的社会保险费，则会降低企业的竞争力。

以下哪项结论可以从上面的陈述中推出？

A. 这个国家无法维持它的经济发展，或者不能保持它的社会稳定。

B. 这个国家或者可以维持它的经济发展，或者可以保持它的社会稳定。

C. 如果降低企业每年为职工缴纳社会保险费的比例，则可以保持企业的竞争力。

D. 这个国家的经济发展会受到一定影响。

E. 这个国家的社会稳定一定会受影响。

15. WiFi 发射器会产生电磁辐射。有 5 名丹麦中学生将水芹种子分别放在有 WiFi 发射器和无 WiFi 发射器的房间里进行培育，12 天后发现，无 WiFi 发射器房间里的种子发芽率为 95.4%，有 WiFi 发射器房间里的种子发芽率为 85.3%。很多人因此而担心 WiFi 辐射会影响人体健康。但多位专家认为，上述实验并不严谨，不能根据该实验断定 WiFi 辐射对人体有害。

以下断言中，除哪项外，都能支持这些专家的观点?

A. WiFi 辐射对人体的影响既与其频率有关，也与 WiFi 发射器和人体的距离有关。

B. 应在同一房间保持其他条件不变，在有 WiFi 发射器和无 WiFi 发射器的情况下重复该实验。

C. 影响种子发芽的因素很多，丹麦中学生的实验并不能排除其他因素的干扰。

D. 应该做动物实验来判断 WiFi 辐射对人体的影响，而不仅仅是植物实验。

E. 有 WiFi 发射器和无 WiFi 发射器的房间里的温度不一样。

16. 普通的有线电视公司提供给它的客户 50 个电视频道，但新的光纤可以让电话公司提供给它的客户 100 至 150 个电视频道，收取的价格和有线电视公司一样，只要 50 元，因此，在几年内有线电视公司将被提供新的电视服务的电话公司取代。

下面哪个选项最有助于强化上面的论述?

A. 安装新的光纤电视的初装费将超过安装有线电视的当前价格。

B. 有线电视中最受欢迎的电影频道和电视节目频道也会出现在电话公司所有的光纤电视提供的频道中。

C. 有线电视公司将通过增加能提供的频道的数量来与电话公司竞争。

D. 有线电视公司提供的电视服务更周到。

E. 电话公司比有线电视公司更遵守政策法规。

17. “高考冲刺一对一”是目前南江教育咨询公司正在积极开展的一项培训活动。他们在市场分析员的建议下选择了育才和新世纪这两所著名的重点高中作为主要分析对象。市场分析报告认为：这两所重点高中聚集了很多优秀的高三学生，提供“一对一”的个性化服务，能够在课余帮助学生实现进一步提高各科成绩的愿望，从而考上更好的大学。

以下哪项能够最为有力地削弱上述推论?

A. “高考冲刺一对一”的培训收费只比一般高考辅导班的收费略高一点。

B. 育才和新世纪这两所重点高中的大部分学生都在课余聘请了有经验的家庭教师，付给他们的报酬比“高考冲刺一对一”的收费还少一点。

C. “高考冲刺一对一”的教学质量还没有经过市场检验，效果还很难断定。

D. 南江教育咨询公司的培训师资还不是很充裕，恐怕很难满足育才和新世纪这两所高中这么多学生的不同需求。

E. 通过社会上的咨询公司寻求高考辅导的资源对于育才和新世纪的学生家长来说还是一件新鲜事，要有一个适应过程。

18. 在昨天的议会选举中，保守派候选人获得了大多数选民的支持，而且投票赞成反污染法案的候选人也获得了大多数选民的支持，所以，在昨天的选举中，大多数选民肯定支持了投票赞成反污染法案的保守派候选人。

以下哪一项中的推理错误与上述论证中的最相似?

A. O认为土壤太湿的时候耕种会破坏土壤，S认为在湿地中播种会使种子腐烂，那么，如果他俩说得对，在土壤湿时耕地播种的人会破坏他们的土壤和种子。

B. S说大多数孩子喜欢馅饼，R说大多数孩子喜欢果浆，如果他们说得都对，大多数孩子肯定喜欢有果浆的馅饼。

C. 只有今天不下雨，M才会去参加野餐，而只有M去参加野餐，S才会去参加，由于今天没有下雨，M和S都会去参加野餐。

D. 经常去这家饭店吃饭的多数顾客总会点鱼和蘑菇，所以，鱼和蘑菇肯定是这家饭店最常被点的菜。

E. 大多数住在G地的人都是烹调好手，由于大多数住在G地的人都喜欢美食，所以，G地的多数饭菜肯定可口。

19～20题基于以下题干：

在某校的家属区中，所有的小保姆都加入了工会。有些清洁工是湖北人。有些小保姆是湖北人。所有的工会会员都买了医疗保险。没有清洁工人购买医疗保险。

19. 在该校家属区中，以下各项都能根据上述前提推出，除了:

A. 所有的小保姆都买了医疗保险。

B. 有些湖北人买了医疗保险。

C. 有些湖北人没有买医疗保险。

D. 有些小保姆兼当清洁工。

E. 没有清洁工加入工会。

20. 以下哪项所描述的那个人是上述前提所作断定的一个反例?

A. 一个女清洁工。

B. 一个加入了工会的清洁工。

C. 一个没买医疗保险的湖北人。

D. 一个人买了医疗保险，但并非小保姆。

E. 一个人买了医疗保险，但并非清洁工。

21～22题基于以下题干：

有6位学者F、G、J、L、M和N，将在一次逻辑会议上演讲，演讲按下列条件排定次序：

(1) 每位演讲者只讲一次，并且在同一时间只有一位演讲者。

(2) 三位演讲者在午餐前发言，另三位在午餐后发言。

(3) G一定在午餐前发言。

(4) 仅有一位演讲者处于M和N之间。

(5) F在第一位或第三位发言。

21. 如果J是第一位演讲者，谁一定是第二位演讲者?

A. F。

B. G。

C. L。

D. M。

E. N。

22. 如果 J 是第四位演讲者，谁一定是第三位演讲者？

A. F 或 M。

B. G 或 L。

C. L 或 N。

D. M 或 N。

E. F 或 M。

23. 中国多所高校在多伦多、纽约、波士顿、旧金山召开了 4 场人才招聘会，针对出席招聘会的中国留学生所做的问卷调查显示：67%的人希望回国工作，33%的人会认真考虑回国的选择。可见，在美国工作对中国留学生已失去吸引力，人心思归已蔚然成风。

以下哪一项陈述准确地指出了上述论证的缺陷？

A. 参加问卷调查的中国留学生表达的未必是他们最好的愿望。

B. 如果北美的中国留学生回国找不到工作，那会让他们大失所望。

C. 67%和 33%加起来是 100%，这意味着希望留在北美工作的人为零。

D. 在北美的中国留学生中，那些不打算回国工作的人没有参加招聘会。

E. 那些中国留学生即使有回国工作的想法，但多数人还有很多顾虑。

24. 在 1992 年 12 月，泰德维尔的购物中心修理并改善了其停车场的照明设施。1993 年，该停车场的偷车案量和试图偷车案量比前一年下降了 76%。由于潜在的小偷通常受较好的照明条件的威慑，偷车案量的下降归功于照明的改善。

以下哪项如果为真，最能强化上述论证？

A. 在 1992 年和 1993 年，大多数在购物中心停车场被窃的车都是相对较新和较昂贵的豪华车。

B. 大多数购物中心的盗车案发生于上午 10 点到下午 4 点之间。

C. 泰德维尔购物中心是泰德维尔地区所拥有的三个购物中心之一。

D. 在购物中心所在的泰德维尔地区，1993 年发生的汽车盗窃案和 1992 年发生的一样多。

E. 1993 年在购物中心停车场巡逻的保安的人数在夜间加倍了。

25. 如果这项改革措施不受干部们欢迎，我们就应该进行修改。如果它不受工人们欢迎，我们就应该采用一项新的改革措施。并且这项措施必定是，要么不受干部们的欢迎，要么不受工人们的欢迎。

如果以上陈述为真，以下哪项也一定正确？

A. 我们应当修改这项改革措施，当且仅当这样做不会降低该措施在工人中的声望时。

B. 我们应该在干部或者工人中间努力推广这项改革措施。

C. 如果修改这项改革措施不会影响到它在干部们中受欢迎的程度，我们就应该立即进行修改。

D. 如果这项改革措施受到了工人们的欢迎，我们就应该采用一项新的改革措施。

E. 如果这项改革措施受到了干部们的欢迎，我们就应该采用一项新的改革措施。

26. 只要小王能评上教授，同时老雷没有评上研究员，大李就一定会评上教授。

如果以上判断为真，那么，加上以下哪项作为前提，则可得出老雷评上研究员的结论？

A. 小王没有评上教授，也没有评上研究员。

B. 小王和大李都评上了教授。

C. 小王评上了教授，大李没有评上教授。

D. 小王没有评上教授，大李评上了教授。

E. 肯定有人没参加职称评定。

27. 如果王教授是博士生导师，又带领学生在10个以上城市进行过社会调查，则他一定是经济学教授或社会学教授。

这个断定可以根据以下哪项作出？

A. 王教授进行社会调查的足迹遍布全国大多数城市。

B. 每个经济学教授都带领学生在10个以上城市进行过社会调查。

C. 除经济学教授和社会学教授外，其他博士生导师最多在5个城市进行过社会调查。

D. 自然科学类的教授不进行社会调查。

E. 经济学教授和社会学教授不带领学生到农村进行社会调查。

28. 和政治学导论、世界史导论相比，杨林更喜欢物理学和数学。和政治学导论相比，杨林更不喜欢体育。

除了下列哪项，其余各项都能从上述论述中推出？

A. 和体育相比，杨林更喜欢政治学导论。

B. 和体育相比，杨林更喜欢数学。

C. 和世界史导论相比，杨林更不喜欢体育。

D. 和体育相比，杨林更喜欢物理学。

E. 和数学相比，杨林更不喜欢世界史导论。

29. 某重点中学的学生中，有的是共青团员，有的不仅是共青团员，而且是校学生会干部。所有共青团员都是学习成绩良好的学生，所有成绩良好的学生都只遵守学校的规定。

如果以上陈述为真，则以下哪项不一定为真？

A. 该校有的学生只遵守学校规定。

B. 该校有的学生既遵守学校规定，又是共青团员。

C. 该校有些只遵守学校规定的成绩良好的学生不是共青团员。

D. 该校有些成绩良好的学生是共青团员。

E. 该校凡是成绩不够良好的学生都不是共青团员。

30. 最近十年地球上的自然灾害，比如地震、火山爆发、极端天气等给人类造成的伤亡比过去几十年更严重。所以，地球环境变得更恶劣了，我们应该为地球科学家、气象学家投入更多的科研基金支持他们研究地球环境变化的原因。

下列哪项最能削弱上述结论？

A. 自然灾害国际援助组织配备了更先进的救援设备。

B. 地球科学家和气象学家近十年研制出了更好的预报系统。

C. 过去十年人类在土地使用的方式上的变化并不会引起气候的变化。

D. 过去几十年也记录了地球上重要的自然灾害，比如地震、旱涝、火山爆发、山体滑坡等。

E. 近十年来，人类数量的剧增以及贫穷的加剧使得更多的人居住在更易发生自然灾害的区域。

模拟试题九

1. 某一城市有两大支柱产业，传统手工业和旅游业。发展传统手工业将不可避免地导致污染，从而破坏生态环境。但良好的生态环境又是发展旅游业的必要条件。

以下哪项作为结论可以从上述断定中推出？

A. 市政府应大力加强对生态环境的保护。

B. 该城市无法同时发展传统手工业和旅游业。

C. 应该用其他产业代替传统手工业和旅游业。

D. 该城市的经济收入主要靠传统手工业。

E. 如果生态环境被破坏了，传统手工业就不能发展。

2. 非专利药与它们所要替代的原先的专利药相比，含有同样的活性成分，并且药量相同，但是，病人服用非专利药与服用专利药产生的效果比较起来有时却迥然不同。

下面哪一项如果正确，最有助于解释以上差别？

A. 原有专利药的专利到期后，法律规定无须对活性成分的有效性作进一步研究即可生产非专利药。

B. 有些医生在处方中仅开名牌药，尽管他们对基因药物不熟悉。

C. 不同牌子的药中含有的非活性成分及填充物不同，它们会影响药的吸收速度及药在血液中的浓度。

D. 因为基因药物的生产商不参与产品的研发，所以它们可以以较低价格销售产品。

E. 老年人更可能需要处方药，他们较年轻人对药物剂量的微小变化反应更敏感。

3. 有时候，一个人不能精确地解释一个抽象语词的含义，却能十分恰当地使用这个语词进行语言表达。可见，理解一个语词并非一定依赖于对这个语词的含义作出精确的解释。

以下哪一项陈述能为上面的结论提供最好的支持？

A. 抽象语词的含义是不容易得到精确解释的。

B. 如果一个人能精确地解释一个语词的含义，那他就理解这个语词。

C. 一个人不能精确地解释一个语词的含义，不意味着其他人也不能精确地解释这个语词的含义。

D. 如果一个人能十分恰当地使用一个语词进行语言表达，那他就理解这个语词。

E. 要想真正理解一个词语的意义，不仅要学会查字典，还应掌握它的用法和理解它的作用。

4. 某班级的几位同学一起议论他们今年暑假出游的去向。

甲说：“如果赵明没有去西藏，那一定会去上海。”

乙说：“钱玲去了南京。”

丙说："如果林群没有去西宁，那么，张红会去杭州。"

丁说："赵明没有去西藏，也没有去上海。"

戊说："钱玲去了广州。"

己说："张红没有去杭州。"

事后了解，这次议论中，有两个人说的与事实不符。

根据上述情况，以下哪项必定是正确的?

A. 赵明没有去西藏，但是去了上海。

B. 林群去了西宁，赵明可能去了西藏。

C. 钱玲去了广州，但没有去南京。

D. 赵明没有去上海，林群去了西宁。

E. 钱玲去了南京，张红没有去杭州。

5. S和K的代表团都没有参加某国际会议。事前，D和K的代表团公开宣布，D和K的政府是强烈反对T的联盟，如果T的代表团参加了这个会议，这两国中的一个或两个都会不出席会议。与此相应，S的代表团公开宣布，如果D与K的代表团都不出席的话，S的代表团就一定出席会议。

如果上面的陈述正确，且所有的代表团都信守其公开声明，下面哪项一定正确?

A. D的代表团参加了会议。

B. D的代表团没有参加会议。

C. S的政府没有强烈地反对T。

D. T的代表团没有参加会议。

E. T的代表团没有针对是否参加会议发表过公开声明。

6. 公司规定，将全体职工按工资数额从大到小排序。排在最后5%的人提高工资，排在最前5%的人降低工资。小王的工资数额高于全体职工的平均工资，小李的工资数额低于全体职工的平均工资。

如果严格执行公司决定，以下哪几种情况是不可能的?

Ⅰ. 小王和小李都提高了工资。

Ⅱ. 小王和小李都降低了工资。

Ⅲ. 小王提高了工资，小李降低了工资。

Ⅳ. 小王降低了工资，小李提高了工资。

A. Ⅰ、Ⅱ、Ⅲ和Ⅳ。

B. 仅Ⅰ、Ⅱ、Ⅲ。

C. 仅Ⅰ、Ⅱ、Ⅳ。

D. 仅Ⅲ。

E. 仅Ⅳ。

7. 去年米勒县的草莓种植园主在其草莓地施用了某种杀菌剂，今年他们报告说这些地里种植的草莓歉收。但是，由于今年附近没有用杀菌剂的地里也出现歉收，很明显施用杀菌剂不是这次歉收的原因。

下面哪一项如果正确，最能削弱上面的论述?

A. 杀菌剂喷洒过后，在几周内逐渐分解为许多无杀菌作用的简单化合物。

B. 杀菌剂只在生长期末期开始在地里喷洒，这时草莓已经开始成熟。

C. 米勒县一些农民去年用的杀菌剂与上面提到的杀菌剂相似，但其报告说今年并未出现严重的农业歉收。

D. 临近的未喷洒杀菌剂的地里和喷洒过杀菌剂的地里庄稼歉收情况同等严重。

E. 喷洒过杀菌剂后，这些杀菌剂顺着灌溉通道，很容易从一块地流入附近另一块地。

8. 根据最近一次调查，婚姻使人变胖，作为证据的是一项调查结果：在 13 年的婚姻生活中，女性平均胖了 23 斤，男性平均胖了 18 斤。

下列哪一个问题的回答可能对评价上面的调查中所采用的推理最有帮助？

A. 为什么调查研究的时间是 13 年，而不是 12 年或 14 年？

B. 在结婚的时间里，有一些男性的体重增加少于 18 斤吗？

C. 可比较年龄的单身汉在 13 年中的体重增加或减少了多少？

D. 调查中的女性和调查中的男性在调查中一样积极吗？

E. 调查中的体重获得将维持一生吗？

9～10 题基于以下题干：

一项对独立制作影片的消费调查表明，获得最高评价的动作片的百分比超过了获得最高评价的爱情片的百分比。但是，调查方由此得出电影主题决定了影片的受欢迎程度却很可能是错误的，因为动作片都是由那些至少拍过一部热门影片的导演执导，而爱情片都是由导演新人执导，其中还有许多以前从未拍过电影。

9. **以上陈述如果为真，支持以下哪项推论？**

A. 与动作片相比，更少的爱情片获得最高评价。

B. 此调查中被评价的影片的受欢迎度与这些影片的导演之前的成功之间没有关联。

C. 如果对观众就大预算的主流影片的印象作调查，获得最高评价的爱情片的百分比将比获得最高评价的动作片的百分比更低。

D. 有经验的导演比新导演更有可能拍出一部热门电影。

E. 在那些曾拍摄出相同数量的热门影片的导演中，他们所拍影片的主题差异不会影响人们评价对这些电影的喜欢程度。

10. **以下陈述如果为真，都将支持题干中的论证，除了：**

A. 一个人制作出了一部热门影片表明此人在制作影片方面的才能。

B. 消费者对一部新电影的评价受到该电影导演以前制作影片的成功经历的影响。

C. 动作片一般比爱情片需要更大的预算，因而阻碍了很多导演新人拍摄此类电影。

D. 拍摄过至少一部热门电影的导演所拍影片的受欢迎程度，极少有导演新人所拍的电影能够达到。

E. 那些曾经拍摄过热门电影的导演普遍得到最多的制作预算，并且其随后的电影吸引了最有才华的知名演员。

11. 一种确定物种起源的方法是比较有亲缘关系的物种的遗传物质。科学家们认为两个物种的遗传物质越是相似，它们从同一祖先分化出来的时间距今就越近。在比较了大熊猫、棕熊猫、浣熊、长鼻浣熊和所有七种熊的遗传物质之后，科学家们发现：熊类和浣熊是在距今 3 000 万年至 5 000 万年之间分开的，棕熊猫是在此几百万年之后，在大熊猫从其他的熊类分出来大约 1 000 万年之前，从今天的浣熊和长鼻浣熊的祖先那里分化出来的。

以下哪一项可以适当地从上文中推出？

A. 大熊猫和棕熊猫的亲缘关系要比科学家起初认为的更接近。

B. 科学家们现在认为大熊猫是第八种熊类动物。

C. 在一定年限的误差下，确定不同物种的分离时间是可能的。

D. 科学家们已经发现大熊猫在遗传上与熊类更相似而不是与浣熊更相似。

E. 科学家们一致认为大熊猫和棕熊猫都与浣熊有同样的亲缘关系。

12. 在某一个发展成熟的旅游区，旅馆老板只能通过建造更多的客房或者改善已有的客房来提高他们的利润。该旅游区的土地使用法禁止建造新旅馆或者以任何其他的方式扩大旅馆的客容量。其结果是旅馆老板不能再提高他们的利润，由于该旅游区的旅馆________

以下哪个选项能合乎逻辑地完成上述论证？

A. 全年的营业额 100%完成。

B. 在不受土地法约束的地方建旅馆对顾客没有吸引力。

C. 必须与劳工成本的上升作斗争，劳工成本的上升是由训练有素的职员短缺造成的。

D. 已经改善到最豪华的水平，达到了富有的主顾能承受的极限。

E. 由对本国游客的服务转向对外国游客的服务。

13. 一种理想的社会保障制度应该是：

Ⅰ. 能够保证大多数人达到基本生活水平。

Ⅱ. 不能加重大多数人的税收负担。

有专家指出：目前国家的财政不足以满足第一条，只能通过提高税收满足，所以目前无法建立一种理想的社会保障制度。

以下哪项最能削弱专家的论证？

A. 可以建立一种比较理想的社会保障制度。

B. 理想的社会保障制度还需要其他条件。

C. 在理想的社会保障制度下，仍会有少数人达不到基本生活水平。

D. 为满足第一条所增加的税收多数人可以接受。

E. 可以提高少数富人的税收来增加国家的财政收入。

14. 人的脑细胞总数逾 300 亿个，参与人的正常智力活动的仅是其中的一小部分。要有效地开发青少年的智力，有两个必要条件：第一，必须使他们勤于思考，这样才能激活更多的脑细胞；第二，必须使他们摄入足够的脑细胞生长所需要的营养素，这样才能促进脑细胞的正常分裂。“125 健脑素”含有青少年大脑发育所需要的各种营养素。据在全国范围内对服用该营养品的约 10 万名青少年的调查显示，“125 健脑素”对促进青少年的大脑健康发育并继而有利于开发他们的智力，具有无可争议的作用。

如果上述断定是真的，则以下有关一群小学生的推断中，哪项成立？

Ⅰ. 张泉勤于思考并服用了足量的“125 健脑素”，因此，他的智力一定得到了有效的开发。

Ⅱ. 李露的智力得到了有效的开发但未服用“125 健脑素”，因此，他一定勤于思考。

Ⅲ. 王琼勤于思考但智力并未得到有效的开发，因此，他一定没有摄入足够的脑细胞生长所需要的营养素。

A. 仅Ⅰ。

B. 仅Ⅱ。

C. 仅Ⅲ。

D. 仅Ⅱ和Ⅲ。

E. Ⅰ、Ⅱ和Ⅲ。

15～16 题基于以下题干：

某省围棋队教练从 E、F、G、H、J、K 和 M 这 7 名队员中挑选 4 名参加职业联赛，必须满足下列条件：

(1) E 或 F 有一人参加，但二人不能都参加。

(2) J 或 K 有一人参加，但二人不能都参加。

(3) 如果 J 参加，则 G 参加。

(4) 除非 F 参加，否则 M 不参加。

15. 以下哪项列出的四名队员可以共同参加比赛？

A. E、F、H、K。

B. E、G、J、M。

C. E、H、J、M。

D. F、H、K、M。

E. E、F、K、M。

16. 以下哪项列出的队员一定会参加比赛？

A. F 或 M，或者二者兼具。

B. G 或 H，或者二者兼具。

C. H 或 J，或者二者兼具。

D. J 或 M，或者二者兼具。

E. K 或 M，或者二者兼具。

17. 我们能够制造出比现在一般的自行车更结实的自行车，我们也能够制造出比现在一般的自行车更轻便的自行车。所以，我们能够制造出同时具有以上两种优点的自行车。

上述论证中的推理缺陷与以下哪项推理中的缺陷最相似？

A. 现在没有能源利用效率高的汽车，也没有不造成污染的汽车。因此，现在没有能源利用效率高又不造成污染的汽车。

B. 写一部畅销小说是可能的，写一部能得到好评的小说也是可能的。因此，一位作者有可能写出一部既畅销又能得到好评的小说。

C. 小王说外面很冷，小张说外面下雪了。所以，外面不但很冷，而且下雪了。

D. 有用来包饺子的机器，也有用来榨果汁的机器，所以，总有一天能够造出同时具有这两种功能的机器。

E. 在办公室，电脑可能损坏，也可能被人误操作，所以办公室里的电脑可能因为被人误操作而损坏。

18～19 题基于以下题干：

由工业大学、科技大学、理工大学组成大学生联队，参加市里举行的足球赛。在推选联队队长时，所有的南方队员都推选余涌当队长，所有的科技大学的队员都反对余涌当队长，而有的队员则不表态。

18. 如果上述断定成立，则下列哪项关于该联队的断定也是真的？

A. 有的南方队员是工业大学的学生。

B. 有的理工大学的队员不表态。

C. 有的不表态的队员不是科技大学的学生。

D. 有的科技大学的队员是北方人。

E. 有的工业大学的队员表了态。

19. 在上述断定中再增加一个断定："有的南方队员是大学一年级学生"，并假定这些断定都成立，那么，下列哪项断定必定为假？

A. 有的科技大学队员是大学一年级学生。

B. 有的南方队员不是大学一年级学生。

C. 工业大学队员中没有大学一年级学生。

D. 没有大学一年级的队员推选余涌当队长。

E. 理工大学队员中没有人推选余涌当队长。

20. 研究人员发现，抑郁症会影响患者视觉系统感知黑白对比的能力，从而使患者所看到的世界是"灰色的"。研究人员利用视网膜电图技术对抑郁症患者感知黑白对比的能力进行测量，其结果显示：无论患者是否正在服用抗抑郁药物，其视网膜感知黑白对比的能力都明显弱于健康者，并且，症状越严重的患者感知黑白对比的能力越弱。

研究人员在得出其结论时，没有使用下面哪一个方法？

A. 基于某些测试数据作出归纳概括。

B. 利用了抑郁症状与患者感知黑白对比能力之间的共变关系。

C. 通过对比测试，发现抑郁症患者与健康者感知黑白对比能力的差异。

D. 先提出一个猜测性假说，然后用实验数据去证实或证伪这个假说。

E. 利用科学技术来量化差异，从而去证明自己发现的规律。

21. 一个临时雇佣机构艾姆泰克公司以前在它的雇员每工作700小时后，给他们两天半的有偿假期。艾姆泰克公司的新政策则是在其雇员每工作1 200小时后给他们五天的有偿假期。所以，这项新政策对雇员更加慷慨了，它使雇员平均每小时工作得到的假期比以往更多了。

这一论述依据下面哪个假设？

A. 目前绝大部分的工人赞同公司的新政策。

B. 一些工人在没工作到700小时就离开了公司。

C. 大多数工人在公司的政策改变之前从来没意识到公司计划改变政策。

D. 相当一部分雇员能够工作长达1 200小时。

E. 艾姆泰克公司的新政策和其他与之竞争的临时雇佣公司相一致。

22. 某公司发生一起贪污案，在对所有可能涉案人员进行排查后，四位审计人员各有如下结论：

甲：所有人都没有贪污。

乙：张经理没有贪污。

丙：这些涉案人员不都没有贪污。

丁：有的人没有贪污。

如果四位审计人员中只有一人断定属实，那么以下哪项是真的？

A. 甲断定属实，张经理没有贪污。

B. 丙断定属实，张经理没有贪污。

C. 丙断定属实，张经理贪污了。

D. 丁断定属实，张经理没有贪污。

E. 丁断定属实，张经理贪污了。

23. 比利时是一个以制作巧克力而闻名的国家，到比利时旅游的人都会被当地的巧克力吸引。但是，对于理智并了解行情的中国旅游者来说，只有在比利时出售的巧克力比在国内出售的同样的巧克力便宜，他们才会购买。实际上，了解行情的人都知道，在中国出售的比利时巧克力并不比在比利时出售的同样的巧克力更贵。

从上面的论述中可以推出以下哪一个结论？

A. 理智并了解行情的中国旅游者会在国内购买比利时的巧克力。

B. 不理智或不了解行情的中国旅游者会在比利时购买该国的巧克力。

C. 在比利时购买该国巧克力的理智的中国旅游者，都不了解行情。

D. 在比利时购买该国巧克力的中国旅游者既不理智，也不了解行情。

E. 中国人都爱虚荣，从国外买回来的就比国内的好。

24. 某煤矿发生了一起瓦斯爆炸事故。煤矿人员有以下断定：

值班主任：造成事故的原因是操作问题。

矿工 1：确实有人违反了安全规程，但造成事故的原因不是操作问题。

矿工 2：如果造成事故的原因是操作问题，则有人违反了安全规程。

安全员：造成事故的原因是操作问题，但没有人违反了安全规程。

如果上述断定中只有一个人的断定为真，则以下哪一项可能为真？

A. 值班主任的断定为真。

B. 安全员的断定为真。

C. 矿工 1 的断定为真。

D. 矿工 2 的断定为真，有人违反了安全规程。

E. 矿工 2 的断定为真，没有人违反安全规程。

25. 北京市为缓解交通压力实行机动车辆限行政策，每辆车周一到周五要限行一天，周末不限行。某公司有 A、B、C、D、E 五辆车，保证每天至少四辆车可以上路。已知，E 车周四限行，B 车昨天限行，从今天算起，A、C 两车连续四天都能上路行驶，E 车明天可以上路。

以下选项中一定正确的是哪一项？

A. 今天周六。

B. 今天周四。

C. A 车周三限行。

D. C 车周五限行。

E. 今天是周一。

26. 莫河大坝建成 20 年后，莫河土产的 8 种鱼中没有一种仍能在大坝的下游充分繁殖。由于该坝将大坝下游的河水温度每年的变化范围由50℃降到了6℃，科学家提出一个假想，认为迅速升高的河水温度在提示土产鱼开始繁殖方面起了一定的作用。

以下哪一项论述如果正确，将最有力地加强科学家的假想？

A. 土产的8种鱼仍能但只能在大坝下游的支流中繁殖，在那里每年温度的变化范围保持在大约50℃。

B. 在大坝修建以前，莫河每年都要漫出河岸，从而产生出土产鱼类最主要繁殖区域的回流水。

C. 在大坝修建以前，莫河有记录的最低温度是34℃，而大坝建成之后有记录的最低温度是43℃。

D. 非土产鱼，在大坝建成之后引入莫河，开始与日益减少的土产鱼类争夺食物和空间。

E. 莫河土产的5种鱼在北美其他任何河流中都算不上是土产的。

27. 价格上涨通常会降低产品的销售量。但是，酒是个例外，一种酒的价格上涨常常导致其销量增加，即使酒本身并没有任何改变。

以下哪项如果为真，最有助于解释上述所说的例外？

A. 零售市场上存在极具竞争力的多个品牌的酒。

B. 许多顾客在决定买哪种酒时基于书或期刊中关于酒的评论。

C. 顾客在商场里选购酒时常常以酒的价格作为评判酒的质量的主要参考依据。

D. 酒的零售商和制造商使用打折办法一般可以短期内增加某种酒的销量。

E. 定期购买酒的顾客一般对其钟爱的酒持有强烈的认同感。

28. 有些未受过大学教育的人成了优秀作家，而更多的优秀作家是受过大学教育的。优秀作家都是敏感而富有想象力的人，只有敏感而富有想象力的人才能写出打动人心的作品。

如果以上陈述为真，则以下哪项陈述一定为真？

A. 只有优秀作家才能写出打动人心的作品。

B. 有些敏感而富有想象力的作家不是优秀作家。

C. 能写出打动人心作品的作家都是优秀作家。

D. 有些敏感而富有想象力的作家未受过大学教育。

E. 敏感而富有想象力的人都能写出打动人心的作品。

29. 美国黑人患高血压的概率比美国白人高两倍。把西方化的非洲黑人和非洲白人相比，情况也是如此。研究者假设，西方化的黑人之所以会患高血压，是两个原因相互作用的结果：一个原因是西方食品含盐量高，另一个原因是黑人遗传基因中对于缺盐环境的适应机制。

以下哪项如果是真的，最能支持研究者的假设？

A. 当代西方化的非洲黑人塞内加尔人和冈比亚人后裔的血压通常不高，塞内加尔和冈比亚历史上一直不缺盐。

B. 非洲某些地区的不同寻常的高盐摄入是危害居民健康的严重问题。

C. 考虑到保健，大多数非洲白人也注意控制盐的摄入量。

D. 西非约鲁巴人的血压通常不高，约鲁巴人有史以来一直居住在远离海盐的内陆，并远离非洲撒哈拉盐矿。

E. 没发现缺盐和不缺盐对于人的新陈代谢过程有什么实质的不同影响。

30. 有一种能产生毒素的微生物会使海水变成红色，这种现象被称为赤潮。当海獭的主要食物来源蛤蜊被赤潮毒素污染时，海獭就不会在那些区域觅食。对于海獭的这种行为，一种解释认为，海獭在某个地方正式觅食之前会先尝几个蛤蜊，并且能够察觉出其中的任何毒素。

以下哪项如果为真，将最有力地表明上述解释是不正确的？

A. 在赤潮出现的某些海域，既没有蛤蜊也没有海獭。

B. 少量的赤潮毒素不会产生什么危害，但是大量的这种毒素会使海獭死亡。

C. 当没有受到赤潮影响的一片海水被人为地染成棕红色时，海獭也不吃那些地方的蛤蜊。

D. 海獭在某个海域出现是一种显著的标志，表明那里可以找到其他海洋生物。

E. 虽然赤潮期间产生的少量毒素危害不大，但是大量的毒素对和海獭一样大小的动物却是致命的。

模拟试题十

1. 在一项新的治安工程中，某些邻近地区在凌晨1点至5点之间通常不使用汽车的车主在车窗上装饰上一种特殊的贴花，并且准许警察在凌晨1点至5点之间拦截带有这种特殊贴花的汽车，检查驾驶员的驾驶执照。结果发现：带有这种特殊贴花的汽车失窃率比从前大大降低了。

如果从以上陈述得出的通过实施贴花汽车检查工程而使汽车失窃率下降这一结论成立，回答以下哪个问题对评价这一结论最重要？

A. 参加该工程的足够细心的车主是否采取了其他防止汽车被盗的特殊措施？

B. 究竟有多少邻近地区实施了该工程？

C. 邻近地区积极参加该工程的汽车是否有时在白天被盗？

D. 车窗上有特殊贴花的车主，当他们需要在凌晨1点至5点出车时是否会受到警察的干扰？

E. 在该工程已经见效的邻近地区，居民所拥有的汽车类型是否具有代表性？

2. 标准抗生素通常只含有一种活性成分，而草本抗菌药物却含有多种。因此，草本药物在对抗新的抗药菌时，比标准抗生素更有可能维持其效用。对菌株来说，它对草本药物产生抗性的难度，就像厨师难以做出一道能同时满足几十位客人口味的菜肴一样，而做出一道满足一位客人口味的菜肴则容易得多。

以下哪项中的推理方式与上述论证中的最相似？

A. 如果你在银行有大量存款，你的购买力就会很强。如果你的购买力很强，你就会幸福。所以，如果你在银行有大量存款，你就会幸福。

B. 足月出生的婴儿在出生后所具有的某种本能反应到2个月时就会消失，这个婴儿已经3个月了，还有这种本能反应。所以，这个婴儿不是足月出生的。

C. 根据规模大小的不同，超市可能需要1至3个保安来防止偷窃。如果哪个超市决定用3个保安，那么它肯定是个大超市。

D. 电流通过导线如同水流通过管道。由于大口径的管道比小口径的管道输送的流量大，所以，较粗的导线比较细的导线输送的电量大。

E. 长期以来，我们一直以为衡量经济发展的主要尺度是产值，直到这几年才开始发现GDP不是最重要的，最要紧的是软实力，也就是文化的代名词。

3. 某市发生了一个代号为R的案件，已知：

(1) 只有破获R案件，才能确认甲、乙、丙三人都是罪犯。

(2) 如果甲不是罪犯，则甲的供词是真的，而甲说乙不是罪犯。

(3) 如果乙不是罪犯，则乙的供词是真的，而乙说自己和丙是好朋友。

(4) 现查明丙根本不认识乙。

(5) R 尚无法结案。

由以上条件，可以推出以下哪一个选项一定为真?

A. 甲、乙、丙都是罪犯。

B. 甲、乙、丙都不是罪犯。

C. 甲、丙是罪犯，但乙不是罪犯。

D. 甲、乙肯定是罪犯，但丙是不是罪犯尚需进一步查证。

E. 丙、乙是罪犯，但甲不是罪犯。

4. 蓓蓓理想中的丈夫是“三高”：高个子，高收入，高学历。她结识了甲、乙、丙、丁四个男性朋友，其中只有一个人同时具备“三高”。此外，这四个人中：只有三个人是高个子，只有两个人是高收入，只有一个人是高学历。现已知：

(1) 每个人至少具备一高。

(2) 甲和乙的收入一样高。

(3) 乙和丙的个子一样高。

(4) 丙和丁的个子不是一种类型（即如果丙是高个子，则丁是矮个子，反之亦然)。

依据以上叙述，可得出以下哪项结论?

A. 甲同时具备“三高”。

B. 乙同时具备“三高”。

C. 丙同时具备“三高”。

D. 题干中缺乏足够的信息来确定谁同时具备“三高”。

E. 题干中包含互相矛盾的信息。

5. 需求量总是与价格呈相反方向变化。如果价格变化导致总收入与价格反向变化，那么需求就是有弹性的。在 2007 年，虽然 W 大学的学费降低了 20%，但是 W 大学收到的学费总额却比 2006 年增加了。在这种情况下，对 W 大学的需求就是有弹性的。

如果以上陈述为真，以下哪项陈述一定为真?

A. 如果价格的变化导致总收入与价格同向变化，那么需求就是有弹性的。

B. 与 2006 年相比，学费降低 20%会给 W 大学带来更好的经济效益。

C. 如果需求是有弹性的，那么价格变化会导致总收入与价格同向变化。

D. 与 2006 年相比，W 大学在 2007 年招生增长的幅度超过了 20%。

E. 与 2006 年相比，W 大学的教学质量和管理水平有了大幅提高。

6. 研究表明，在大学教师中，有 90%的重度失眠者经常工作到凌晨 2 点。张宏是一名大学教师，而且经常工作到凌晨 2 点，所以，张宏很可能是一位重度失眠者。

以下哪项陈述最准确地指明了上文中的错误?

A. 它依赖一个未确证的假设：经常工作到凌晨 2 点的大学教师有 90%是重度失眠者。

B. 它没有考虑到这种情况：张宏有可能属于那些 10%经常工作到凌晨 2 点而没有患重度失眠症的人。

C. 它没有考虑到这种情况：除了经常工作到凌晨 2 点以外，还有其他导致大学教师重度失眠的原因。

D. 它依赖一个未确证的假设：经常工作到凌晨 2 点是人们患重度失眠症的唯一原因。

E. 它依赖一个未确证的假设：大学教师只是经常工作到凌晨2点的人中的一小部分。

7. 李娟在教室，除非她接到张凯的短信了。

下列哪项如果正确，表明上述论断为假？

Ⅰ. 李娟接到了张凯的短信并且在教室。

Ⅱ. 李娟没有接到张凯的短信并且不在教室。

Ⅲ. 李娟接到了张凯的短信并且不在教室。

A. 只有Ⅰ。

B. 只有Ⅱ。

C. 只有Ⅲ。

D. 只有Ⅱ和Ⅲ。

E. 只有Ⅰ和Ⅱ。

8. 直到20世纪60年代早期，当其还未成为挪威近海石油勘探的中心时，斯坦佛格市是挪威一个安静而和平的小镇。从那时起到现在，暴力犯罪和毁坏公物行为在斯坦佛格市剧烈增加了。显然，这些社会问题是斯坦佛格市石油繁荣的结果。

下列哪一项假如发生在20世纪60年代早期起到现在，可以给予上面的论述最强的支持？

A. 斯坦佛格市的人很少遗憾他们的城镇被选择为挪威近海石油勘探中心。

B. 社会科学家对于斯坦佛格市暴力犯罪和毁坏公物行为的增加表现出很大的关心。

C. 暴力犯罪和毁坏公物行为在没有石油繁荣的挪威城镇中保持低水平。

D. 非暴力犯罪、贩卖毒品行为在斯坦佛格市增加得与暴力犯罪和毁坏公物行为一样多。

E. 石油繁荣使在斯坦佛格市为增加的交通流量建更宽的路成为必须要做的事情。

9. 20世纪70年代出现了大学毕业生的过度供给，过度的供给使大学毕业生的年平均收入降到了比只持有高中文凭的工人仅高18%的水平。到了20世纪80年代末，大学毕业生的平均年收入比只持有高中文凭的工人高43%，尽管在20世纪70年代到80年代末这一时期大学毕业生的供给并没有下降。

以下哪项如果在20世纪80年代末为真，最好地调和了上文中明显的不一致之处？

A. 经济发展放慢了，从而对大学毕业生的需求减少了。

B. 高中教育的质量提高了。

C. 与20世纪70年代相比，有更多的高中为其学生提供了职业指导课程。

D. 在人口比例中，至少受过一种大学教育的人口所占的比例上升了。

E. 20年来第一次出现了只持有高中文凭的求职者过度供给的现象。

10. 近年来许多橱柜制造商赢得了比肩艺术家的美誉，但是，既然家具一定要有使用价值，橱柜制造商的技艺必须更关注产品的实际功用。由此，制造橱柜并非艺术。

以下哪项是一个有助于从上述理由推出其结论的假设？

A. 一些家具被陈列在博物馆里，从未被人使用。

B. 一个橱柜制造商比其他人更关心其产品的实际功用。

C. 橱柜制造商应当比目前更加关心其产品的实际功用。

D. 如果一件物品的制造者关注它的实际功用，那它就不是一件艺术品。

E. 艺术家不关心其产品的市场价格。

11. 一般计算机的逻辑器件成本正以每年25%的比例下降，一般计算机的存贮器件成本则以每年40%的比例下降。如果成本下降的比例在三年内不变，在三年后一般计算机的存贮器件的成本下降的数量要比逻辑器件成本下降的数量更大。

关于以下哪一项的准确信息在评价以上结论的正确性方面最有用？

A. 今后三年内计划被购买的逻辑器件和存贮器件的数量。

B. 一般计算机的逻辑器件和存贮器件实际收取的价格。

C. 不同厂家的逻辑器件和存贮器件的兼容性。

D. 逻辑器件和存贮器件的相对耐用性。

E. 一般计算机系统所需逻辑器件和存贮器件的平均数量。

12. 有人认为，在体力劳动者中，女工比男工一般更容易受伤。这是一种偏见。实际上，建筑工地上的受伤者绝大多数都是男性。

以下哪项最为恰当地概括了上述论证中的漏洞？

A. 对两类没有可比性的对象进行了比较。

B. 犯了“以偏概全”的逻辑错误。

C. 没有考虑受伤的建筑工人在所有受伤工人中所占的比例。

D. 没能考虑女工在全体建筑工人中所占的比例。

E. 忽视了这样一个事实：建筑工人的安全保障相对较差。

13. 干旱和森林大火导致俄罗斯今年粮食歉收，国内粮价快速上涨。要想维持国内粮食价格稳定，俄罗斯必须禁止粮食出口。如果政府禁止粮食出口，俄出口商将避免损失，因为他们此前在低价位时签署出口合同，若在粮价大幅上涨时履行合同将会亏本。但是，如果俄政府禁止出口粮食，俄罗斯奋斗多年才获得的国际市场将被美国和法国占有。

如果以上陈述为真，以下哪项陈述一定为真？

A. 如果俄罗斯今年不遭遇干旱和森林大火，俄政府就不会禁止粮食出口。

B. 如果今年俄罗斯维持国内粮食价格稳定，就会失去它的国际粮食市场。

C. 俄罗斯粮食出口商为避免损失会积极游说政府，促使其制定粮食出口禁令。

D. 如果俄罗斯禁止粮食出口，其国内的粮食价格就不会继续上涨。

E. 如果俄罗斯允许粮食出口，俄出口商将遭受损失，奋斗多年才获得的国际市场会得以保留。

14. 人们总是这样问律师：“你明知罪犯有罪，为什么还真诚地为他辩护？”律师答：“我这样做是为了维护法律赋予被告的合法权利，这对于实施法律的公正是必不可少的。”

从律师的回答中，能得出以下哪项结论？

Ⅰ. 被告即使是真正的罪犯，也拥有法律赋予的合法权利。

Ⅱ. 只要维护被告包括真正的罪犯的合法权利，就能保证实施法律的公正。

Ⅲ. 如果剥夺那些明显是罪犯的被告的一切权利，那么就不能保证实施法律的公正。

A. Ⅰ、Ⅱ和Ⅲ。

B. 只有Ⅰ。

C. 只有Ⅰ和Ⅲ。

D. 只有Ⅱ和Ⅲ。

E. 只有Ⅰ和Ⅱ。

15. 戴伟吃过奶制食品后几乎没有患过胃病。仅仅因为他吃过奶制食品后偶尔出现胃疼，就断定他对奶制食品过敏是没道理的。

上述论证与以下哪一个论证的推理最为类似？

A. 狗和猫在地震前有时焦躁不安，据此就断定狗和猫有事先感知地震的能力是没有理由的，因为在多数场合，狗和猫焦躁不安之后并没有发生地震。

B. 尽管许多人通过短期节食得以减肥，但相信这种节食对减肥有效是没有道理的。

C. 大多数假说在成为科学理论之前都有大量的支持事例，仅仅因为一个假说成功运用于少数几个案例就认为它是科学理论是没有道理的。

D. 尽管许多连锁经营店盈利较多，但是把这种商业模式的成功仅仅归功于这种经营模式是没有道理的，因为只有资金雄厚的商家才能这样做。

E. 许多不平等的社会现象受到大家的深恶痛绝，但是把这些现象仅仅归结为生产力水平较低是没道理的，因为有的国家在生产力水平很低的情况下也实现了人人平等。

16. 刑警队需要充实缉毒组的力量，关于队中有哪些人来参加该组，已商定有以下意见：(1) 如果甲参加，则乙也参加；(2) 如果丙不参加，则丁参加；(3) 如果甲不参加而丙参加，则队长戊参加；(4) 队长戊和副队长己不能都参加；(5) 上级决定副队长己参加。

根据以上意见，下列选项完全正确的是哪一项？

A. 甲、丁、己参加。

B. 丙、丁、己参加。

C. 甲、丁、戊参加。

D. 甲、乙、丁、己参加。

E. 甲、乙、丁、戊、己参加。

17～18 题基于以下题干：

一座塑料大棚中有6块大小相同的长方形菜池子，按照从左到右的次序依次排列为：1、2、3、4、5、6号。而且1号和6号不相邻。大棚中恰好需要种6种蔬菜：Q、L、H、X、S和Y。每块菜池子只能种植其中的一种。种植安排必须符合以下条件：

Q在H左侧的某一块菜池中种植。

X种在1或6号菜池子。

3号菜池子种植Y或S。

L紧挨着S的右侧种植。

17. 以下哪项列出的可能是符合条件的种植安排？

A. 1种植Y；2种植Q；3种植S；4种植L；5种植H；6种植X。

B. 1种植X；2种植Y；3种植Q；4种植S；5种植L；6种植H。

C. 1种植H；2种植Q；3种植Y；4种植S；5种植L；6种植X。

D. 1种植L；2种植S；3种植Y；4种植Q；5种植H；6种植X。

E. 1种植Q；2种植S；3种植Y；4种植L；5种植H；6种植X。

18. 如果S种在偶数号的菜池中，以下哪项陈述必然为真？

A. L紧挨着S左侧种植。

B. H紧挨着S左侧种植。

C. Q紧挨着S左侧种植。

D. X紧挨着S左侧种植。

E. Y紧挨着S左侧种植。

19. 学院路街道发现有保姆未办暂住证。

如果上述断定为真，则以下哪项不能确定真假？

Ⅰ. 学院路街道所有保姆都未办暂住证。

Ⅱ. 学院路街道所有保姆都办了暂住证。

Ⅲ. 学院路街道有保姆办了暂住证。

Ⅳ. 学院路街道的保姆陈秀英办了暂住证。

A. Ⅰ、Ⅱ、Ⅲ和Ⅳ。

B. 仅Ⅰ、Ⅲ和Ⅳ。

C. 仅Ⅰ和Ⅲ。

D. 仅Ⅰ和Ⅳ。

E. 仅Ⅲ和Ⅳ。

20. 多数专家认为：设置安全生产专职岗位确实能降低煤矿的事故发生率。但事实上设置安全生产专职岗位的煤矿和那些没有设置安全生产专职岗位的煤矿相比，事故发生率差不多。

以下哪项陈述对解释这种不一致最有帮助？

A. 设置安全生产专职岗位会降低劳动生产率。

B. 小煤矿比大煤矿更容易发生事故。

C. 设置安全生产专职岗位的煤矿，因地质条件恶劣更容易发生事故。

D. 降低事故发生率主要靠安全生产教育。

E. 设置安全生产专职岗位的煤矿越来越多了。

21. 如果所有的鸟都会飞，并且鸵鸟是鸟，则鸵鸟会飞。

从上述前提出发，若加上前提“鸵鸟不会飞，但鸵鸟是鸟”之后，仍不能合乎逻辑地确定下列哪些陈述的真假？

Ⅰ. 并非所有的鸟都会飞。

Ⅱ. 有的鸟会飞。

Ⅲ. 所有的鸟都不会飞。

Ⅳ. 有的鸟不会飞。

Ⅴ. 所有的鸟都会飞。

Ⅵ. 这只鸟不会飞。

A. 仅Ⅱ。

B. 仅Ⅲ。

C. 仅Ⅱ、Ⅲ和Ⅵ。

D. 仅Ⅰ、Ⅱ、Ⅲ。

E. Ⅰ、Ⅱ、Ⅲ、Ⅳ、Ⅴ。

22. 顾颉刚先生认为，《周易》卦爻辞中记载了商代到西周初叶的人物和事迹，如高宗伐鬼方、帝乙归妹等，并据此推定《周易》卦爻辞的著作年代当在西周初叶。《周易》卦爻辞中记载的这些人物和事迹已被近年来出土的文献资料证实。所以，顾先生的推定是可靠的。

以下哪项陈述最准确地描述了上述论证的缺陷？

A. 论证中的论据并不能确定著作年代的下限。

B. 卦爻辞中记载的人物和事迹大多数都是古老的传说。

C. 传说中的人物和事迹不能看成证明著作年代的证据。

D. 论证只是依赖权威者的言辞来支持其结论。

E. 现有的《周易》没有经历过西周以后的人的改编。

23. 在某次税务检查后，四个工商管理人员有如下结论：

甲：所有个体户都没纳税。

乙：服装个体户陈老板没纳税。

丙：个体户不都没纳税。

丁：有的个体户没纳税。

如果四人中只有一人断定属实，则以下哪项是真的？

A. 甲断定属实，陈老板没有纳税。

B. 丙断定属实，陈老板纳了税。

C. 丙断定属实，但陈老板没纳税。

D. 丁断定属实，陈老板未纳税。

E. 丁断定属实，陈老板纳了税。

24. 两组儿童在一起玩耍，一组曾看过具有暴力镜头的电视节目，另一组则没看过。在玩耍中，看过具有暴力镜头的电视节目的孩子相较那些没看过的孩子而言表现出大量的暴力行为。因此，若想阻止那些孩子在玩耍中表现出来的暴力行为，就不能允许他们观看具有暴力镜头的电视节目。

以下哪一项是上述论证依赖的假设？

A. 具有暴力镜头的电视节目的收视率很高。

B. 父母对他们孩子的行为应该负责任。

C. 发生在实际中的暴力行为与观看暴力镜头没有必然联系。

D. 导致两组孩子的行为差异的，没有其他不同的原因。

E. 受到暴力对待的孩子会回之以暴力。

25. 所有蚀刻工具要么是针嘴的，要么是平刃的。但是，有些平刃的蚀刻工具用于雕刻，有些不是。所有针嘴的蚀刻工具都用于雕刻。因此，用于雕刻的蚀刻工具比不用于雕刻的蚀刻工具多。

以下哪项陈述如果为真，能合乎逻辑地得出上述论证的结论？

A. 大部分平刃的蚀刻工具不是用来雕刻的。

B. 所有不用于雕刻的蚀刻工具都是平刃的。

C. 针嘴的蚀刻工具与平刃的蚀刻工具一样多。

D. 没有蚀刻工具既是针嘴的，又是平刃的。

E. 有些蚀刻工具既是针嘴的，又是平刃的。

26. 在国际大赛中，即使是优秀的运动员，也有人不必然不失误，当然，并非所有的优秀运动员都可能失误。

以下哪项与上述意思最接近？

A. 优秀运动员都可能失误，其中有的优秀运动员不可能不失误。

B. 有的优秀运动员可能失误，有的优秀运动员可能不失误。

C. 有的优秀运动员可能失误，有的优秀运动员不可能失误。

D. 有的优秀运动员可能不失误，有的优秀运动员不可能失误。

E. 有的优秀运动员一定失误，有的优秀运动员一定不失误。

27. 儿童心理失调是由婴儿在分娩过程中受到的压力而导致的。这一点已得到了证实——人们发现母亲分娩的时间和婴儿出生后第一个月中啼哭的时间呈正比关系。

下面哪项如果正确，最不能削弱题干的推理?

A. 啼哭的时间和心理失调之间毫无关系。

B. 婴儿心理失调的行为迹象到其长到三个月大时才会显现出来。

C. 从婴儿角度看，在很快的分娩中受到的压力要大于缓慢的分娩。

D. 分娩时间的估算依据于产科医生对分娩前阵痛时间的估算。

E. 那些在出生时经受了很大压力的婴儿经常由于太虚弱而在出生后无力哭喊。

28. 关于一项重要的实验结果的报告是有争议的，在某科学家的指导下重复了这项实验，但没有得到与最初实验相同的结果。该位科学家由此得出结论：最初的实验结果是由错误的测量方法造成的。

以下哪项是这位科学家推理的假设?

A. 如果一项实验的结果是正确的，那么，在相同条件下进行实验应得到相同的结果。

B. 由于没有足够详细地记录最初的实验，所以，不大可能完全重复这一实验。

C. 最初报告这些有争议的结果的研究人员自己只观察到一次这些结果。

D. 最初的实验结果使得某个理论原则受到质疑，而该原则本身的根据是不充分的。

E. 重复实验不会像最初实验那样由于错误的测量方法而导致有问题的结果。

29. 李医生：除非得了癌症，否则不会接受化疗。

赵经理：不会吧！我们单位的马大姐得了癌症，但是她没有接受化疗，而且已经康复了。

赵经理把李医生的话误解为：

A. 接受化疗的都是得了癌症的病人。

B. 所有得了癌症的人都得接受化疗。

C. 只有得了癌症才会接受化疗。

D. 没得癌症的人不接受化疗。

E. 有些没得癌症的病人也许会接受化疗。

30. 政治家：每年，小企业比大型老牌公司要创造更多的就业机会。因此，为降低长期的失业率，我们应当鼓励推动兴办中小企业而不是扩大老牌的大公司。

下列哪项如果正确，将对政治家的论点提出最大质疑?

A. 通常，小企业的雇员比大公司的雇员对工作的满意程度要高。

B. 在当前失业人员中，有许多人具有足够的完成小企业提出的工作要求的技能。

C. 提供创办小企业的有效刺激通常比为扩大一个大公司提供的有效刺激要小得多。

D. 有很大比例的小公司在开办 3 年内由于它们的所有者缺乏经验而倒闭。

E. 一般大公司给社会捐款比一般小企业多。

模拟试题十一

1. 许多考古学家认为：在不到 20 000 年以前，人类跨过一座连接北美的陆地桥到达了北美洲。但是，最新在南美发现的 32 000 年前的人类住所使得科学家推测：人类最早渡过太平洋进入南美洲，然后向北扩展。

以下哪项如被发现，将成为反对上述推测的证据？

A. 在宾夕法尼亚的匹兹堡附近，发现了一个山洞，里面有人类 19 000 年前居住过的痕迹。

B. 在北美发现的一些人类居住遗址早于在南美发现的任何人类居住遗址。

C. 人类 32 000 年前在南美居住的地方一直居住到 6 000 年前。

D. 11 500～20 000 年前的最后一个冰纪极大地降低了海平面。

E. 最近发现太平洋海底有早期人类的遗迹。

2. 传闻中的汽车工业收入的下降是言过其实的，汽车制造商在整个行业收入中的份额实际已从两年前的 65%降到了今天的 50%，但是在同一段时间内汽车零部件供应商的收入份额却从 15%增加到 20%，服务公司（如配货商、销售商和修理工）的收入份额也从 20%增加到 30%。

下面哪一项能最好地揭示为什么上面给出的统计数字自身不能提供它们要支持的结论的证据？

A. 这样的可能性是显而易见的，即制造商的收入份额与其他统计数字具有不同的出处。

B. 不管汽车工业总的收入经历什么样的变化，所有这些收入份额的总和必须是 100%。

C. 没有解释为什么这个行业不同部门的收入份额会发生改变。

D. 制造商和零部件公司的收入依赖于销售商成功地销售汽车。

E. 收入是决定利润的重要因素，但并不是唯一的因素。

3. 有效和冗长是语言体系的一对自相矛盾的特性，然而，当它们一块使用时，能增加交流的有效性和可信赖性。如果某一种口语非常有效，那么它的每一个基本音素的所有可能排列都能组成一个可被理解的单词。但是，如果人类的听觉系统不是一个完善的声音接收器，那么一种口语的基本音素的每一个可能的排列都能构成一个可被理解的单词的想法就是不正确的。

如果上面所有的陈述都是正确的，那么下面哪一项也一定是正确的？

A. 有效使一种口语有用，冗长使一种口语可信。

B. 在口语中，有效和冗长不可能完全达到。

C. 如果一种口语非常冗长，那么它就不可能有效。

D. 如果人类的听觉系统是一个完善的声音接收器，那么语言音素的每一个排列都可产生一个能被理解的单词。

E. 如果人类的听觉系统不是一个完善的声音接收器，那么口语就不可能非常有效。

4. 并非所有出于良好愿望的行为必然会导致良好的结果。

如果以上断定为真，则以下哪项断定必真?

A. 所有出于良好愿望的行为必然不会导致良好的结果。

B. 所有出于良好愿望的行为可能不会导致良好的结果。

C. 有的出于良好愿望的行为不会导致良好的结果。

D. 有的出于良好愿望的行为可能不会导致良好的结果。

E. 有的出于良好愿望的行为一定不会导致良好的结果。

5～6 题基于以下题干：

运动会将准时开始，除非天下雨。

5. **以下断定中与上述断定含义相同的是：**

Ⅰ. 如果天下雨，则运动会不会准时开始。

Ⅱ. 如果运动会准时开始，则天没下雨。

Ⅲ. 如果天不下雨，运动会将准时开始。

A. 只有Ⅰ。

B. 只有Ⅱ和Ⅲ。

C. 只有Ⅰ和Ⅲ。

D. 只有Ⅲ。

E. Ⅰ、Ⅱ和Ⅲ。

6. **在以下所列情况中，表明题干断定为假的是：**

Ⅰ. 没下雨，并且运动会准时开始。

Ⅱ. 没下雨，并且运动会没有准时开始。

Ⅲ. 下雨，并且运动会准时开始。

A. 只有Ⅰ。

B. 只有Ⅱ。

C. 只有Ⅲ。

D. 只有Ⅱ和Ⅲ。

E. Ⅰ、Ⅱ和Ⅲ。

7. 《新约·马太福音》：“……凡有的，还要加给他，叫他多余；没有的，连他所有的也要夺过来。”有人用“马太效应”这一术语去指涉下面的社会心理现象：科学家荣誉越高越容易得到新荣誉，成果越少越难创造新成果。马太效应造成各种社会资源（如研究基金、荣誉性职位）向少数科学家集中，由此可知，出类拔萃的科学家总是少数，他们对科学技术发展所作出的贡献比一般科学家大得多。

为使上述论证成立，需要补充下面哪一项假设?

A. 有些出类拔萃的科学家，其成就生前未得到承认。

B. 科学奖励制度在实施时也常出错，甚至诺贝尔奖有时也颁发给了不合格的人。

C. 在绝大多数情形下，对科学家所做的奖励是有充分根据的，合情合理。

D. 张爱玲说过，出名要趁早。这一说法很有智慧，是对马太效应的隐含表达。

E. 提倡社会公平就应该消除“马太效应”，使人人机会平等。

8. 在日渐发达的社会里，肥胖已成为一种恼人的“社会病”。女人爱苗条，男人爱潇洒，可臃肿的身材，特别是大腹便便的肚子，让人不胜烦恼。在这种情况下，寻找肥胖的原因，探索减肥的良方，几成一股“社会潮流”。日前，某社会机构公布了一项长期社会调查的结果，调查显示：在婚后的13年里，妇女们平均增长了13公斤，男人们平均增长了20公斤。这一机构得出结论：婚姻能使人变胖。

以下哪项如果为真，最可能对上述结论提出质疑？

A. 如果调查时间取3年或者31年，被调查者的体重会远远小于以上增长幅度。

B. 在婚后的13年里，被调查的男人中，有一些体重增长不到20公斤。

C. 与被调查者年纪相仿的独身者，妇女们13年里平均增长了16公斤，男人们平均增长了25公斤。

D. 在婚后的13年里，被调查的男人中有一些体重明显下降了。

E. 有些婚后体重增长特快的妇女，不愿意参与这类调查。

9. 刘健、马明、张益三个男同学各有一个妹妹，这天，六个人一起打乒乓球，举行的是男女混合双打，并且规定，兄妹两人不搭伴。

第一盘对局情况是：刘健和小萍对张益和小英。

第二盘对局情况是：张益和小红对刘健和马明的妹妹。

根据题干的条件，以下哪项确定为真？

A. 刘健和小红、马明和小英、张益和小萍各是兄妹。

B. 刘健和小英、马明和小萍、张益和小红各是兄妹。

C. 刘健和小萍、马明和小英、张益和小红各是兄妹。

D. 刘健和小红、马明和小萍、张益和小英各是兄妹。

E. 刘健和小英、马明和小红、张益和小萍各是兄妹。

10. 自1945年以来，局部战争几乎不断，却未发生像第二次世界大战那样严重的世界战争。这是因为人们对世界大战的破坏力感到恐惧。

下列哪项如果正确，最能削弱上述结论？

A. 1945年以后发生的局部战争的破坏力没有第二次世界大战的破坏力强。

B. 人们对第二次世界大战的破坏力的恐惧感一直没有减弱。

C. 人们对局部战争的破坏力没有恐惧感。

D. 第一次世界大战后，人们对世界大战有同样的恐惧感，但是仍然发生了第二次世界大战。

E. 参与第二次世界大战的国家之间仍然有国际争端。

11. 老张、老王、老李、老赵四人的职业分别是司机、教授、医生、工人。老张比教授个子高。老李比老王个子矮。工人比司机个子高。医生比教授个子矮。工人不是老赵就是老李。

根据以上条件，可推出以下哪项？

A. 四个人的职业都已经确定。

B. 四个人的职业都不能确定。

C. 老李可能是教授。

D. 四个人的职业只能确定一个。

E. 四个人的职业只能确定两个。

12. 有些人只在脸上一侧长皮疹，医生怀疑这是由某些外部接触所引起的。医生发现每个这类病例的皮疹都发生在经常与电话接触的那半边脸上。于是得出结论：这类病例的皮疹是由于与电话接触而产生的。

以下除哪项外都能为医生的诊断提供额外的证据？

A. 许多用于生产电话的塑料都能导致某些人轻微的过敏反应。

B. 与病人脸部接触的其他装置，其两边接触的机会大致是相等的。

C. 这些病人中的大多数人所从事的职业都要求频繁地使用电话。

D. 大多数人都使用电话。

E. 这些病人的症状发生在他们开始频繁地使用电话之后。

13～14 题基于以下题干：

某岛上男性公民分成骑士和无赖。骑士只讲真话，无赖只讲假话。骑士又分成贫穷的和富有的两部分。有一个姑娘，她只喜欢贫穷的骑士。一个骑士，只讲一句话，使得这姑娘确信他是一个贫穷的骑士。另外，姑娘问任意一个男性公民一个问题，根据回答就能确定他是否为贫穷的骑士。

13. **以下哪项可能是姑娘的问句？**

A. 你是富有的骑士吗？

B. 你是无赖吗？

C. 你是贫穷的骑士吗？

D. 你说真话吗？

E. 你说假话吗？

14. **以下哪项可能是贫穷的骑士的回答？**

A. 我不是无赖。

B. 我是贫穷的骑士。

C. 我不是富有的骑士。

D. 我很穷但我不说假话。

E. 我正是你所喜欢的人。

15. 基因能控制生物的性状，转基因技术将一种生物的基因转入另一种生物中，使被转入基因的生物产生人类所需要的性状。这种技术自产生之日起就备受争议。公众最关心转基因食品的安全性：这类食品是否对人有毒？是否会引起过敏？一位专家断言：转基因食品是安全的，可放心食用。

以下各项陈述都支持这位专家的断言，除了：

A. 转基因农作物抗杂草，所以无须使用含有致癌物质的除草剂。

B. 转基因作物在全球大面积商业化种植 13 年来，从未发生过安全性事故。

C. 普通水稻的害虫食用转基因水稻后会中毒，所以种植转基因水稻无须使用农药。

D. 杂交育种产生的作物是安全的，用传统方式对作物品种进行的杂交选育，实质上也是转基因。

E. 目前有研究表明，转基因食品对人无害，可以放心食用。

16. 医生在探索AM的病因时受到了MP这种疾病形成原因的启发。因为这两种病都发生在年龄相似的一类人当中，两种病的明显症状是发高烧、淋巴肿大和缺乏食欲。另外，这两种疾病的潜伏期实际上是相同的。所以，这些医生确信导致这两种疾病的病毒是相似的。

题干的结论依赖的预设是：

A. MP这种病比AM这种病对大众健康的危害更严重。

B. 具有类似症状的疾病会有类似的病因。

C. 拯救人类生命是现代科学技术唯一重要的目标。

D. AM是只发生在人类身上的一种疾病。

E. 现代医学对于每一种疾病都将最终发现其治疗办法。

17～18题基于以下题干：

某街道综合治理委员会共有六名委员：F、G、H、I、M、P。其中每一位委员，在综合治理委员会下属的三个分委会中，至少要担任其中一个分委会的委员，每个分委会由三位不同的委员组成。已知的信息如下：

六名委员中有一位担任三个分委会的委员。

F不和G在同一个分委会任委员。

H不和I在同一个分委会任委员。

17. 以下哪项陈述可能为真？

A. F在三个分委会任委员。

B. H在三个分委会任委员。

C. G在三个分委会任委员。

D. I任职的分委会中有P。

E. I在三个分委会任委员。

18. 如果F不和M在同一个分委会任委员，以下哪项陈述必然为真？

A. F和H在同一个分委会任委员。

B. F和I在同一个分委会任委员。

C. I和P在同一个分委会任委员。

D. M和G在同一个分委会任委员。

E. H和G在同一个分委会任委员。

19. 税务局发现这个公司有些职工偷税漏税。

如果上述断定为真，且存在以下三个断定：

Ⅰ. 这个公司没有职工不偷税漏税。

Ⅱ. 这个公司有些职工没有偷税漏税。

Ⅲ. 这个公司所有职工都没有偷税漏税。

三个断定中不能确定真假的是：

A. 仅Ⅰ。

B. 仅Ⅱ。

C. 仅Ⅰ和Ⅱ。

D. 仅Ⅰ和Ⅲ。

E. Ⅰ、Ⅱ和Ⅲ。

20. 广告：在化妆品中，只有灵芝玉液同时具有防晒、增白、祛斑、抗过敏和护肤的功能，并且也只有灵芝玉液有白玉兰香味。

如果上述广告是真的，那么以下哪项不可能是真的？

Ⅰ. 由艾丽雅化妆品公司推出的瑶池秋露虽然没有白玉兰香味，但同时具有防晒、增白、祛斑、抗过敏和护肤的功能。

Ⅱ. 美白护肤霜同时具有祛斑和抗过敏的功能。

Ⅲ. 大漠空气清新剂具有白玉兰香味。

A. 只有Ⅰ。

B. 只有Ⅰ和Ⅱ

C. 只有Ⅰ和Ⅲ。

D. Ⅰ、Ⅱ和Ⅲ都可能是真的。

E. Ⅰ、Ⅱ和Ⅲ都不可能是真的。

21. 所有的极地冰都是由降雪形成的。特别冷的空气不能保持很多的湿气，因而不能产生大量的降雪。近几年来，两极地区的空气无一例外地特别冷。

以上资料最有力地支持了以下哪个结论？

A. 如果现在的极地冰有任何增加和扩张，它的速度也是极其缓慢的。

B. 如果两极地区的气温不断升高，大量的极地冰将会融化。

C. 最近几年，两极地区的降雪实际上是连续不断的。

D. 较厚的极地冰与较冷的空气是相互矛盾的。

E. 在两极地区，为使雪转化成冰，空气必须特别冷。

22. 篮球队教练规定，如果一号队员上场，而且三号队员没有上场，那么，五号和七号队员中至少要有一人上场。

如果教练的规定被执行了，一号队员没有上场的充分条件为：

A. 三号队员上场，五号、七号队员没上场。

B. 三号队员没上场，五号、七号队员上场。

C. 三号、五号、七号队员都没上场。

D. 三号、五号、七号队员都上场了。

E. 三号、五号队员上场，七号队员没上场。

23. 一个看电视的孩子经历了一个声音和图像迅速闪过的过程，其速度之快仅允许让眼睛和耳朵感觉这些过程。不像书页，可以按其愿望或快或慢地看，电视画面以过快的速度在打击而不是提高孩子的想象力。

上面所表达的推理基于一个假设，下列哪一个最好地充当了那个假设？

A. 当被允许选择一种形式的娱乐时，孩子将宁愿看书也不愿看电视。

B. 一个孩子的想象力不能被正确激发，除非那个孩子同时接近电视和书。

C. 当孩子能够控制娱乐步调时，孩子的想象能力能够发展得更完全。

D. 一旦孩子们能够理解电视上所看到的东西的时候，他们就应当被教读书。

E. 一个孩子对不同形式的感觉刺激物的反应不能被预测，因为每个孩子都是不同的。

24. 三班的一次联欢活动有学生没有参加。老师在询问时，他们做了如下的回答。

何捷：小马没来。

小马：我不但参加了，而且还表演了节目。

丹丹：我晚来了一会儿，但一直到晚会结束才走。

小珍：如果丹丹来了，那就是我没来。

如果他们中只有一个人说了谎，则以下哪项成立？

A. 何捷没参加。

B. 小马没参加。

C. 丹丹没参加。

D. 小珍没参加。

E. 不能推出谁没有参加。

25. 数学教员指定一些修读微积分课程的学生参加由学生自己组织的研讨班。由于参加研讨班的学生比未参加研讨班的学生在该门课中获得了较高的结业平均成绩，数学系把取得微积分优异成绩的原因归结于参加研讨班。

上述数学系的推理以下列哪项为假设？

A. 对于上大课的教师而言，微积分是难教的科目。

B. 参加研讨班的学生本来不比那些未参加研讨班的学生有更好的基础或者更大的学习动力。

C. 参加微积分研讨班所花费的时间不会对参加者在其他课程上的成绩有显著的不利影响。

D. 少数参加研讨班的学生计划修读所有比微积分更高级的数学课程。

E. 参加研讨班的学生比那些未参加研讨班的学生从微积分教师那里得到了更多的个别关注。

26. 张竞：只有正式代表才可以发言。

刘强：不对吧！李贵也是正式代表，但他并未发言。

刘强的回答是把张竞的话错误地理解为了以下哪项？

A. 所有发言的人都是正式代表。

B. 李贵要发言。

C. 所有正式代表都发言了。

D. 没有正式代表发言。

E. 李贵不是正式代表。

27. 某咨询师说："每年我国大学的排行榜都会刊登在一本流行杂志上。这个排行榜是根据各项指标按照不同的分值进行综合后的总分排定的。但是，这个总分不能被学生作为报考大学的基础。"

下列哪项最有助于判断咨询师的看法？

A. 大多数购买这本有大学排行榜杂志的人都是能够进入大学的学生。

B. 那些排名在前的大学用此做广告来吸引更多的学生。

C. 近些年大学的排名变化不大。

D. 不同的学生根据专业的不同对排行榜的标准要求也不同。

E. 一些对自己所上大学满意的学生在报考大学之前曾经参考过这个排行榜。

28. 在一项实验中，实验对象的一半作为实验组，食用了大量的味精，而作为对照组的另一半没有食用这种味精。结果，实验组的认知能力比对照组差得多。这一不利的结果是由这种味精的一种主要成分——谷氨酸造成的。

以下哪项如果为真，则最有助于证明味精中某些成分造成这一实验结果？

A. 大多数味精消费者不像实验中的人那样食用大量的味精。

B. 上述结论中所提到的谷氨酸在所有蛋白质中都有，为了保证营养必须摄入一定数量。

C. 实验组中人们所食用的味精数量是在政府食品条例规定的安全用量之内的。

D. 第二次实验时，只设一组食用大量味精的实验组，而不设不食用味精的对照组。

E. 两组实验对象是在实验前按其认知能力均等划分的。

29. 如果布郎克企业不得不在产品大畅销期间改换它的供货商，这个公司这一年就不会有利润。因此，如果布郎克企业这一年实际上是没有利润的，那么就可以确定该公司在产品大畅销期间改换了供货商。

上述论证的推理最易受到下面哪一项质疑的批评？

A. 上述论证是循环论证，它由开始的声明和随后的仅对那个声明作了意译的结论构成。

B. 上述论证没有证明使某一个现象出现的某一个条件是这个现象出现的仅有的条件。

C. 上述论证中涉及一个模棱两可的词语，“利润”一词在论述的过程中可以改变它的意思。

D. 上述论述错误地使用了一个罕见的、孤立的情况来支持一个普遍性的结论。

E. 上述论述解释一个事件由另一事件引起，尽管这两个事件实际上一定都是由第三个没有认识到的事件引起的。

30. 直到最近专家还相信是环境而非基因对人类个性影响最大，但是，一项新的研究却表明：一起成长起来的同卵双胞胎的个性相似之处比一起成长起来的非同卵双胞胎多。因此，这项研究得出的结论认为，基因在决定个性方面确实起重要作用。

下面哪个如果正确，对该研究的结论提出了最大的质疑？

A. 在不同家庭抚养的同卵双胞胎表现出的性格相同之处比同种情况下非同卵双胞胎表现出来的相同之处多。

B. 不论双胞胎举止如何，父母对待同卵双胞胎的方式总是容易激发出相似的性格特征，而对待非同卵双胞胎的方式却并非如此。

C. 拥有同卵双胞胎和非同卵双胞胎的父母一致认为他们的孩子从婴儿时期起性格就已固定了。

D. 亲生父母和他们的同卵双胞胎之间会有许多相似的性格，而养父母和双胞胎之间的相似性格则没有多少。

E. 无论是同卵双胞胎还是非同卵双胞胎，在成长过程中，他们的个人性格都不会发生明显变化。

模拟试题十二

1. 由于石油价格上涨，国家上调了汽油等成品油的销售价格，这导致出租车运营成本增加，司机收入减少。调查显示，北京市95%以上的出租车司机反对出租车价上涨，因为涨价将导致乘客减少，但反对涨价并不意味着他们愿意降低收入。

以下哪项如果为真，能够解释北京出租车司机的这种看似矛盾的态度？

A. 出租车司机希望减少向出租车公司缴纳的月租金，由此消除油价上涨的影响。

B. 调查显示，所有的消费者都反对出租车涨价。

C. 北京市公交车的月票价格上调了，但普通车票的价格保持不变。

D. 出租车涨价使得油价上升的成本全部由消费者承担。

E. 出租车司机将通过提高石油的利用效率降低运营成本。

2. 太阳能不像传统的煤、气能源和原子能，它不会产生污染，无须运输，没有辐射的危险，不受制于电力公司，所以，应该鼓励人们使用太阳能。

以下哪项陈述如果为真，能够最有力地削弱上述论证？

A. 很少有人研究过太阳能如何在家庭应用。

B. 满足四口之家所需的太阳能设备的成本等于该家庭一年所需传统能源的成本。

C. 收集并且长期保存太阳能的有效方法还没有找到。

D. 反对使用太阳能的人士认为，这样做会造成能源垄断。

E. 目前国内传统能源，特别是煤的储存量很大，眼前没有发展新能源的必要。

3. 伦理学家：在通常情况下，不经患者同意就采取某种试验性的医疗措施是错误的，因为患者有权根据所有可供选择的详细医疗方案，接受或者拒绝某种治疗。但在紧急救治的情况下，有时候只有越过患者对试验性治疗的同意权，才能知道如何对紧急患者进行最好的医疗处置。因此，应当允许某些受到限制的未经患者同意的试验性治疗。

以下哪项是这位伦理学家的论证所需要的假设？

A. 如果患者知道在急救过程中采用了试验性的治疗措施，将会对这种治疗的结果产生不利的影响。

B. 只有当某项试验性治疗极有可能产生对患者有益的结果时，才应当允许这种未经患者同意的治疗。

C. 至少在某些紧急救治的情况下，未经患者同意而进行的试验性治疗可能带来的好处比患者的同意权更重要。

D. 在最好的医疗方案还是未知的情况下，患者不再具有知道医疗计划和医疗方案的权利。

E. 在紧急救治的情况下，患者无权根据所有可供选择的详细医疗方案，接受或者拒绝某种治疗。

4. 世界上不可能有某种原则适用于所有不同的国度。

以下哪项与上述断定的含义最为接近？

A. 有某种原则可能不适用于世界上所有不同的国度。

B. 有某种原则必然不适用于世界上所有不同的国度。

C. 任何原则都必然有它适用的国度。

D. 任何原则都必然有它不适用的国度。

E. 任何原则都可能有它不适用的国度。

5. 正常情况下，在医院出生的男婴和女婴的数量大体相同。在某大城市的一家大医院，每周有许多婴儿出生；而在某乡镇的一家小医院，每周只有少量婴儿出生。如果一家医院一周出生的婴儿中有45%～55%是女婴，则属于正常周；如果一周出生的婴儿中超过55%是女婴或者超过55%是男婴，则属于非正常周。

如果以上陈述为真，以下哪一个选项最有可能为真？

A. 非正常周出现的次数在乡镇小医院比在城市大医院多。

B. 非正常周出现的次数在城市大医院比在乡镇小医院多。

C. 在城市大医院和乡镇小医院，非正常周出现的次数完全相同。

D. 在城市大医院和乡镇小医院，非正常周出现的次数大体相同。

E. 在城市大医院和乡镇小医院，非正常周出现的次数都很少。

6. 北大山鹰社的周、吴、郑、王中有且只有一人登上过卓奥友峰，记者采访他们时，他们说了以下的话。

周：登上卓奥友峰的是队员郑。

郑：我还没有参加过任何登山活动。

吴：我虽然也参加了那次登山活动，但没有登顶。

王：我是队员吴的候补，如果他没有登顶就是我登顶了。

如果他们中只有一个人说错了，则以下哪项必然成立？

A. 北大山鹰社的其他队员也登上过卓奥友峰。

B. 郑登上过卓奥友峰。

C. 吴或者周登上过卓奥友峰。

D. 王登上过卓奥友峰。

E. 不能推出谁登上过卓奥友峰。

7. 虽然计算机是可以增进人们交流的手段，玩计算机游戏却是儿童交流技巧发展水平低的一个原因。课后花在玩计算机游戏上的时间也就是没有花在与其他人交谈上面的时间。所以，把所有闲暇时间都用来玩这些游戏的儿童比其他儿童缺少人际交流经验。

这个结论依据下面哪个假设？

A. 看电视、听音乐等被动活动没有阻碍儿童交流技巧的发展。

B. 除了课后时间，大多数儿童有其他机会来选择是玩计算机游戏还是与其他人交流。

C. 没有把所有课后时间都用于玩计算机游戏的儿童至少会花费一部分时间来与别人交流。

D. 正式的教育对儿童交流技巧的获得贡献很少或者没有贡献。

E. 通过玩计算机游戏而发展的心理技巧不能显著地对儿童的智力发展产生作用。

8. 对于通过延迟退休年龄来解决养老金缺口问题的提议，很多网友心存疑虑，认为让本应退休的老年人继续留在工作岗位上，会挤压年轻人的就业空间，加重年轻人求职难的问题。专家对此解释说：晚退休人群既是生产者也是消费者，他们的消费可以创造新的就业岗位。

以下陈述如果为真，哪一项最强有力地质疑了专家的解释？

A. 延迟退休年龄会遭到在私营企业工作的人的反对。

B. 只有通过刺激经济发展才能从根本上降低失业率。

C. 养老金缺口源于我国的养老制度设计不合理。

D. 专家的解释基于在职老年人的消费能力明显高于退休的同龄人这一未经证实的假定。

E. 晚退休人群的工作压力会很大，工作效率也远远比不上年轻人。

9. 甲、乙、丙、丁四人的车分别是白、黑、红、蓝。在被问到他们各自车的颜色时，甲说“乙的不是白色的”；乙说“丙的是蓝色的”；丙说“丁的不是红色的”；丁说“甲、乙、丙三人的车有一辆是蓝色的，而且只有车的颜色是蓝色的这个人说了实话”。

如果丁说的是实话，那么以下说法正确的是哪一项？

A. 甲车白，乙车黑。

B. 乙车红，丙车蓝。

C. 乙车黑，甲车蓝。

D. 丁车黑，甲车蓝。

E. 甲车蓝，丁车白。

10. 罗宾逊教授：在某一地区发现的巨大陨石碰撞坑被认为是解释发生在中生代末期的动植物大规模灭绝的线索。然而在那个地区发现的岩石的晶体结构显示产生陨石坑的碰撞并不是罪魁祸首。当熔化岩石结晶时，它们表现出当时地球磁场的极性。尽管在大灭绝的时候地球的磁场发生了反转，但是在那个地方发现的重结晶的岩石却具有正常的磁极。

除了哪一项之外，以下都是罗宾逊教授的论述所依赖的假设？

A. 陨石坑预示了一个足以引起大灭绝的大规模的碰撞。

B. 被发现的岩石在熔化后很快又再结晶。

C. 在碰撞形成陨石坑后，没有其他引起岩石熔化的事情发生。

D. 发现的岩石的熔化起因于碰撞形成的陨石坑。

E. 在那个被认为是引起大灭绝的碰撞发生之后不久就出现了大灭绝。

11. 研究发现，婴儿出生几个小时后，可以从其他的影像中分辨出人的脸形来。因为婴儿盯着画有人脸的画的时间，要比他们盯着无表情的椭圆形的画的时间要长。

以下哪项陈述最有助于解释上面所描述的婴儿的能力？

A. 某种识别人脸的能力是天生的，而不是后天学来的。

B. 婴儿盯着一个物体的时间越长，说明其对那个物体越感兴趣。

C. 画有人脸的画和椭圆形的画不一样。

D. 婴儿一般很少长时间地盯着一个物体。

E. 婴儿可以学会把人的声音和人的脸形联系起来。

12. 某珠宝店被盗，警方已发现如下线索：

（1）甲、乙、丙三人至少有一个人是罪犯。
（2）如果甲是罪犯，则乙一定是同案犯。
（3）盗窃发生时，乙正在咖啡店喝咖啡。

由此可见，以下哪一项正确？

A. 甲是罪犯。
B. 甲、乙都是罪犯。
C. 甲、乙、丙都是罪犯。
D. 丙是罪犯。
E. 不能确定谁是罪犯。

13. 17世纪伟大的物理学家牛顿主要是因为对运动和引力的研究而被人们记住的。然而，牛顿在多年内也秘密从事过一些炼金术的实验，他在将铁变成黄金，以及制造长生不老药物的实验中，却没有成功。如果17世纪的炼金术士们将他们的实验结果都发表出来，那么18世纪的化学研究就会取得更加长足的进展。

下面哪一个假设可以合理地推出题干关于18世纪化学研究的结论？

A. 科学的进步因历史学家不愿承认一些伟大的科学家的失败而受阻。
B. 不管试验成功与否，有关这些试验的报道若能被其他科学家借鉴，将会促进科学的进步。
C. 如果牛顿在炼丹术方面的工作结果也被公布于众的话，那么他在运动和引力方面的工作将不会得到普遍的接受。
D. 科学日趋专业化，使得一个领域的科学家很难理解其他领域内的原理。
E. 如果17世纪的炼金术士让他们的试验结果接受公众审查的话，他们将有可能达到他们的目标。

14. 雄孔雀漂亮的羽毛主要是吸引雌孔雀的，但没人知道为什么这身漂亮的羽毛能在求偶时具有竞争优势。一种解释是雌孔雀更愿意与拥有漂亮羽毛的雄孔雀为偶。

以下哪项陈述准确描述了上文推论中的错误？

A. 把属于人类的典型特征归属于动物。
B. 把对一类事物中的个别种类断定不能证明为真的结论推广到这类事物的所有种类。
C. 这种解释，使用了一种原则上既不能证明为真也不能证明为假的前提。
D. 把所提供的需要作出解释的现象本身作为对那种现象的一种解释。
E. 毫无根据地假设有漂亮羽毛的雄孔雀有其他吸引雌孔雀的特征。

15. 如果有谁没有读过此份报告，那么或者是他对报告的主题不感兴趣，或者是他对报告的结论持反对态度。

如果上述断定是真的，则以下哪项也一定是真的？

Ⅰ. 一个读过此份报告的人，一定既对报告的主题感兴趣，也对报告的结论持赞成态度。
Ⅱ. 一个对报告的主题感兴趣，并且对报告的结论持赞成态度的人，一定读过此份报告。
Ⅲ. 一个对报告的主题不感兴趣，并且对报告的结论持反对态度的人，一定没有读过此份报告。

A. 只有Ⅰ。

B. 只有Ⅱ。

C. 只有Ⅲ。

D. 只有Ⅰ和Ⅲ。

E. Ⅰ、Ⅱ和Ⅲ。

16. 一种海洋蜗牛产生的毒素含有多种蛋白，把其中的一种给老鼠注射后，会使只有两星期大或更小的老鼠陷入睡眠状态，而使大一点的老鼠躲藏起来。当老鼠受到突然的严重威胁时，非常小的那些老鼠的反应是呆住，而较大的那些老鼠会逃跑。

以上陈述的事实最有力地支持了以下哪项假说？

A. 老鼠对突然的严重威胁的反应受其体内生成的一种化学物质的刺激，这种物质与注射到老鼠体内的蛋白相似。

B. 注射到老鼠体内的包含在海洋蜗牛毒素中的蛋白的主要功能是通过诱导海洋蜗牛处于完全的静止中而起到保护海洋蜗牛的作用。

C. 如果给成年老鼠大剂量地注射这种蛋白，也会使它们陷入睡眠状态。

D. 非常小的老鼠很可能与较大的老鼠一样易于遭受突发性的严重威胁。

E. 非常小的老鼠还没有足够的正常应付最常见的突然威胁的激素。

17. 张强：快速而精确地处理订单的程序有助于我们的交易。为了增加利润，我们应该运用电子程序而不是手工操作。运用电子程序，客户的订单就会直接进入所有相关的队列之中。

李明：如果我们启用电子订单程序，我们的收入将会减少。很多人在下订单时更愿意与人打交道。如果我们转换成电子订单程序，我们的交易会看起来冷漠而且非人性化，我们吸引的顾客就会减少。

张强和李明的意见分歧在于以下哪一项？

A. 电子订单程序是否比手工订单程序更快、更精确。

B. 更快且更精确的订单程序是否会有益于他们的财政收益。

C. 改用电子订单程序是否会有益于他们的财政收益。

D. 对多数顾客而言，电子订单程序是否真的显得冷漠和非人性化。

E. 手工操作和运用电子程序操作的区别。

18.《关于取消高等教育学历文凭考试的通知》中要求，已具有文凭考试试点资格的民办高等教育机构，2004 年可继续适度招收文凭考试学生。自 2005 年开始，所有进行文凭考试试点的民办高等教育机构，一律终止招收文凭考试学生。可以认为：取消高等教育学历文凭考试，民办教育很可能会因此发展停滞，陷入缺少生源和资金的困境。

以下各项中，哪项最能加强以上论断？

A. 为了鼓励和扶持民办教育而设立的高等教育学历文凭考试，即将退出历史舞台。

B. 高等教育资源越来越充足，在公办高等院校扩招的同时，越来越多的发展不错的民办学校变成拥有授予权的普通高等学校。

C. 由于公办高校扩招，近几年来参加高等教育学历文凭考试的人数正在减少。

D. 高等教育学历文凭考试所涉及的专业数量相当大，因此，这种考试的质量监控和保障都有一定的困难。

E. 学生进入民办学校的目的主要是获得文凭。

19～20 题基于以下题干：

某所大学征召的新兵有七名：F、G、H、I、W、X 和 Y。其中一名是通信兵，三名是工程兵，另外三名是运输兵。新兵入伍的兵种分配条件如下：

H 与 Y 必须分配在同一个兵种。

F 与 G 不能分配在同一个兵种。

如果分配 X 当运输兵，就分配 W 当工程兵。

分配 F 当工程兵。

19. **以下哪项列出的是不可能当工程兵的所有新兵的名单？**

A. F、I 和 X。

B. G、H 和 Y。

C. H 和 Y。

D. G。

E. I 和 X。

20. **以下哪项陈述如果为真，能够完全确定七名新兵所属的兵种？**

A. F 和 W 分配为工程兵。

B. G 和 Y 分配为运输兵。

C. I 和 W 分配为运输兵。

D. I 和 W 分配为工程兵。

E. H 和 W 分配为工程兵。

21. 当且仅当竞争对手甲退出投标时，对手乙就会报一个较高的价位，我方也才不会在第一轮就被淘汰。当且仅当我方在第一轮竞争中就被淘汰之后，第一轮轮空的强有力对手丙才会在第二轮报价。当且仅当对手丙报价时，才会出现强劲对手丁不战退出的情况，或者出现另一个对手戊报一个相当高的价位的情况，或者两种情况都出现。

如果已知的信息是丁退出了第二轮竞争，下面哪项一定是事实？

A. 我方通过了第一轮的竞争。

B. 竞争对手乙首轮报价过高。

C. 竞争对手甲没有退出投标。

D. 竞争对手丙第二轮没报价。

E. 竞争对手戊报了一个高价。

22. 虽然精工细作的家具被一些人称为艺术品，但精工细作的家具还是家具，而家具一定要有实用性，因此精工细作的家具不是艺术品。

以下哪项是上述论证成立的假设？

A. 一些精工细作的家具被当作艺术品放在博物馆中。

B. 一些精工细作的家具被当作艺术品进行拍卖。

C. 与普通家具相比，精工细作的家具的实用性要差一些。

D. 实用性的物品一定不是艺术品。

E. 精工细作的家具也表现出其艺术性。

23. 对建筑和制造公司中工作场所安全的研究发现，当工作负荷增加时，受伤率上升。因为在工作负荷增加时，无经验的工人经常被雇用，受伤率的增加无疑应归因于无经验工人的高事故率。

下面哪一项如果正确，最能削弱上面的结论？

A. 当公司工作负荷增加时被雇用的无经验工人只被临时雇用。

B. 工作场所安全研究仅仅集中在导致无法工作的工伤。

C. 制造类企业的受伤比例低于建筑类企业。

D. 工作负荷上升时，有经验工人的事故率增加。

E. 雇用无经验工人做有潜在危险的工作时，公司被要求为其提供培训。

24. 针对作弊屡禁不止的现象，某学院某班承诺，只要全班同学都在承诺书上签字，那么，如果全班有一人作弊，全班同学的考试成绩都以不及格计。校方接受并实施了该班的这一承诺。结果班上还是有人作弊，但班长的考试成绩是优秀。

以下哪项是从上述断定合乎逻辑地得出的结论？

A. 班长采取不正当的手段使校方没有严格实施承诺。

B. 作弊的就是班长本人。

C. 全班多数人没有作弊。

D. 全班有人没在承诺书上签字。

E. 全班没有人在承诺书上签字。

25. 大多数人都熟悉安徒生童话《皇帝的新装》，故事中有两个裁缝告诉皇帝，他们缝制的衣服有一种奇异的功能：凡是不称职的人或者愚蠢的人都看不见这衣服。

以下各项陈述都可以从裁缝的断言中合乎逻辑地推出，除了：

A. 凡是不称职的人都看不见这衣服。

B. 有些称职的人能够看见这衣服。

C. 凡是能看见这衣服的人都是称职的人或者不愚蠢的人。

D. 凡是看不见这衣服的人都是不称职的人或者愚蠢的人。

E. 凡是愚蠢的人都看不见这衣服。

26. 阿克姆厂的审计员：上周在阿克姆面包厂的夜班中，烤制的面包有6%被发现有问题，而在白班中却没有发现有问题的面包。面包在被烤制的同一天接受检查，所以，夜班监控质量的质检员明显比白天的质检员更警觉，尽管他们在夜间工作。

上述论证依赖于以下哪项假设？

A. 上周在阿克姆面包厂的白班中，至少有些面包烤制得有问题。

B. 并不是所有的被夜班质检员判定为有问题的面包实际上都有问题。

C. 夜班质检员在质量控制程序上比白班质检员接受了更多的训练。

D. 在通常情况下，阿克姆面包厂夜班烤制的面包被发现有缺陷的少于6%。

E. 阿克姆面包厂每天只有夜班和白班两个班次。

27. 一个热力站有5个阀门控制对外送蒸汽，使用这些阀门必须遵守以下操作规则：

(1) 如果开启1号阀，那么必须同时打开2号阀并且关闭5号阀。

(2) 如果开启2号阀或者5号阀，则要关闭4号阀。

(3) 不能同时关闭3号阀和4号阀。

现在要打开1号阀，那么同时要打开的阀门是哪两个？

A. 2号阀和4号阀。

B. 2 号阀和 3 号阀。

C. 3 号阀和 5 号阀。

D. 4 号阀和 5 号阀。

E. 2 号阀和 5 号阀。

28. 有白、黄、粉三种颜色的三个宠物小屋。小花猫咪咪钻进了其中一个小屋。小兰问咪咪究竟在哪儿。奶奶说："咪咪在白色小屋里。"爸爸说："咪咪不在黄色小屋里。"妈妈说："咪咪不在白色小屋里。"

如果三个人说的话只有一句是真的，以下哪项为真？

A. 咪咪在白色小屋里。

B. 咪咪在黄色小屋里。

C. 咪咪在粉色小屋里。

D. 三个宠物小屋都是空的。

E. 咪咪不在黄色小屋里。

29. 大约 20 亿年前的太阳比现在的太阳要暗 30%。如果现在的太阳像那时的太阳一样暗淡，地球上的海洋就会完全冻结成冰。然而，有化石证据表明，早在 38 亿年前，液态水和生命就在地球上存在了。

以下陈述如果为真，哪一项最有助于消除以上描述中明显的不一致？

A. 38 亿年前地球大气层所能保持的热量明显地多于现在大气层所能保持的热量。

B. 38 亿年前地球上出现的液态水后来又冻结了，大约在 20 亿年前才重新融化。

C. 大约 20 亿年前，一个强大的并非来自太阳的热源使得地球上大块的冰融化。

D. 有证据表明，海洋的某些区域一直冻结到比 20 亿年前更晚的时期。

E. 液态水的存在是地球生命起源和发展的重要条件之一。

30. 一篇译文总是反映了译者的写作风格。有时一篇较长的文献需要被很快翻译出来，几位译者就要同时工作，每人负责翻译一部分。在这种情况下，其结果通常是译文具有不同的而且经常是不协调的写作风格。某些语言的文字用计算机程序翻译起来不受译者的干扰，并且比人译得快，译文风格统一，翻译的准确率达到 80%。所以，一旦一篇较长的文献需要被很快翻译出来时，最好使用计算机程序而不用人工翻译。

在评估这一论证时，以下哪一个问题的重要性最小？

A. 译文风格多样的问题是否可以通过给译者一个风格上统一的标准得到解决？

B. 是否可以合理地对译文的准确性做数字化的比较？

C. 计算机翻译程序是否像人工翻译者一样，各有不同的写作风格？

D. 计算机翻译是否有语法和语义上的错误，这种错误是否会使文本的含义严重改变？

E. 根据使用者的需要，计算机翻译程序和人工翻译相比，其准确率是否更高？

模拟试题十三

1. 专家：上市公司的董事会通常由大股东组成，小股东因股权小不能进入董事会，因此小股东的利益很容易受到大股东的侵犯。设立独立董事制度，是希望独立董事能够代表小股东，形成对大股东的制衡。但独立董事由公司董事会聘请并支付报酬，这就形成了独立董事与公司董事会在经济上的“同盟”关系，使得独立董事很难站在小股东立场上行使独立董事的权力。

以下陈述如果为真，哪一项最有力地支持了上述专家的结论？

A. 如果独立董事为了维护小股东的利益而与公司董事会叫板，其结果往往是被公司董事会解聘。

B. 有些独立董事敢于维护小股东的利益诉求，尽管会受到很大压力。

C. 目前，中国上市公司的独立董事制度尚不健全。

D. 有些退休官员担任了上市公司的独立董事。

E. 独立董事原则上最多在五家上市公司兼任独立董事，并确保有足够的时间和精力有效地履行独立董事的职责。

2. 核聚变是这样一个过程：原子核聚合或被“熔化”，并且在这个过程中释放出能量，聚变的副产品之一是氦气。最近使用含在一个密封烧瓶里的“重”水进行了一次聚变实验，烧瓶放在一个充满空气的房间里，以消除外来振动。在试验之后，房间的空气里有可测量到的氦-4气体，试验者以此为证据支持他们的结论：核聚变已经完成。

下面哪一项如果正确，将对试验的结论提出强有力的质疑？

A. 氦-4不是试验的房间里发现的唯一气体。

B. 当聚变完成时，通常产生几种包括氚和γ射线的副产品。

C. 发现在房间里的氦-4的量没有超过普通空气里的氦气量。

D. 氦-4气体很快分解，在几个小时以后形成了普通的氦气。

E. 核聚变反应的特征是释放大量的热。

3. 由于最近的市场变化，绿岛公司必须在以后两年的时间里提高10%的生产率，否则它就会破产。事实上，从绿岛公司的生产和经营结构来看，如果能提高10%的生产率，那么它就能实现提高20%的生产率的目标。

以上陈述如果为真，则以下哪项陈述必然为真？

A. 在以后两年内，如果绿岛公司提高了20%的生产率，它就不会破产。

B. 在以后两年内，绿岛公司如果没达到提高10%生产率的目标，那么它就会破产。

C. 在以后两年内，绿岛公司有可能提高10%的生产率，但不可能达到提高20%的目标。

D. 如果市场没有变化，绿岛公司就不需要提高生产率以防止破产。

E. 如果绿岛公司不能达到提高 20%的生产率的目标，它就会破产。

4. 统计表明，大多数汽车的交通事故发生在中速行驶中，很少的事故发生在 150 千米/小时以上的行驶速度，因此高速行驶比较安全。

以下哪项最能反驳上述论证？

A. 车速只是引起交通事故的一个因素。

B. 人们通常用中速驾驶汽车。

C. 人们通常用大于 150 千米/小时的速度驾驶汽车。

D. 大多数人驾驶汽车的速度是经常变化的。

E. 交通事故不是经常发生。

5. 李娜心中的白马王子是高个子、相貌英俊、博士。她认识王威、吴刚、李强、刘大伟 4 位男士，其中有一位符合她所要求的全部条件。

(1) 4 位男士中，有 3 个高个子，2 名博士，1 人长相英俊。

(2) 王威和吴刚都是博士。

(3) 刘大伟和李强身高相同。

(4) 李强和王威并非都是高个子。

请问谁符合李娜要求的全部条件？

A. 刘大伟。

B. 李强。

C. 吴刚。

D. 王威。

E. 李强或王威。

6. 亲生父母双方都患有特滋（一种表现为某些肌肉非自愿性收缩的病症）的孩子患病的可能性是亲生父母都没有特滋的孩子的 4 倍。所以，患特滋的倾向可能是一项遗传特性。

下面哪一项如果正确，能最强有力地支持上述结论？

A. 父母患有特滋的孩子如果在学校或在家承受了不正常的压力，要比未承受这些压力的孩子更容易患特滋。

B. 亲生父母未患有特滋，但由患特滋的养父母带大的孩子患特滋的可能性比由自己的亲生父母带大的孩子患特滋的可能性大。

C. 亲生父母患特滋的孩子无论是由亲生父母带大还是由未患特滋的养父母带大，患特滋的可能性是相同的。

D. 亲生父母患有特滋的孩子在患上特滋后，如果他们在出现早期症状时就寻求治疗，就可以避免更严重的症状。

E. 在出现最初的特滋症状时，与亲生父母患特滋的孩子相比，亲生父母未患有特滋的孩子被诊断为患特滋的概率要小。

7. 教育管理部门应该不允许私立学校在其营利性培训收入中扣除广告费。由此，私立学校将会缴更高的税。在这种情况下，私立学校只能提高自己的培训收费标准，以减少纳税损失。而提高培训收费标准正好可以减少盲目参加培训的人的数量。

以下哪项是题干论点的前提？

A. 私立学校不可能降低其他方面的成本来抵消多缴的税。

B. 教育管理部门应该对私立学校的各种营利活动进行规范化的管理。

C. 如果私立学校不培训，培训市场将受到很大影响。

D. 教育管理部门从私立学校的应税收入增加所得的收入将用于免费培训。

E. 如果私立学校需要付高额的税，它们将不再继续培训。

8. 如果普通中学能够尽可能多地聘用具有师范院校教育背景的毕业生，教学质量将会有明显的提高。因此，用非师范类院校的毕业生来取代师范院校毕业生的做法，会直接导致教学质量的下滑。

以下哪项如果为真，将对上述观点构成最有力的质疑？

A. 完全避免在普通中学聘用非师范类毕业生是不可能的。

B. 在非师范类毕业生中也有成功的中学教师代表。

C. 在许多普通中学，有相当一部分教师职位都被非师范类院校毕业生占据。

D. 通常受聘于普通中学的师范类院校毕业生来自所在学校的非师范类专业。

E. 师范类院校毕业生更愿意选择外企与私立学校。

9. 未来深海水下线缆的外皮是由玻璃而不是由特殊的钢材或铝合金制成的。原因是金属具有颗粒状的微观结构，在深海压力之下，粒子交结处的金属外皮易断裂。玻璃外皮就不会有这种情况，因为玻璃看起来是固体，但由于它在压力之下可以流动，所以可视为液体。

以下哪项最有可能从上述议论中推出？

A. 液体没有颗粒状的微观结构。

B. 所有被称为固体的东西只不过是移动极其缓慢的液体。

C. 只有断裂的玻璃是微观粒状的。

D. 作为一种建筑材料，玻璃优于钢材和铝材。

E. 在最近的深海作业中玻璃外皮始终优于金属外皮。

10. 某高校外语教研室新招进五位外语老师，每位老师只教授一门外语，并且满足以下条件：

（1）如果小钱教德语，那么小孙不教俄语。

（2）或者小李教德语，或者小钱教德语。

（3）如果小孙不教俄语，那么小赵不教法语。

（4）或者小赵教法语，或者小周不教英语。

以下选项如果为真，从哪一项可以得出“小李教德语”的结论？

A. 小孙不教俄语。

B. 小钱教德语。

C. 小周教英语。

D. 小赵不教法语。

E. 小赵教德语。

11. 巴西火蚁目前在美国南部大量滋生。与巴西的火蚁不同，美国的火蚁一巢中有两只蚁后，这种火蚁比一巢中只有一只蚁后的火蚁更有侵略性，它们几乎消灭了其巢穴附近的所有昆虫以独占食物来源，因而火蚁的数量迅速增长。在巴西由于火蚁的天敌能限制火蚁的数量，所以把这些天敌引进美国会阻止美国火蚁数量的增长，全面改善生态环境。

以下除哪项外都是上述论证所依赖的假设？

A. 在美国引进火蚁的天敌将不会造成比火蚁本身所导致的环境灾难更可怕的后果。

B. 巴西火蚁的天敌能够适应美国的环境并生存下来。

C. 异常凶猛的双蚁后火蚁不能杀死它们在巴西的远亲的天敌。

D. 火蚁的天敌能在这些火蚁扩展到更北方的州之前控制住火蚁的增长。

E. 火蚁本身繁殖的速度不会超过其天敌杀死它们的速度。

12. 学校组织教师旅游，4 个老教师老赵、老钱、老孙、老李和 4 个年轻教师小赵、小钱、小孙、小李一起参加。在旅馆里，他们 8 人住 4 个房间，满足以下条件：

（1）每个房间住一老一少。

（2）同姓人不住同一个房间。

（3）如果老孙不和小李住一个房间，则老钱也不和小孙住一个房间。

（4）老李不和小赵住一个房间。

以下哪种安排是不符合条件的？

A. 老钱和小孙住一个房间。

B. 老赵和小钱住一个房间。

C. 老孙和小李住一个房间。

D. 老孙和小钱住一个房间。

E. 老赵不和小李住一个房间。

13. 科学家：已经证明，采用新耕作方法可以使一些经营管理良好的农场在不明显降低产量，甚至在提高产量的前提下，减少化肥、杀虫剂和抗生素的使用量。

批评家：并非如此。你们选择的农场是使用这些新方法最有可能取得成功的农场。为什么不提那些尝试了新方法却最终失败了的农场呢？

以下哪项陈述最恰当地评价了批评家的反驳？

A. 批评家认为，新耕作方法应该能够普遍推广。

B. 批评家表明，如果大大增加被研究农场的数量，就会得到不同的研究结果。

C. 批评家毫无理由地假定，有些农场失败不是因其土壤质量引起的。

D. 批评家的反驳文不对题，因为科学家旨在表明某种情况可能发生，这与被研究对象是否有代表性无关。

E. 批评家不当预设，采用新耕作方法导致了多数农场的失败。

14. 有人说："只有肯花大价钱的足球俱乐部才进得了中超足球联赛。"

如果以上命题是真的，可能出现的情况是：

Ⅰ. 某足球俱乐部花了大价钱，没有进中超。

Ⅱ. 某足球俱乐部没有花大价钱，进了中超。

Ⅲ. 某足球俱乐部没有花大价钱，没有进中超。

Ⅳ. 某足球俱乐部花了大价钱，进了中超。

A. 仅Ⅳ。

B. 仅Ⅱ、Ⅲ。

C. 仅Ⅲ、Ⅳ。

D. 仅Ⅱ、Ⅲ、Ⅳ。

E. 仅Ⅰ、Ⅲ、Ⅳ。

15. 一篇报纸的文章说，某海关检查员相信他总是能够辨别出试图欺骗他的人。这是基于这样一个事实：在十年的经历中，在他怀疑一个旅客带有违禁品的案例中，他总是正确的。对被怀疑人的行李和人身进行仔细检查，总是会发现违禁物品。

下面哪一项指出了检查员推理中的逻辑缺陷？

A. 经过该检查员所在检查站的旅客已知道他们可能要被检查。

B. 经过该检查员所在检查站的旅客中，仅仅只有一小部分被认为有意携带违禁品。

C. 同一个检查站的其他检查员抓住携带违禁药品旅客的次数和这个检查员一样多。

D. 一些检查员决定不检查的旅客可能有意地携带违禁品。

E. 一些没有被搜查就通过检查站的旅客可能无意地携带了违禁品。

16. 10年前，癌症病人在发现疾病后平均生存5.4年，现在已经达到6.7年。这说明，医疗水平的提高使癌症病人存活的时间延长了。

上述结论依赖于下列哪一个假设？

A. 10年前接受治疗的病人数量与现在相近。

B. 10年前购买医疗保险的人不如现在多。

C. 10年前癌症诊断技术水平与现在相近。

D. 10年来癌症病人的职业类型没有什么变化。

E. 不同类型的癌症病人存活时间差别不大。

17. 对甲、乙、丙三人作案情况有以下猜测：

(1) 甲没有作案，并且乙作案。

(2) 甲作案，则乙作案。

(3) 乙作案，则丙也作案。

(4) 丙作案。

事后经过调查，发现上述猜测只有一项正确，则以下哪项正确？

A. 三个人都作案。

B. 三个人都没有作案。

C. 甲和乙一定作案，丙没有作案。

D. 甲一定作案，乙和丙至少一个人作案。

E. 甲一定作案，乙和丙至少一个人没有作案。

18～19题基于以下题干：

印刷组和装订组的成员主要来自以下七名员工：F、G、H、J、K、L和M。每个组的成员必须满足下列条件：

(1) 每个组至少有三名员工。

(2) F和K不能在同一组。

(3) 如果K在某个组，J也必须在这个组。

(4) M至少是这两个组中的成员之一。

(5) 两个组至少有一个相同的员工。

18. 如果印刷组只有 G、H 和 L 三个成员，而在条件充裕的情况下，两个组有尽可能多的共同成员，那么以下哪项陈述一定为真？

A. 装订组和印刷组恰好有一个共同成员。

B. 装订组和印刷组恰好有两个共同成员。

C. 装订组和印刷组成员的数量相同。

D. 装订组成员的数量至少比印刷组的多一个。

E. 装订组成员的数量至多比印刷组的多一个。

19. 如果 K 和 L 都身兼两组的成员，而且印刷组正好有三个成员，那么以下哪项陈述一定为真？

A. F 在印刷组。

B. F 在装订组。

C. G 在印刷组。

D. M 在装订组。

E. J 在印刷组。

20. 我不在犯罪现场。如果我在，那么，我没有犯罪。如果我犯了罪，那么，一定是我神志不清。

以下哪项与上述论证最相似？

A. 我只吃鸡或鱼或鸭。如果我没吃鸡，那么，一定吃鱼或鸭。如果我没吃鸭，那么，一定吃鱼。

B. 我从不说谎。如果我说了谎，那么，一定是被迫的。如果我被迫说了谎，那么，责任不在我。

C. 我没借你的书。如果我借了，我不会把书弄破。如果我把书弄破了，那是我不小心。

D. 她每天按时完成作业。如果她没完成作业，那么，她不会睡觉。如果她睡觉了，那一定是她完成了作业。

E. 他不可能高兴。如果他高兴，那一定是装的。装高兴比不高兴还难受。

21. 一台安装了签名识别软件的计算机——这种软件仅限于那些在文档中签名的人进入计算机——不仅通过分析签名的形状，而且通过分析诸如笔尖的压力和签名的速度等特征来识别某人的签名。即使是最机灵的伪造者，也不能复制该程序能分析的所有特征。

以下哪项结论能合乎逻辑地从上述陈述中推出？

A. 大多数银行已经使用了配备这种软件的计算机了。

B. 这种签名识别软件价值不凡，只有少量重要部门才使用。

C. 没有人可以只通过伪造签名的技巧而进入安装了这种软件的计算机。

D. 这种签名识别软件还有不少缺陷。

E. 已经被授权的用户也有可能被拒绝进入装有这种软件的计算机。

22. 一家商场按下列方式促销商品：一年中任何时候，或者有季节性促销，或者有节日促销，或两者兼而有之。每一种促销都会持续一个月。在任何一个月，如果商场想要把某一类商品清仓，就宣布季节性促销；如果某个月份有节日并且仓库中仍有剩余商品，就宣布节日促销。不过，11 月没有节日而且这个月份仓库中也没有剩余商品。

以下哪项陈述能从上文中合乎逻辑地推出？

A. 如果节日促销没有进行，那一定是在11月份。

B. 如果商场想要把某一类商品清仓，也可以宣布节日促销。

C. 如果季节性促销在某个月进行，这个月仓库中一定有剩余商品。

D. 如果在某个月中有节日，但仓库中没有剩余商品，则宣布节日促销。

E. 如果某个月没有季节性促销，这个月一定有节日促销。

23. 医学实验已经证明在药物支持下的戒烟治疗方法具有明显的成效。巴塞罗那一家医院的三位医生试图尝试另一种完全不依赖于药物、通过逐步减少吸烟数量来达到戒烟目的的治疗方法。他们对111名烟龄基本相同的戒烟者进行了分组研究，第一组61人接受了在药物支持下的戒烟治疗，而第二组50人接受了逐渐减少吸烟数量的戒烟方式。结果发现，在最初的6个月中，第一组戒烟成功的人数占65.3%，而第二组占51.8%。经过3年的跟踪调查发现，前者戒烟人数占40%，后者占36%。

从上文中最有可能推出以下哪项结论？

A. 当一个吸烟者每天平均吸到10根香烟的时候，他就很难利用逐渐减少吸烟数量的办法戒除吸烟习惯。

B. 以上分组研究说明性别与戒烟方法没有什么关系。

C. 逐步减少吸烟数量的戒烟办法也是有效和可行的。

D. 采用逐步减少吸烟数量达到戒烟目的的方法可以减少戒烟治疗的成本，很受低收入者的欢迎。

E. 这种逐步减少吸烟数量的戒烟方法对于那些不愿意或不能使用药物方式戒烟的人来说是一种行之有效的方法。

24. 根据最近一项跨文化研究，结婚的人通常要比离婚后未再婚的人的寿命长，这表明与离婚相关的压力会对人体健康产生不利影响。

下面哪一项如果正确，将削弱上面的论述？

A. 国家之间，即便是有相似文化的国家之间，总体寿命也是有差别的。

B. 当人经历离婚时，总是表现出压抑的症状。

C. 不同年龄群的寿命预期是不同的，即便在已婚人群中也是这样。

D. 许多种压力对健康有不利影响。

E. 从来没有结婚的成年人比相同年龄结婚的人寿命要短。

25. 经济学家：中央政府按照GDP指标考量地方政府的政绩。要提高地方的GDP，需要大量资金。在现有情况下，地方政府只有通过转让土地才能筹集大量资金。要想高价拍卖土地，则房价必须高，因此地方政府有很强的推高房价的动力。但中央政府已经出台一系列措施稳定房价，如果地方政府仍大力推高房价，则可能受到中央政府的责罚。

以下哪项陈述是这位经济学家论述的逻辑结论？

A. 在现有情况下，如果地方政府降低房价，则不会受到中央政府的责罚。

B. 在现有情况下，如果地方政府不追求GDP政绩，则不会大力推高房价。

C. 在现有情况下，地方政府肯定不会降低房价。

D. 在现有情况下，地方政府无法提高其GDP政绩。

E. 在现有情况下，地方政府可能受到中央政府的责罚，或者无法提高其GDP政绩。

26. 当有纳税人试图隐瞒自己的应纳税收入时，就发生了一个恶性循环：这些人的逃税导致立法者必须提高税率，否则无法获得事先设定的公共收入，而增加的税率又鼓励更多的纳税人隐瞒应纳税收入。

除非以下哪项为真，否则上面所说的恶性循环不会发生？

A. 税率增加鼓励纳税人去设法增加自己的税前收入。

B. 检查逃税的方法，可以检查出一些人的逃税行为，这些重新获得的税收比税收检查的成本要多，但其有效性不稳定。

C. 当立法者制定税率时，没有考虑到会有纳税人逃税而对税率进行适当调整。

D. 那些总是逃税的人并不会因为税率降低而停止逃税，除非在同时对逃税者课以高额罚款。

E. 什么样的税率会鼓励纳税人逃税，这在纳税人中间没有太大的差别。

27. 某大学对全体新生进行了体检，没有发现乙肝患者。

如果上述陈述为假，则以下哪项一定为真？

Ⅰ. 或者有的新生没有体检，或者在新生中发现了乙肝患者。

Ⅱ. 虽然有的新生没有参加体检，但还是发现了乙肝患者。

Ⅲ. 如果对所有的新生进行了体检，则一定发现了乙肝患者。

A. 仅Ⅰ。

B. 仅Ⅱ。

C. 仅Ⅲ。

D. 仅Ⅰ和Ⅲ。

E. 仅Ⅰ和Ⅱ。

28. 某公司为了提高管理人员的业务能力，实现管理的现代化与科学化，决定举办项目管理的知识培训，要求中层干部积极参加。市场部张主任约人力资源部的赵主任一起去报名，赵主任说："我又不从事项目管理工作，为什么一定要去参加培训，我的工作业绩和管理能力是大家有目共睹的。"

上文中赵主任的话是以下面哪项为前提的？

A. 人们学习项目管理知识是没有什么用处的。

B. 项目管理知识的普及是相当遥远的事情。

C. 项目管理知识的学习应当在学生中进行。

D. 项目管理知识不可能提高人力资源部的工作效率。

E. 只有从事项目管理工作的人，才应该学习和掌握项目管理知识。

29. 悉尼大学商学院的核心科目"商学的批判性思维"，期末考试有1 200名学生参加，却有400多人不及格，其中有八成是中国留学生。悉尼大学解释说："中国学生缺乏批判性思维，英语水平欠佳。"学生代表L对此申诉说："学校录取的学生，英语水平都是通过学校认可的，商学院入学考试要求雅思7分，我们都达到了这个水平。"

以下哪项陈述是学生代表L的申诉所依赖的假设？

A. 校方在为中国留学生评定成绩时可能存在不公正的歧视行为。

B. 校方对学生不及格有不可推卸的责任，重修费用应当减半。

C. 学校对学生入学英语水平的要求与入学后各科学习结业时的要求相同。

D. 每门课的重修费用是5 000澳元，如此高的不及格率是由于校方想赚取重修费。

E. 部分中国留学生学习方式过于被动，缺乏批判性思考和投入型学习。

30. 学生应该从小就开始学哲学，不然的话，他们会不假思索地接受某些传统价值观，而哲学正是教会他们对这些价值观进行质疑。

上述议论预先假定了下面哪些项？

Ⅰ. 除非学生从小就学哲学，否则他们会接受任何观点。

Ⅱ. 即使在很小的年龄，学生也具有理解某些哲学概念和理论的能力。

Ⅲ. 学生能对传统价值观提出质疑是件好事。

A. Ⅰ、Ⅱ和Ⅲ。

B. Ⅲ。

C. Ⅰ和Ⅱ。

D. Ⅰ和Ⅲ。

E. Ⅱ和Ⅲ。

模拟试题十四

1. 某重点中学最近一项调查表明，该校高中生对踢足球有着特殊偏好，而且远远超过了其他球类，调查同时发现经常踢足球的学生学习成绩比不经常踢足球的学生好。由此可见，经常踢足球能够提高学生的学习成绩。

以下哪项最能削弱上述结论？

A. 该校经学生家长同意设立了一条规定：只有学习成绩排名在年级前30%的高中生才能够经常踢足球。

B. 经常踢足球能够锻炼身体，保持旺盛的学习精力。

C. 经常踢足球耽误了学习时间。

D. 科学研究并没有证明，经常踢足球有助于智力开发。

E. 经常踢足球的高中生往往会吸引学校老师的关注，这些老师对他们在学习过程中也会不自觉地给予更多照顾。

2. 甲、乙、丙、丁四人的国籍分别为英国、俄罗斯、法国、日本。乙比甲高，丙最矮；英国人比俄罗斯人高，法国人最高；日本人比丁高。

这四个人的国籍是：

A. 甲是英国人，乙是法国人，丙是俄罗斯人，丁是日本人。

B. 甲是法国人，乙是日本人，丙是俄罗斯人，丁是英国人。

C. 甲是日本人，乙是法国人，丙是英国人，丁是俄罗斯人。

D. 甲是俄罗斯人，乙是法国人，丙是日本人，丁是英国人。

E. 甲是日本人，乙是法国人，丙是俄罗斯人，丁是英国人。

3. 参加奥运会的中国女子射箭代表队在比赛结束后喝酒的运动员，或者喝五粮液，或者喝张裕干红。

如果以上断定为真，则以下哪项也必为真？

Ⅰ. 有些参加奥运会的中国女子射箭队运动员赛后不喝酒。

Ⅱ. 参加奥运会的中国女子射箭队运动员赛后如果不喝五粮液，则一定喝张裕干红。

Ⅲ. 参加奥运会的中国女子射箭队运动员赛后没有喝茅台酒。

A. 仅Ⅰ。

B. 仅Ⅰ和Ⅲ。

C. Ⅰ、Ⅱ和Ⅲ。

D. 仅Ⅲ。

E. 仅Ⅰ和Ⅱ。

4. 只有当田教授和李教授都讲课时，阎教授才会讲课。阎教授没讲课，所以田教授一定没讲课，而且李教授也没讲课。

以下哪项与题干的逻辑结构最为相似？

A. 只有学习好，并且和同学保持良好的关系，才能评上奖学金。小张学习好，并且和同学关系也好，所以他一定能够评上奖学金。

B. 只有学习好，并且和同学保持良好的关系，才能评上奖学金。小张没有评上奖学金，所以他学习一定不好。

C. 只要学习好，并且和同学保持良好的关系，就能评上奖学金。小张没有评上奖学金，所以他学习一定不好，并且与同学关系不好。

D. 只有学习好，并且和同学保持良好的关系，才能评上奖学金。小张学习不好，并且和同学关系也不大好，所以小张没有评上奖学金。

E. 只有学习好，并且和同学保持良好的关系，才能评上奖学金。小张没评上奖学金，所以他肯定学习不好并且与同学关系紧张。

5. (1) 卡车只在晚上8点以后才上路行驶。

(2) 酒后开车的司机都不开车灯。

(3) 面包车晚上8点以后都不上路行驶。

(4) 晚上8点以后路上行驶的车都开着车灯。

(5) 有的军车晚上8点以后上路行驶。

如果以上命题都是真的，那么以下哪种情况是不可能出现的？

A. 面包车司机酒后开车。

B. 面包车在行驶中开着车灯。

C. 司机酒后开车撞上了卡车。

D. 军车司机酒后开车。

E. 军车在行驶中没开车灯。

6. 在1984年以前，只有阿司匹林和退热净分享利润丰厚的非处方止痛药市场。然而在1984年，据预测布洛芬占据了非处方止痛药销售量的15%。因此，商业专家预测1984年阿司匹林和退热净合计的销售量将下降15%。

上文最后一句提到的预测基于下列哪项假设？

A. 大多数消费者倾向于使用布洛芬而不是阿司匹林和退热净。

B. 阿司匹林、退热净和布洛芬都能减轻头痛和肌肉痛，但阿司匹林和布洛芬可能会引起胃肠不适。

C. 在1984年以前，布洛芬只能遵医嘱才能服用。

D. 生产和销售阿司匹林与退热净的公司不生产和销售布洛芬。

E. 布洛芬的投入不会增加非处方止痛药市场的总销量。

7. 我国农村的宅基地属集体所有，农民只能使用，不能买卖、出租和继承。宅基地制度保证了农民的生存权益。农民在宅基地上建造的房屋是农民的资产。如果允许农民出卖自己的房屋，则实际上允许出让宅基地的使用权。如果宅基地的使用权被别人买走，则会损害农民的生存权益。但如果不允许农民出售自己的房屋，则侵害了农民的资产权益。

如果以上陈述为真，以下哪项陈述一定为真？

A. 农民在宅基地上建造的房屋没有产权证。

B. 如果不损害农民的生存权益，则会侵害农民的资产权益。

C. 如果农民工在城市里购买了住房，则不应当再在农村占有宅基地。

D. 对绝大多数农民工而言，农村老家的宅基地和责任田是他们最后的生存保障。

E. 如果不允许农民出卖自己的房屋，农民的生存权益就不会受到任何损害。

8. 中国自周朝开始便实行同姓不婚的礼制。《曲礼》说：“同姓为宗，有合族之义，故系之以姓……虽百世，婚姻不得通，周道然也。”《国语》说：“娶妻避其同姓。”又说：“同姓不婚，恶不殖也。”由此看来，我国古人早就懂得现代遗传学中优生优育的原理，否则就不会意识到近亲结婚的危害性。

以下哪项陈述如果为真，最能削弱题干对“同姓不婚”的解释？

A. 异族通婚的礼制为国与国的政治联姻奠定了礼法性的基础。

B. 我国古人基于同姓婚姻导致乱伦和生育不良的经验而制定同姓不婚的礼制。

C. 秦国和晋国相互通婚称为秦晋之好，秦晋之好是同姓不婚的楷模。

D. 同姓不婚的礼制鼓励异族通婚，异族通婚促进了各族之间的融合。

E. 同姓结婚者的后代不旺，原因是死亡率高。

9. 奥驳匹克蚊子是蚊子的一个变种，最近在美国东南部衍居，它没有当地的沼泽蚊子分布广。沼泽蚊子与奥驳匹克蚊子都能携带有时能使人致命的病毒，但奥驳匹克蚊子对公众健康危害更大。

下列选项除哪个外，如果正确，都能提供附加信息来支持以上所作出的对公共健康危害更大的判断？

A. 与沼泽蚊子不同，奥驳匹克蚊子原产于亚洲，且 20 世纪 80 年代中期以前在美国还没有发现过奥驳匹克蚊子的幼虫。

B. 不同于沼泽蚊子，奥驳匹克蚊子倾向于在人类居住地附近度过它们的大部分成熟期。

C. 不同于沼泽蚊子的幼虫，奥驳匹克蚊子幼虫生存于花盆、锡罐和许多盛有少量水的家用物体中。

D. 与沼泽蚊子相比较，奥驳匹克蚊子是大量所知的能导致人类严重疾病的病毒的宿主。

E. 奥驳匹克蚊子是比沼泽蚊子搜索范围更大的动物宿主，更可能叮咬人类。

10. 甲、乙和丙三人喝酒，他们每人要的不是啤酒就是白酒。

(1) 如果甲要的是啤酒，那么乙要的就是白酒。

(2) 甲或丙要的是啤酒，但是不会两人都要啤酒。

(3) 乙和丙不会两人都要白酒。

请问昨天要啤酒并且今天要白酒的是哪位？

A. 甲。

B. 乙。

C. 丙。

D. 甲和丙。

E. 都符合。

11. 投资者越担心他们的钱遭受损失，他们就越要求他们的投资有较高的潜在收益。

大的风险必须要被高回报的机会抵消，这项原则是决定利率时的基本原则，并且它可以从以下事实得到说明，即________

以下哪一项能最好地完成以上论证？

A. 进行非常有风险的投资而不用担心他们的钱遭受损失，这种能力将成功的投资者与其他人区分开来。

B. 贷款人对无担保贷款收取比抵押品担保贷款更高的利率。

C. 在高通货膨胀期间，银行向存款人支付的利息实际上可能低于通货膨胀率。

D. 任何时候，一个商业银行有一个期望它的所有个人借款人支付的单一利率。

E. 对新公司的投资的潜在回报率通常低于对地位稳固公司的投资。

12～13题基于以下题干：

中国围棋队在比赛时抽烟的选手，抽的或者是中华，或者是熊猫。

12. 如果上述断定为真，下列哪项一定是真的？

Ⅰ. 一个比赛时不抽中华烟的中国围棋队选手，一定抽熊猫烟。

Ⅱ. 没有中国围棋队选手比赛时抽外烟。

Ⅲ. 有些中国围棋队队员比赛时不抽烟。

A. 只有Ⅰ。

B. 只有Ⅱ。

C. 只有Ⅲ。

D. 只有Ⅰ和Ⅲ。

E. Ⅰ、Ⅱ和Ⅲ。

13. 基于上述题干，再增加两个条件：

(1) 任一比赛时抽中华烟的中国围棋队选手同时手持折扇。

(2) NEC快棋赛中没有中国围棋队的选手手持折扇。

那么，可推出以下哪项结论？

A. NEC快棋赛中，每一个中国围棋队选手都抽熊猫烟。

B. NEC快棋赛中，有些中国围棋队选手比赛时抽中华烟。

C. NEC快棋赛中，每一个中国围棋队选手比赛时都不抽烟。

D. NEC快棋赛中，有些中国围棋队选手比赛时抽熊猫烟。

E. NEC快棋赛中，中国围棋队选手比赛时如果抽烟，那么一定抽熊猫烟。

14. 有医学病例证明，与鸽子经常近距离接触容易感染隐球菌性肺炎。隐球菌既有可能存在于鸽粪中，也可能通过空气进行传播，此外，经常与隐球菌携带者接触也有可能因被感染而发病。同时有隐球菌健康携带者的存在。小张患了急性肺炎，医生诊断为隐球菌性肺炎。

如果以上断定为真，以下哪项也一定是真的？

A. 小张的邻居饲养了十几只信鸽，每天都会产生大量的鸽粪，小张一定是感染了鸽粪中的隐球菌。

B. 小张从来不和有病的人接触，所以他的病如果不是受鸽粪中的隐球菌感染，那就一定是被空气传播感染的。

C. 小张性格自闭，从不接触外人，而他的家人中没有隐球菌患者和隐球菌携带者，所以他的病或者是由鸽粪引起的，或者是因为空气传播而感染的。

D. 除了题干所描述的三种情况，也许还有其他原因可能导致隐球菌性肺炎。

E. 小张的邻居养信鸽，他姐姐以前也得过隐球菌性肺炎，所以他的病一定不会是通过空气传染的。

15. 小王说：如果明天不下大雨，我一定会去看足球比赛。

以下哪项为真，可以证明小王没有说真话？

Ⅰ. 天没下大雨，小王没有去看足球赛。

Ⅱ. 天下大雨，小王去看了足球赛。

Ⅲ. 天下大雨，小王没去看足球赛。

A. 仅Ⅰ。

B. 仅Ⅱ。

C. 仅Ⅲ。

D. 仅Ⅰ和Ⅱ。

E. Ⅰ、Ⅱ和Ⅲ。

16～17 题基于以下题干：

在一次魔术表演中，从七位魔术师 G、H、K、L、N、P 和 Q 中，选择六位上场表演，表演时分成两队：1 队和 2 队。每一队有前、中、后三个位置，上场的魔术师恰好每人各占一个位置，魔术师的选择和位置安排必须符合下列条件：

(1) 如果安排 G 或 H 上场，他们必须在前位。

(2) 如果安排 K 上场，他必须在中位。

(3) 如果安排 L 上场，他必须在 1 队。

(4) P 和 K 都不能与 N 在同一个队。

(5) P 不能与 Q 在同一个队。

(6) 如果 H 在 2 队，则 Q 在 1 队的中位。

16. **以下哪项列出的是 2 队上场表演可接受的安排？**

A. 前：H；中：P；后：K。

B. 前：H；中：L；后：N。

C. 前：G；中：Q；后：P。

D. 前：G；中：Q；后：N。

E. 前：G；中：L；后：N。

17. **如果 H 在 2 队，以下哪项列出的是 1 队可接受的安排？**

A. 前：L；中：Q；后：N。

B. 前：G；中：K；后：N。

C. 前：L；中：Q；后：G。

D. 前：G；中：K；后：L。

E. 前：G；中：Q；后：N。

18～19 题基于以下题干：

对于上市公司而言，有分红的企业才能发行新的股票。可是，如果一个企业有分红，那它就不需要资金。如果它需要融资，就没有办法分红。

18. 如果以上陈述为真，以下哪项陈述不可能为假？

A. 一个上市公司不需要融资，或者不是有分红的企业。

B. 一个上市公司需要融资，或者是没有分红的企业。

C. 一个上市公司不需要发行新股票，或者不是有分红的企业。

D. 一个上市公司融资的唯一渠道是发行新股票。

E. 一个上市公司既需要融资，也需要分红。

19. 如果以上陈述为真，以下哪项陈述不可能为真？

A. 一个上市公司需要融资，而且没有办法分红。

B. 一个上市公司不是需要融资，就是没有办法分红。

C. 一个上市公司不需要融资，就一定会分红。

D. 一个上市公司既需要融资，也有办法分红。

E. 一个上市公司不需要融资，或者不是有分红的企业。

20. 正确地度量服务部门工人的生产率很复杂。例如，考虑邮政工人的情况，如果每个邮政工人平均投递更多的信件，就称他们有更高的生产率，但这真的正确吗？如果投递更多信件的同时每个工人平均丢失或延迟更多的信件会是什么情况呢？

以上对度量生产率的方法暗含的反对意见是基于对以下哪一项论述的怀疑？

A. 邮政工人是总的服务部门工人的代表。

B. 投递信件是邮政服务的主要活动。

C. 生产率应归于工人所在的部门，而不是单个人。

D. 在计算生产率时可以适当地忽略提供的服务的质量。

E. 投递的信件的数量同度量邮政工人的生产率有关。

21～22 题基于以下题干：

法庭上，法官正试图对甲、乙、丙三个犯罪嫌疑人的身份作出判断。他们三个人要么是专说假话的小偷，要么是绝对诚实的君子。法官依次向他们提出问题。他先问甲：“你是什么人？”甲说的是地方方言，法官听不懂，于是法官问乙和丙：“甲回答的是什么？”对此，乙说：“甲说他是君子。”丙则答道：“甲说他是小偷。”

21. 根据以上情况，法官对乙和丙的身份作出了正确的判断。他的判断是：

A. 乙是君子，丙是君子。

B. 乙是小偷，丙是小偷。

C. 乙是君子，丙是小偷。

D. 乙是小偷，丙是君子。

E. 无法作出判断。

22. 法官听完了乙和丙的话之后，马上作出判断：释放乙，逮捕丙入狱。法官作出这种判断时，最不可能依据的假定是什么？

A. 初审时，在没有胁迫的情况下，说真话的不会是小偷，而说假话的是小偷。

B. 初审时，在没有胁迫的情况下，甲是不可能招供的。

C. 初审时，在没有胁迫的情况下，甲不论是不是小偷，他总会回答说：我不是小偷。

D. 据某村村民反映，丙以前曾多次盗窃别人的财物。

E. 丙在转述甲的回答中说了假话。

23. 许多研究都表明并不是所有的医院都是成功的。在某些医院里，病人的死亡率总是高于其他的医院。由于在所有被调查的医院中，每个病人所能得到的医疗资源基本上都是相同的，所以服务质量上的差别可能是造成这种高死亡率的原因。

以下哪一项如果为真，对上文中的结论提出了最严重的质疑？

A. 在被调查的某些医院中，医务人员所取得的学历平均高于另外一些医院的。

B. 在不同的医院之间，病人病情的严重程度平均说来会有很大的差别。

C. 在不同的医院，在职医务人员参加工作的时间并不相同。

D. 被调查的所有医院基本上都采用相同的医疗程序。

E. 这个国家不同地区病人的死亡率并没有很大的差别。

24～25 题基于以下题干：

某市政府计划对全市的危旧房进行全面改造，通过政策和资金支持，以期较大幅度地建造普通住宅，缓解本市居民住房的紧张状况。市政府同时又计划适当提高普通住宅的市场售价，用以贴补上述房改的费用。这样做的理由是，本市居民是上述改造的直接受益者，应当承担部分开支。

24. **以下哪项断定最能质疑上述计划的合理性？**

A. 市政府无权支配新建普通住宅的全部销售收入。

B. 外地居民同样有可能是上述改造的受益者。

C. 普通住宅也有不同的档次，提价的幅度难以统一。

D. 市区的居民住房情况要好于市郊。

E. 因为难以承担普通住宅的市场售价，一部分收入偏低的本市居民将选择到未经改造的市郊购房。

25. **以下哪项断定最有助于说明上述计划的合理性？**

A. 上述计划通过了市民听证会的审议。

B. 在相邻的大、中城市中，该市的居民危旧住房状况最为严重。

C. 普通住宅的提价额度，经过了专家的严格论证。

D. 绝大多数本市原危旧住房的住户都购买了改造后的普通住宅。

E. 市政府有足够的财力完成上述改造。

26. 司法体系是需要警察来维护的，如果警察不尽职，就不可能有一个良好的司法体系。所以，如果警察尽职了，就会有一个良好的司法体系。

下列哪项作为前提，能保证题干结论的成立？

A. 许多不好的司法体系下的警察都不尽职。

B. 警察尽不尽职和司法体系无关。

C. 没有良好的司法体系，警察以外的国家工作人员也会不尽职。

D. 警察的尽职是保证有良好司法体系的充分条件。

E. 我国有良好的司法体系。

27. 研究表明，对大部分血压正常的人而言，摄入的超过身体需要的任何数量的钠，都能够被顺利地排出体外，而不会使血压明显地升高。因此，只有那些血压高的人以及那些自己的身体不能安全地处理过量的钠的人，才需要限制钠的摄入量。

以下哪项陈述如果为真，能够最有力地削弱上述论证？

A. 摄入超量的钠有时会损坏人体处理超量的钠的能力。

B. 高血压症有时会由于摄入超过身体所需数量的钠而恶化。

C. 任何人为维持身体的正常生理功能都需要一定数量的钠。

D. 摄入任何超出身体所需数量的钠都会使血压升高，除非它被排出体外。

E. 在正常情况下，额外的钠离子可由肾脏将其排出体外。

28. 甲："除非所有的疾病都必然有确定的诱因，否则有些疾病可能难以预防。"

乙："我不同意你的看法。"

以下哪项断定，能准确表达乙的看法？

A. 有些疾病可能没有确定的诱因，但有些疾病可能难以预防。

B. 所有的疾病都可能没有确定的诱因，但有些疾病可能难以预防。

C. 有些疾病可能没有确定的诱因，但所有的疾病都必然可以预防。

D. 有些疾病必然没有确定的诱因，但所有的疾病都可能难以预防。

E. 所有的疾病都必然有确定的诱因，但有些疾病可能难以预防。

29. 已知：

(1) 或者甲考上大学，或者乙考上大学。

(2) 并非甲必然考上大学。

(3) 乙考上了大学。

(4) 并非甲可能没考上大学。

并且，这四个句子中有两个是真的，两个是假的。

下面哪一个选项可以从上述条件推出？

A. 甲和乙都考上了大学。

B. 甲考上了，乙却没考上。

C. 甲和乙都没考上。

D. 乙考上了，甲却没考上。

E. 无法确定。

30. 联邦政府对产业所规定的数量过多的安全管制规则对大企业造成的严重困难要多于小企业。因为大企业做任何事情都是基于更大的规模，所以它们必须调整更加复杂的操作并且花费更多的钱去达到政府的要求。

以下哪一项如果正确，将最能削弱以上论述？

A. 小企业比大企业更不大可能有用于改进的资金储备。

B. 小企业的操作通常与大企业的操作依赖相同的技术。

C. 安全管制规则不论企业大小都一样。

D. 相比小企业，大企业通常会将更多的利润投资于别的产业。

E. 总体上讲，大企业比小企业更有可能将市场与产品多元化。

模拟试题十五

1. 平装书比精装书更易于破损，但是，平装书比精装书便宜。如果在固定预算的情况下，公共图书馆把所有的资金都用来采购平装书，就会增加图书馆的新书藏量，读者就会得到更好的服务。

以下哪项如果为真，最强有力地削弱了上文的论述？

A. 如果公共图书馆的总预算减少了，那么用来买新书的预算减少的幅度会更大。

B. 平装书可以用非常廉价的封皮加固以延长其使用寿命。

C. 许多平装书从不出版精装本。

D. 某一类图书馆的读者只能依靠图书馆才能读到各种包含最新信息的参考书，而这些参考书只出版精装本。

E. 如果有平装版本，人们总喜欢买一本自己在图书馆借阅过的书。

2. 高热量、高脂肪的食品是典型的西方国家的饮食。自 1980 年以来，中国人越来越多地食用高热量、高脂肪的食品，心脏病和糖尿病的发病率也提高了，但中国人的平均预期寿命却从 20 世纪 80 年代初的 68 岁增长为 73 岁，而且仍在不断提高。

以下陈述如果为真，哪一项最有助于解释题干所述平均预期寿命的不断提高？

A. 在中国传统饮食中，杂粮、豆制品等食物可以降低患心脏病和糖尿病的风险。

B. 西方国家的平均预期寿命，在 1980 年之后的增速要比 1980 年之前的增速慢。

C. 一些中国人经常打太极拳，或做体操，或打乒乓球，这些运动有助于延缓心脏的衰老。

D. 1980 年以来，中国心脏病例和糖尿病例增加的数量小于其他致人死亡病例减少的数量。

E. 高热量、高脂肪的食品还造成了中国人高血压、高血脂和高血糖发病率上升。

3. 小张、小王、小李、小马、小陈、小刘、小白、小赵、小孙、小杨、小周、小郑住在一个六层楼房里。每层有两个公寓。每个公寓最多住两个人，一些公寓也许是空的。

(1) 小王和他的舍友住的比小赵和他的舍友小白高两层。

(2) 小张一个人住，比小刘低三层并且比小周低两层。

(3) 小马比小赵和小白低一层。

(4) 小孙和小杨住在同一层并且独自居住，小李比他们高三层。

(5) 小郑和小陈住在单身公寓，比小马低两层。

从最底层到最高层，以下哪个排列是对的？

A. 小郑，小孙，小马，小赵，小王，小李。

B. 小郑，小杨，小李，小周，小王，小张。

C. 小陈，小孙，小张，小白，小李，小王。

D. 小王，小周，小赵，小马，小杨，小郑。

E. 小王，小张，小马，小赵，小孙，小郑。

4. 光电动力工厂使用太阳能发电。作为现代科技进步的一个惊人结果的是：光电动力工厂生产电力的成本（建造和生产费用）仅仅是 20 年前的 1/10，而与此同时，靠燃烧从地下采掘的燃料发电的传统工厂相应的费用却在增加。因此，与传统电厂相比，光电厂提供了一种以较低廉的费用满足用电需求的办法。

上述论证的结论需要依赖以下哪项为假设，才可能推导出来？

A. 传统工厂发电的费用已经大大超过了过去 20 年的费用。

B. 20 年前，传统电厂的发电量是光电厂的 10 倍。

C. 在光电工厂电力生产的新近技术发展中，没有一项能够应用于传统工厂的电力生产中。

D. 20 年前，光电厂的电力生产成本不到传统工厂电力生产成本的 10 倍。

E. 光电厂发电的成本在未来可能还会减少，而传统工厂的发电成本是不可能减少的。

5. 已知下列三个判断只有一个为真，两个为假。

(1) 只要甲被录取，乙就不被录取。

(2) 只要乙不被录取，甲就被录取。

(3) 甲被录取。

从中可以推出下面哪个选项？

A. 甲、乙都被录取。

B. 甲、乙都没被录取。

C. 甲被录取，乙没被录取。

D. 乙被录取，甲没被录取。

E. 不能确定甲、乙的录取情况。

6. 美国有一种叫作“小兔读书”的学习软件，通过动画教孩子认字念书，很受孩子和家长的欢迎，目前已售出 200 多万套。但儿童教育专家通过对 49 名学龄前儿童的对比研究发现，儿童使用“小兔读书”及类似软件 6 个月，创造力下降了 50%，而阅读能力并没有明显提高。

从以上介绍中可以得出下列哪种结论？

A. 电脑不能取代蜡笔和纸这样最原始的学习工具，因为后者能任儿童的思维自由驰骋。

B. 电脑对儿童智力的其他方面的发展有积极影响，如反应速度。

C. 电脑对学龄前儿童的作用不如对已入学儿童的作用大。

D. “小兔读书”受欢迎程度足以说明其积极作用。

E. 儿童使用电脑会妨碍其社会交往能力的发展。

7. 近百年来，在达里诺尔湖地区，长期的干旱使多草的湿地大量萎缩，变成盐碱地。多草的湿地是鸭类、鹅类以及其他种类水鸟筑巢和孵化的场所。然而，随着湿地的不断萎缩，该地区赤麻鸭数量平均下降的速度却远低于天鹅数量平均下降的速度。

以下哪项陈述如果为真，对题干中的不一致给出了最佳的解释？

A. 赤麻鸭每窝孵化 8 至 10 枚卵，天鹅每窝孵化 2 至 3 枚卵，成活率大体相当。

B. 环境保护措施的加强减缓了赤麻鸭、天鹅及其他种类水鸟数量平均下降的速度。

C. 赤麻鸭和天鹅都是迁徙性鸟类，赤麻鸭在迁徙过程中更容易遭到捕杀。

D. 除湿地外，赤麻鸭逐渐学会在树洞和崖洞筑巢孵化，天鹅则未能如此。

E. 湿地复杂多样的植物群落，为野生动物尤其是鸟类、两栖类动物提供了良好的栖息地。

8. 为了了解高校学生对《知识产权法》基本知识的掌握程度，某教育咨询公司在一所高校内部选取了相同年级的两组学生进行了有奖测试。经阅卷分析发现：第一组学生的优秀率达到了 60%，而第二组的优秀率只有 20%。咨询公司据此得出结论：该校大学生在对《知识产权法》的了解和掌握程度上存在很大的差异。

以下哪项最能削弱以上结论?

A. 这次参与调查的学生只占该高校学生的很小一部分。

B. 第一组学生来自法律系。

C. 这次调查所采用的测试题不能涵盖《知识产权法》的全部内容。

D. 任何一门知识的掌握和运用都不完全一样。

E. 对《知识产权法》的掌握程度的测量不能仅凭一次测试来决定。

9. 某校要推选一位学生会主席，推举委员会提出，作为学生会主席的候选人，须满足如下要求：

(1) 各门课程的成绩都是优。

(2) 是足球爱好者或是围棋爱好者。

(3) 数学比赛中得过名次或在报刊上发表过文章。

如果一定要从学生中推选出一位学生会主席，那么对于下列条件：

Ⅰ. 既是足球爱好者又是围棋爱好者的学生。

Ⅱ. 各门课程的成绩都是优又在报刊上发表过文章的学生。

Ⅲ. 既在数学比赛中得过名次又是足球爱好者的学生。

Ⅳ. 各门课程的成绩都是优的学生。

哪些是可以不满足的?

A. 仅Ⅰ和Ⅲ。

B. 仅Ⅱ和Ⅲ。

C. 仅Ⅲ和Ⅳ。

D. 仅Ⅰ、Ⅱ和Ⅲ。

E. Ⅰ、Ⅱ、Ⅲ和Ⅳ。

10. 山西醋产业协会某前副会长称，在市面上销售的山西老陈醋中，只有 5%是不加添加剂的真正意义上的山西老陈醋。中国调味品协会某副会长就此事接受记者采访时说："只要按国家标准加添加剂，就没有安全问题。有些企业强调自己未加添加剂，这对按正常标准加添加剂的企业来说是不公平的。"

以下哪项陈述能够从该调味品协会副会长的话中合乎逻辑地推出?

A. 如果不按国家标准加添加剂，就会有安全问题。

B. 要想促进技术创新，就应当提高行业的国家标准。

C. 某个行业的国家标准定得太高，不利于该行业的良性发展。

D. 为了保证公平性，企业或者不应该生产高于国家标准的产品，或者要对产品质量高于国家标准的事实秘而不宣。

E. 只要按正常标准加添加剂，就能够维持行业稳定与发展。

11. 某城市考上大学的学生中，女生的比例比男生高。根据这个事实，王老师认为本市女生学习比男生好。

以下哪项最能削弱王老师的结论？

A. 第一中学考上大学的学生中，男生的比例比女生高。

B. 考生中男生的比例比女生低。

C. 大多数考上大学的女生是文科班的。

D. 男生比女生更多地参加体育活动。

E. 全国考上大学的学生中，男女生比例基本持平。

12. 当且仅当苹果是绿色的，辣椒是红色的时，浆果不是蓝色的；当且仅当浆果是蓝色的时，樱桃是不成熟的；当且仅当樱桃不成熟时，草是褐色的，或叶子是小的，或两者都出现。

如果草是褐色的，下面哪项一定正确？

A. 苹果不是绿色的，或者辣椒不是红色的。

B. 浆果不是蓝色的。

C. 辣椒是红色的。

D. 樱桃是红色的。

E. 叶子是小的。

13. 某县最后公选出来的十几名乡镇长，大都为官员之后。但经核查，他们当选符合相关程序，所以，公选没有问题。

以下哪项对上述论证的评价最为恰当？

A. 题干的论证是成立的。

B. 题干的论证有漏洞，因为它把缺少证据证明某种情况存在当作有充分证据证明某种情况不存在。

C. 题干的论证有漏洞，因为它没有指出相关程序是什么。

D. 题干的论证有漏洞，它只依据“符合相关程序”这一必要条件，直接推出“公选没有问题”的结论。

E. 题干的论证有漏洞，在对某种现象的两种可供选择的解释中，通过肯定其中的一种，来否定另一种。

14～15 题基于以下题干：

如果“新龙门”餐馆在同一天供应红焖羊肉和什锦火锅，那么它也一定供应烤乳猪，该餐馆星期二不供应烤乳猪。贾女士只有在供应红焖羊肉时才去“新龙门”餐馆吃饭。

14. 如果上述断定是真的，那么以下哪项也一定是真的？

A. 星期二贾女士不会去“新龙门”吃饭。

B. 贾女士不会在同一天在“新龙门”既吃红焖羊肉又吃什锦火锅。

C. “新龙门”在星期二不供应什锦火锅。

D. 如果“新龙门”在星期二供应红焖羊肉，那么这天它一定不供应什锦火锅。

E. 如果“新龙门”在星期二不供应红焖羊肉，那么这天它一定供应什锦火锅。

15. 如果题干的断定是真的，并且事实上贾女士星期二去“新龙门”餐馆吃了饭，则以下哪项一定是真的？

A.“新龙门”在贾女士吃饭的那天没供应什锦火锅。

B. “新龙门”在贾女士吃饭的那天没供应红焖羊肉。

C. “新龙门”在贾女士吃饭的那天供应了烤乳猪。

D. “新龙门”在贾女士吃饭的那天既供应红焖羊肉，又供应什锦火锅。

E. “新龙门”在贾女士吃饭的那天既不供应红焖羊肉，又不供应什锦火锅。

16. 去年北京大学的志愿活动共有两种类型：社会服务和科学普及。爱心社中有社员参加了去年所有的社会服务型志愿活动，也有社员参加了所有的科学普及型志愿活动。

根据以上介绍，以下哪项一定是真的？

A. 近年来北京大学的志愿活动不是社会服务型就是科学普及型。

B. 今年北京大学的志愿活动还是社会服务型或科学普及型。

C. 去年北京大学的志愿活动都有爱心社的社员参加。

D. 爱心社有社员参加了去年北京大学组织的全部志愿活动。

E. 爱心社有社员没有参加去年北京大学组织的任何志愿活动。

17. 国会削减社会福利费看来会损害穷人的利益，其实不会。因为社会福利预算削减的同时，税收也削减。因此，每个人手中的钱将变多，而不是变少。

以下哪项能动摇上述论证？

Ⅰ. 穷人正在敦促国会提高社会福利预算。

Ⅱ. 穷人本来几乎不纳税或者纳很少的税，因此，税收削减对他们来说没有多大好处。

Ⅲ. 穷人因税收削减而得到的好处，补偿不了福利费削减所带来的损失。

A. 仅Ⅰ。

B. 仅Ⅱ。

C. 仅Ⅲ。

D. 仅Ⅱ和Ⅲ。

E. Ⅰ、Ⅱ和Ⅲ。

18. 某地召开有关《红楼梦》的小型学术研讨会。与会者中，4 个是北方人，3 个是黑龙江人，1 个是贵州人；3 个是作家，2 个是文学评论家，1 个是教授。以上提到的是全体与会者。

根据以上陈述，参加该研讨会的最少可能有几人？最多可能有几人？

A. 最少可能有 4 人，最多可能有 6 人。

B. 最少可能有 5 人，最多可能有 11 人。

C. 最少可能有 6 人，最多可能有 14 人。

D. 最少可能有 8 人，最多可能有 10 人。

E. 最少可能有 9 人，最多可能有 12 人。

19. 任何一名大学生肄业后都面临失业，除非他愿意接受一个临时工作或者他有官方背景。

如果以上情况属实，那么以下各项都能从题干中推出，除了：

A. 一个不能正常毕业的大学生，如果不愿意接受一份临时工作而且没有官方背景，他一定会失业。

B. 一个从大学肄业的人，要么拥有一份临时工作或拥有官方背景，要么失业。

C. 任何一个拥有高薪的满意工作的大学肄业生，一定具有官方背景。

D. 任何既没有临时工作又没有官方背景的就业人员一定不是大学肄业生。

E. 一个具有官方背景但不是大学肄业生的人一定能够找到一份好工作。

20. 很多科学家的职业行为只是为了提高他们的职业能力，作出更好的成绩，改善他们的个人状况，对于真理的追求则被置于次要地位。因此，科学家共同体的行为也是为了改善该共同体的状况，纯粹出于偶然，该共同体才会去追求真理。

下面哪一个选项最准确地指出了上述论证中的谬误？

A. 该论证涉嫌贬低科学家的道德品质。

B. 从很多科学家具有某一个品质，不合理地推出科学家共同体也具有该品质。

C. 毫无理由地假定，个人职业能力的提高不会提高其发现真理的效率。

D. 从多数科学家具有某一个品质，不合理地推出每一个科学家都具有该品质。

E. 混淆了“很多科学家”和“科学家共同体”这两个概念。

21. 政府与民营企业合作完成某个项目的模式（简称PPP）能够使政府获得资金，也可以让社会资本进入电力、铁路等公用事业领域。这种模式中存在的问题是政府违约或投资人违约而给对方造成经济损失。在以往的PPP项目中，政府违约不是小概率事件。尽管地方政府违约的现象屡见不鲜，但投资人还是一如既往积极地投资于PPP项目。

以下哪一项陈述如果为真，能够最好地解释上述看似矛盾的现象？

A. 随着经济体制的改革和新型城镇化建设的推进，PPP模式被社会各界寄予厚望。

B. PPP模式比较复杂，地方政府的谈判能力和PPP专业能力都不如投资人。

C. 今年国家发改委发布了80个重要的项目，鼓励社会资本以PPP等方式参与建设和运营。

D. 为防止地方政府违约带来的经济损失，投资人设法将其他方面的利益转移到自己的企业。

E. 在发达国家，PPP的应用范围很广泛，既可以用于基础设施的投资建设，也可以用于很多非营利设施的建设。

22. 在三星堆的考古发掘中发现了大量的青铜面具，同时代的埃及文明中也存在类似的青铜面具。专家推测：三星堆所体现的古蜀国文明来源于埃及文明或至少与埃及文明有过密切的接触。

以下哪项最能加强以上推测？

A. 古蜀国可能与埃及文明有过交流。

B. 古蜀国除了和中原文明有过交流，也与其他文明有过交流。

C. 三星堆发现的青铜面具属于古蜀国文明。

D. 在可能与古蜀国有交流的文明中，只有埃及文明有类似的青铜面具。

E. 中原文明没有类似的青铜面具。

23. 通信部队的士兵学习了不少步兵战术，赵洪是通信部队的士兵，所以他也学习了不少步兵战术。

以下哪项与上述论述最为相似？

A. 哲学系的学生都学微积分这门课程，张中是哲学系的一名学生，所以她也学习了微积分这门课程。

B. 一个工厂的工人参加了不少科普讲座，老马是这个工厂的一名工人，所以他也参加了不少科普讲座。

C. 所有的旧电脑软件需要经常升级，这个电脑软件是新的，所以不需要经常升级。

D. 参加这次演出的成员多数是女学生，张中参加了这次演出，所以她也是女学生。

E. 哲学系的教师写了许多哲学方面的论文，老张不是哲学系的一名教师，所以他没有写过哲学方面的论文。

24. 有 86 位患有 T 型疾病的患者接受同样的治疗。在一项研究中，将他们平分为两组，其中一组的所有成员每周参加一次集体鼓励活动，而另外一组则没有。10 年后，每一组都有 41 位病人去世。很明显，集体鼓励活动并不能使患有 T 型疾病的患者活得更长。

以下哪项陈述如果为真，能最有力地削弱上述论证？

A. 每周参加一次集体鼓励活动的那组成员平均要比另外一组多活两年的时间。

B. 10 年后还活着的患者，参加集体鼓励活动的两位比没参加的两位活得更长一些。

C. 一些医生认为，每周参加一次集体鼓励活动会降低接受治疗的患者的信心。

D. 每周参加一次集体鼓励活动的患者报告说，这种活动能帮助他们与疾病作斗争。

E. 每周一次的集体鼓励活动对他们来说太少了。

25～26 题基于以下题干：

一个委员会工作两年，每年都由 4 人组成。其中 2 名成员来自下面 4 位法官：F、G、H 和 I。另外 2 名成员来自下面 3 位科学家：V、Y 和 Z。每一年，该委员会有 1 名成员做主席，在第一年做主席的成员第二年必须退出该委员会。在第二年做主席的人第一年必须是该委员会的成员。该委员会成员必须满足下面的条件：

(1) G 和 V 不能在同一年成为该委员会的成员。

(2) H 和 Y 不能在同一年成为该委员会的成员。

(3) 每一年，I 和 V 中有且只有一位做该委员会的成员。

25. **如果 V 在第一年做该委员会主席，下面哪一项列出了在第二年必须做该委员会成员的两个人？**

A. H 和 I。

B. I 和 Y。

C. G 和 Y。

D. V 和 Y。

E. H 和 G。

26. **如果 H 在第一年做主席，下面哪一位能够在第二年做主席？**

A. Y。

B. I。

C. F。

D. G。

E. H。

27. S市公共设施破旧不堪，引起市民的不满，但S市的财政不能提供更新公共设施的资金，而S市市政府增加财政收入的唯一途径就是提高市民的税收，提高税收也会引起市民的不满。

由上述陈述能推出以下哪项？

A. S市市政府无法依靠自己的力量使市民满意。

B. 不是S市所有市民都对提高税收有意见。

C. S市市政府有办法更新公共设施。

D. S市市政府应该下决心更新公共设施。

E. S市市政府可以用改善教育条件来使市民满意。

28～29题基于以下题干：

学年末，某中学初一年级进行了学年评定，有些学生干部当上了区三好学生，有些学生入了团。在推选共青团员的活动中，所有校三好学生都递交了入团申请，所有区三好学生都没有写入团申请。

28. **如果以上断定为真，以下哪项也必定为真？**

A. 所有学生干部都是三好学生。

B. 有些学生干部递交了入团申请。

C. 所有团员都是校三好学生。

D. 有些学生不是校三好学生。

E. 并非所有校三好学生都是学生干部。

29. **如果将上述题干断定中的“有些学生干部当上了区三好学生”改为“所有学生干部都当上了区三好学生”，并且假设这些断定都是真的，那么，以下哪项断定必定是假的？**

A. 某些校三好学生是学生干部。

B. 并非所有区三好学生都是学生干部。

C. 所有学生干部都没有递交入团申请。

D. 有些学生干部不是校三好学生。

E. 有些学生干部没有递交入团申请。

30. 随着市场经济的发展，我国一些城市出现了这样一种现象：许多工种由外来人口去做，而本地却有大量的待业人员。

假设各城市的就业条件是一样的，则以下各项都可能是造成这种现象的原因，除了：

A. 外来的劳动力大多数是其他城市的待业人员。

B. 本地人对工种过于挑剔。

C. 外地的劳动力的价格比较低廉。

D. 外来劳动力比较能吃苦耐劳。

E. 本地人对劳动报酬要求比较高。

模拟试题十六

1. 政府的功能是满足人民群众的真正需要，除非政府知道那些需要是什么，否则政府就无法满足那些需要，言论自由能确保政府官员听到这样的需求信息，因此，对一个健康的国家来说，言论自由是必不可少的。

下面哪一项如果为真，不能削弱上述论证？

A. 人民群众在多数情况下并不知道他们真正需要什么。

B. 言论自由最终倾向于破坏社会秩序，而良好的社会秩序是满足群众需要的先决条件。

C. 政府的正当功能不是去满足群众的需要，良好的社会秩序也是必不可少的。

D. 言论自由对满足群众的需要是不充分的，良好的社会秩序也是必不可少的。

E. 言论自由对于群众充分表达自己的需要来说，是没有太大帮助的。

2. 以前人们经常交谈，现在电视机夺取了人们的注意力。在看电视的时候，家庭成员之间的交流几乎停止。在没有交流的情况下，家庭成员之间的关系变得越来越脆弱，甚至破裂，所以，唯一的解决办法就是把电视机扔掉。

以下哪项所犯的推理错误与题干中的最相似？

A. 以前人们之间的友谊总是在一起分享闲暇时建立起来的，但是，现在的经济压力使人们没有时间在一起了，所以，危及了许多朋友之间的友谊。

B. 以前人们在收听广播的时候还可以干一些其他的事，现在人们总是被动地观看电视，所以，电视比广播更使人分心。

C. 以前体育爱好者总是有规律地进行体育运动，而现在他们总是在原来锻炼身体的时间观看体育比赛。如果不锻炼身体，健康状况就会下降。所以，唯一的解决办法就是不举行体育比赛。

D. 以前人们总是适应公共汽车和地铁的时间来安排自己一天的行程，现在他们给私人汽车惯坏了。唯一的解决办法就是靠政府提供财政资助来鼓励人们重新使用公共交通设施。

E. 以前人们总是在市区的零售区内购物，他们将购物和其他任务结合在一起。现在许多人都在郊区的商场里买东西，在那里他们仅专注于采购，所以，购物变成了一种休闲活动。

3. 一天晚上，某商店被盗。公安机关通过侦查，得出如下判断：

(1) 盗窃者或是甲，或是乙。

(2) 如果甲是盗窃者，那么作案时间就不在零点之前。

(3) 零点时该商店的灯光灭了，而此时甲已经回家。

（4）如果乙的供述不属实，那么作案时间就在零点之前。

（5）只有零点时该商店的灯光未灭，乙的供述才属实。

由此可以推出本案的盗窃者是：

A. 甲。

B. 乙。

C. 甲或者乙。

D. 甲和乙。

E. 不确定。

4. 北美的雄性棕熊通常会攻击并杀死不是由与它交配的雌性棕熊产下的幼崽。然而，在每年7至8月间鲑鱼洄游的季节里，聚集在哈罗湾捕鱼的棕熊中，雄性棕熊攻击并杀死雌性棕熊幼崽的概率不到平时的十分之一，而带着幼崽的雌性棕熊与雄性棕熊不期而遇的概率却是平时的几十倍。在这个雌性棕熊与雄性棕熊相遇最多的时期，幼崽被击杀的概率却最低。

如果以下哪项陈述为真，对雄性棕熊的反常行为提供了最佳的解释？

A. 棕熊平时为保护自己的领地大打出手，在鲑鱼洄游的季节，它们专注于自己的捕鱼技术，很少为争夺地盘而打斗。

B. 幼崽靠雌性棕熊养育3年才能独立生存，由于雌性棕熊在哺乳期内不会受孕，3至12个月大的幼崽被杀率最高。

C. 鲑鱼是北美棕熊大量补充体内脂肪的主要食物来源，棕熊奋力捕鱼而增加体重，以便熬过即将到来的严冬。

D. 雌性棕熊为了保护将来的幼崽，通常会和多只雄性棕熊交配，以便让更多的雄性棕熊认为它们是其幼崽的父亲。

E. 为了让雌性棕熊尽早进入交配阶段，雄性棕熊会找机会杀死这些雌性棕熊的幼崽。

5. “节食族”是指那些早餐吃水果，午餐吃蔬菜，几乎不吃高热量食物的人。在这个物品丰盛的时代，过度节食，就像把一个5岁的孩子带进糖果店，却告诉他只能吃一个果冻。营养专家指出，这种做法既不科学也不合乎情理。

以下哪项陈述如果为真，能给专家的观点最有力的支持？

A. 科学家发现，使老鼠的卡路里摄入量减少30%，就会降低老鼠罹患癌症的可能性。

B. 科学家发现，采用限制卡路里的饮食方法，可以降低血压，减少动脉栓塞的可能。

C. 有专家警告说，限制卡路里的摄入，有造成骨质疏松和生育困难的风险。

D. 冲绳岛是世界上百岁老人比例最高的地区，那里的居民信奉“八分饱”的饮食哲学。

E. 节食有助于维持苗条的身材，保持身体轻盈敏捷。

6. 经济的良性循环是指，不过分依靠政府的投资，靠自身的力量来实现社会总供给和社会总需求的基本平衡，实现经济增长。近几年，我国之所以会出现经济稳定增长的态势，是靠政府加大投资实现的。

以上陈述如果为真，最能支持以下哪项结论？

A. 只靠经济自身所产生的投资势头和消费势头就能实现经济的良性循环。

B. 经济的良性循环是实现社会总供给与总需求的基本平衡的先决条件。

C. 某一时期的经济稳定增长不意味着这一时期的经济已经转入良性循环。

D. 近年来，我国的经济增长率一直保持在7%以上。

E. 政府的投资是实现经济良性循环的必要条件。

7. 教授：如果父母都是O型血，其子女的血型也只能是O型，这是遗传规律。

学生：这不是真的，我的父亲是B型血，而我是O型血。

学生最有可能把教授的陈述理解为以下哪一项?

A. 只有O型血的人才会有O型血的孩子。

B. O型血的人不可能有B型血的孩子。

C. B型血的人永远都会有O型血的孩子。

D. 如果父母都是B型血，其孩子也会是B型血。

E. 孩子的血型是由父亲决定的。

8. 世界田径锦标赛3 000米决赛中，始终跑在最前面的甲、乙、丙三人中，一个是美国选手，一个是德国选手，一个是肯尼亚选手，比赛结束后得知：

(1) 甲的成绩比德国选手的成绩好。

(2) 肯尼亚选手的成绩比乙的成绩差。

(3) 丙称赞肯尼亚选手发挥出色。

以下哪一项肯定为真?

A. 甲、乙、丙依次为肯尼亚选手、德国选手和美国选手。

B. 肯尼亚选手是冠军，美国选手是亚军，德国选手是第三名。

C. 甲、乙、丙依次为肯尼亚选手、美国选手和德国选手。

D. 美国选手是冠军，德国选手是亚军，肯尼亚选手是第三名。

E. 甲、乙、丙依次为德国选手、肯尼亚选手和美国选手。

9. 当大学生被问到他们童年时代的经历时，那些记得其父母经常经历病痛的正是那些成年后本人也经常经历一些病痛（如头痛）的人。这个证据说明，一个人在儿童时代对成人病痛的观察会使其本人在成年后容易感染病痛。

下面哪项如果正确，最严重地削弱了以上论述?

A. 那些记得自己小时候常处于病痛的学生不比其他大多数学生更容易经历病痛。

B. 经常处于病痛状态的父母在孩子长大后仍然经常经历病痛。

C. 大学生比其他成年人经历的头疼等常见病痛要少。

D. 成年人能清晰地记住儿童时期病痛时周围的情形，却很少能想起孩提时代自身病痛的感觉。

E. 一个人成年时对童年的回忆，使其总是注意那些能够反映其本人成年后经历的事情。

10. 相对论的创立者爱因斯坦是左撇子，发明家富兰克林和科学家牛顿是左撇子，达·芬奇、米开朗琪罗、毕加索和贝多芬也都是左撇子。这表明，创造性研究是左撇子独特的天然禀赋。

以下哪项陈述是上述论证所依赖的假设?

A. 自福特以来的美国总统，除少数几位外都是左撇子。

B. 左撇子突出的创新研究能力并不是由教育和环境等后天因素决定的。

C. 20世纪初，中国的父母还在煞费苦心地矫正孩子惯用左手的“坏毛病”。

D. 左撇子具有一定的遗传性，例如，英国女王伊丽莎白和她的母亲都是左撇子。

E. 左撇子除了擅长创造性研究，还擅长一些其他的事情。

11. 达森集团规定，它的下属连锁分店，年营业额超过800万元的，雇员可获得年超额奖。年终统计显示，该集团所属10个连锁分店，其中7个年营业额超过800万元，其余的不足500万元。达森集团又规定，只有年营业额超过500万元的，雇员才能获得敬业奖。

如果上述断定都是真的，那么以下哪项关于该集团的断定也一定是真的？

Ⅰ. 得敬业奖的雇员，一定可得年超额奖。

Ⅱ. 得年超额奖的雇员，一定得敬业奖。

Ⅲ. 达森集团的大多数雇员都得了年超额奖。

A. 仅Ⅰ。

B. 仅Ⅱ。

C. 仅Ⅲ。

D. 仅Ⅰ和Ⅱ。

E. Ⅰ、Ⅱ和Ⅲ。

12. 某交响乐团招聘新团员，拟录用名单共有9人，其中有3个南方人，1个男士，2个20岁，2个近视眼，1个女士，1个广西人，还有1个北方人。以上涉及了全部成员。

以下各项断定都有可能解释以上陈述，除了：

A. 1个女士是北方人。

B. 1个男士是北方人。

C. 2个20岁的人都是近视眼。

D. 1个女士是广西人。

E. 1个男士不是近视眼。

13. 从前，一个孤岛上有一个奇怪的风俗：凡是漂流到这个岛上的外乡人都要作为祭品被杀掉，但允许被杀的人在临死前说一句话，然后由这个岛上的长老判定这句话是真的还是假的。如果说的是真话，则将这个外乡人在真理之神面前杀掉；如果说的是假话，则将他在错误之神面前杀掉。有一天，一位哲学家漂流到了这个岛上，他说了一句话，使得岛上的人没有办法杀掉他。

该哲学家必定说了下面哪一句话？

A. 你们这样做不合乎理性。

B. 我将死在真理之神面前。

C. 你们还讲不讲道德和良心。

D. 我将死在错误之神面前。

E. 要杀要剐，由你们决定，但上帝会惩罚你们的。

14. 软饮料制造商：我们的新型儿童软饮料莱乐可增加了钙的含量。由于钙对形成健康的骨骼非常重要，所以经常饮用莱乐可会使孩子更加健康。

消费者代表：但莱乐可中同时含有大量的糖分，经常食用大量的糖是不利于健康的，尤其是对孩子。

在对软饮料制造商的回应中，消费者代表做了下列哪一项？

A. 对制造商宣称的钙元素在儿童饮食中的营养价值提出质疑。

B. 争论说如果对制造商引用的证据加以正确考虑，会得出完全相反的结论。

C. 暗示产品制造商通常对该产品的营养价值毫不关心。

D. 怀疑某种物质是否在适度食用时有利于健康，而过度食用时则对健康有害。

E. 举出其他事实以向制造商所得出的结论提出质疑。

15. 仙客来是一种著名的观赏花卉，在气候炎热的地带很难生长。在干旱的地区很难种植水稻。在某个国家的大部分地区，或者仙客来很容易生长，或者很容易种植水稻。

以上陈述如果为真，以下哪项陈述一定为假？

A. 这个国家有一半的地区既干旱又炎热。

B. 这个国家大部分地区的气候是寒冷的。

C. 这个国家的某些地区既不炎热也不干旱。

D. 在这个国家里不可能种植仙客来。

E. 这个国家有一半的地区很干旱。

16. 美联储一直想推出第三次量化宽松货币政策（简称 QE3），以推动美国经济复苏。如果美联储推出 QE3，则全球美元供给将再次大幅增加，各国要维持汇率稳定，就不得不购买美元资产。如果各国购买美元资产，则会加大本国通货膨胀压力。如果不想输入通货膨胀，各国就要让本币升值。如果本币升值，则会抑制本国出口，导致经济滑坡。

以上陈述如果为真，以下哪项陈述一定为真？

A. 如果美联储推出 QE3，其他国家若想避免本国经济滑坡，就不要购买美元资产。

B. 其他国家或者面临输入性通货膨胀的压力，或者面临经济滑坡的危险。

C. 如果其他国家没有输入性通货膨胀，也没有本币升值，则美联储未推出 QE3。

D. 如果其他国家未遇到输入性通货膨胀的压力，就不会让本币升值。

E. 如果各国不购买美元资产，那么本国就不会有任何通货膨胀的压力。

17. 自 1945 年以来，有许多国际冲突像促成第二次世界大战的冲突一样紧张，但是没有大规模的战争发生。为解释这些，一些人认为对第二次世界大战的巨大破坏而产生的恐惧有强大的威慑作用。

下面哪一项如果正确，最能削弱上面的威慑理论？

A. 第一次世界大战之后，对未来巨大破坏的恐惧与第二次世界大战后的恐惧一样紧张。

B. 心理学家认为，对报复的恐惧使人类易于急躁。

C. 第二次世界大战远没有人们通常想象的那样有破坏性。

D. 现在和四十年前一样，害怕重蹈第二次世界大战所造成的破坏。

E. 自 1945 年以后发生的许多国际冲突中，包含了那些参加过第二次世界大战的国家。

18. 北京大学的学生经过了严格挑选。其中，有些学生是共产党员，但所有学生都不是民主党派的成员；有些学生学理科，有些学生学文科；很多学生爱好文学；有些学生今后将成为杰出人士。

以下命题都能够从前提推出，除了：

A. 并非所有北大学生都不是共产党员。

B. 有些非民主党派成员不是非北大学生。

C. 并非所有学文科的都是非北大学生。

D. 有些今后不会成为杰出人士的人不是北大学生。

E. 有些北大学生是非民主党派成员。

19. 犯罪的人主要是年轻人，由于这个原因，仅仅增加警察的数量或者仅仅增加警察服务的开支对降低犯罪率效果很小。事实上，与犯罪率降低相关的唯一因素是社会上14～30岁的人的数量得以减少。

以上发现能最好地作为哪种观点的部分反对意见？

A. 任何法律执行方案在降低犯罪率方面可能在短期内有效。

B. 被发现犯了罪的年轻人的坐牢时间日益增加。

C. 将年龄为17～19岁的人强行征募到部队。

D. 提高学生被允许离开学校的年龄。

E. 一项增加年轻人参加的休闲和教育活动数量的计划。

20. 经公安机关讯问，已知下列判断为真：

(1) 若甲和乙都是杀人犯，则丙是无罪的。

(2) 丙有罪，并且丁的陈述正确。

(3) 只有丁的陈述不正确，乙才不是杀人犯。

由此可以推出下列哪项是正确的？

A. 甲、丙是杀人犯。

B. 丙、丁是杀人犯。

C. 甲不是杀人犯，乙是杀人犯。

D. 甲是杀人犯，乙不是杀人犯。

E. 乙、丙是杀人犯。

21. 胼胝体是将大脑两个半球联系起来的神经纤维集束。平均而言，音乐家的胼胝体比非音乐家的胼胝体大。成年的非音乐家和7岁左右开始训练的成年音乐家的胼胝体在体积上的区别特别明显。因此，音乐训练，特别是从幼年开始的音乐训练，会导致大脑结构上的某种变化。

以下哪一项是上面论证所依赖的假设？

A. 在音乐家开始训练之前，他们的胼胝体并不比同年龄的非音乐家的胼胝体大。

B. 在生命晚期进行的音乐训练不会引起大脑结构上的变化。

C. 对任何两个从7岁左右开始训练的音乐家而言，他们的胼胝体有差不多相同的体积。

D. 成年的非音乐家在其童年时代没有参与过任何能够促进胼胝体发育的活动。

E. 成年的音乐家和成年的非音乐家在胼胝体体积上没有区别。

22. 没有人爱每一个人；牛郎爱织女；织女爱每一个爱牛郎的人。

上述断定如果为真，则以下哪项不可能为真？

Ⅰ. 每一个人都爱牛郎。

Ⅱ. 每一个人都爱一些人。

Ⅲ. 织女不爱牛郎。

A. 仅Ⅰ。

B. 仅Ⅲ。

C. 仅Ⅰ和Ⅲ。

D. 仅Ⅱ和Ⅲ。

E. Ⅰ、Ⅱ和Ⅲ。

23. 两个实验大棚里种上相同数量的黄瓜苗，在第一个大棚里施加镁盐但在第二个里不加。第一个大棚产出了10公斤黄瓜而第二个产出了5公斤黄瓜。由于除了水以外没有向大棚施加任何别的东西，第一个大棚产量较高一定是由于镁盐。

以下哪项如果为真，最严重地削弱了上述论证？

A. 两个实验大棚的土壤里都有少量镁盐。

B. 第三个实验大棚施加了一种高氮肥料但没有加镁盐，产出了7公斤黄瓜。

C. 两个实验大棚里都种植了四个不同的黄瓜品种。

D. 两个实验大棚里还种植了其他的蔬菜。

E. 两个实验大棚的土质和日照量不同。

24. 如果人体缺碘，就会发生甲状腺肿大，俗称“大脖子病”。过去我国缺碘人口达7亿多，从1994年起我国实行食盐加碘政策。推行加碘盐十多年后，大脖子病的发病率直线下降，但在部分地区，甲亢、甲状腺疾病却明显增多。有人认为，食盐加碘是导致国内部分地区甲状腺疾病增多的原因。

以下陈述如果为真，哪一项能给上述观点最强的支持？

A. 某项调查表明，食盐加碘8年的乡镇与未加碘乡镇相比，其年均甲亢发病率明显增加。

B. 甲亢、甲状腺炎等甲状腺疾病患者应该禁食海产品、含碘药物和加碘食盐。

C. 目前，我国在绝大多数高碘地区已经停止供应加碘食盐。

D. 我国沿海地区居民常吃海鱼、海带、紫菜等，这些海产品含有丰富的碘。

E. 食盐加碘之后，又相继出现了加铁、加锌的食盐。

25～26题基于以下题干：

一家剧院计划在秋季的7周内上演7个剧目，它们是F、G、J、K、O、R、S。每周上演一个剧目，每个剧目恰好演出一周。剧目的安排必须满足以下条件：

(1) G必须在第三周上演。

(2) O和S不能连续演出。

(3) K必须安排在J和S之前上演。

(4) F和J必须安排在连续的两周中演出。

25. 如果把F安排在第五周上演，以下哪项准确列出了所有可以安排在第七周上演的剧目？

A. O、R、S。

B. K、O、R。

C. J、S。

D. O、R。

E. R、S。

26. 如果把R安排在第五周，把O安排在第二周，则可供选择的安排方式有：

A. 6种。　B. 5种。　C. 3种。　D. 2种。　E. 4种。

27. 癌症患者只要接受化疗，就会承受很强的副作用，而化疗的副作用会导致癌症患者抵抗力下降，因此，抵抗力下降的人容易患癌症。

以下哪项与上文中的推理方式最接近？

A. 学生只要努力学习，成绩就会有很大提高，而成绩提高了，就能够评上奖学金，所以，努力学习就能评上奖学金。

B. 只有物理学家才懂得相对论，只有懂得相对论，才能从事相关研究。王先生是从事相对论相关研究工作的，所以他一定懂得相对论。

C. 如果巴拉克上场，德国队就一定会赢，德国队如果赢了，就能够获得高额奖金，所以当德国队获得高额奖金时，巴拉克一定上场了。

D. 老田是小田的爸爸，大田是老田的弟弟，所以，大田是小田的叔叔。

E. 只要甲犯罪，他就有犯罪时间和条件，并且有犯罪动机，现在甲有犯罪时间和条件，但没有犯罪动机，所以，他可能犯罪，也可能没犯罪。

28. A、B、C、D四个人分别住在18层高的公寓里，他们的名字分别叫甲、乙、丙、丁。现知道：

(1) A住的层数比C住的层数高，但比D住的层数低。

(2) B住的层数比丙住的层数低。

(3) D住的层数恰好是乙住的层数的5倍。

(4) 如果甲住的层数增加2层，那么她与丙相隔的层数恰好和她与丁相隔的层数一样。

(5) 甲住的层数是乙和丙住的层数之和。

根据上述情况，甲住哪一层？

A. 3层。

B. 5层。

C. 8层。

D. 12层。

E. 15层。

29. 李教授说：矿泉水比纯净水含有更多的矿物质，所以，经常饮用矿泉水的人会增加患肾结石的危险，因为矿物质会在肾脏里沉淀。

以下哪项最能削弱李教授的论证？

A. 有些矿物质也是人体所必需的。

B. 形成肾结石的只是某些种类的矿物质。

C. 矿物质在肾脏里沉淀的原因是肾功能出现了问题。

D. 有些经常饮用纯净水的人也有肾结石。

E. 在平常的饭菜里也含有矿物质。

30. 一项关于办公人员的调查显示，经常在电脑显示器前工作的办公人员比起其他办公人员更易出现经常性的头痛，因此经常在电脑显示器前工作会导致头痛。

以下哪项陈述最能反驳以上结论？

A. 参与调查的办公人员中只有一小部分参加了当年的体检。

B. 调查报告没有区分剧烈头痛和轻微头痛。

C. 从前的研究表明电脑显示器的屏幕射线会导致视觉疲劳。

D. 比起其他办公人员，那些经常感到头痛的办公人员可能过高地估计了自己在电脑显示器前的工作时间。

E. 经常在电脑显示器前工作的办公人员和不经常在电脑显示器前工作的办公人员有着相同的工作压力。

模拟试题十七

1. 人吃的精制糖以及消化后分解为糖的食物是血液中几乎所有葡萄糖的来源。然而，虽然咖啡在消化过程中并不分解为糖，但有时候也可以使人体内的血糖浓度急剧上升，尽管咖啡中并没有加奶油或其他甜味剂。

下面哪一项如果正确，最有助于解释咖啡对血糖浓度的作用？

A. 在吃过饭后，人们常常喝咖啡，饭一般是由几种在消化时迅速分解为糖的食物组成的。

B. 一小时内喝超过2杯咖啡，就会增加人的压力，人体对压力产生反应，把储存的葡萄糖释放到血液中。

C. 极少吃含精制糖食物的人往往比喜欢吃很多这类食物的人的血糖浓度还要高。

D. 对许多人来讲，吃一块巧克力蛋糕与喝杯清咖啡具有同样的刺激效果。

E. 常坐办公室的人与从事体力劳动的人相比，前者更有可能喝大量的咖啡，血糖浓度更高。

2. 老李为儿子小李的英语成绩差、考试总不及格而深感忧虑，虽然家庭经济并不宽裕，仍为小李请了一位英语家教。可是，在上学期的期末考试中，小李的英语仍未及格。可见，英语家教对提高小李的英语成绩并没有什么作用。

以下哪项如果是真的，最能削弱上述结论？

A. 这位英语家教是由一位著名的英语教授推荐的。

B. 这位英语家教是一所著名大学的英语尖子生，曾在市英语竞赛中得过一等奖。

C. 这位英语家教过去曾做过几次家教，而且效果都很不错。

D. 如果不请英语家教，上学期期末考试小李的英语成绩会更差。

E. 小李太贪玩，学习太不专心，连班主任老师对他都很头痛，英语家教就更管不住他了。

3. 在美国西部的公共土地放牧没有给这一地区带来广泛的环境危害，否则那片土地的环境条件就不会改善。目前此地区的公共土地只有14%被认为植被覆盖不足并因此而环境恶化，然而，在20世纪30年代，却有36%的土地植被覆盖不足。

以下哪项如果为真，最严重地削弱了上述论证？

A. 美国西部的私有土地比公共土地植被茂盛，在私有土地上牧养的牛群膘肥体壮。

B. 20世纪30年代以后，在美国西部公共土地上的娱乐对环境造成的破坏比在此放牧造成的破坏严重得多。

C. 20世纪30年代，一场罕见的破坏性强的干旱席卷了美国西部绝大部分公共土地所在的地区。

D. 牧主租用公共土地放牧所交纳的佣金只是租用同样面积私有土地所交纳佣金的一小部分。

E. 20 世纪 30 年代以来，美国政府购买的土地相对较多。

4. 某公司员工都具有理财观念。有些购买基金的员工买了股票，凡是购买地方债券的员工都买了国债，但所有购买股票的员工都不买国债。

根据以上前提，以下哪项一定为真？

A. 有些购买了基金的员工没有买地方债券。

B. 有些购买了地方债券的员工没有买基金。

C. 有些购买了地方债券的员工买了基金。

D. 有些购买了基金的员工买了国债。

E. 有些购买了基金的员工买了地方债券。

5. 人们花钱购买名牌产品时，不是为了产品的质量，而往往是为了品牌的名声，希望通过品牌的名气提高自己的身份。某企业就是要靠其名牌产品“独一无二”的魅力来保持其销售额的不断增长。

以上所述，最能支持以下哪项结论？

A. 购买名牌产品的消费者越来越少了。

B. 必须扩大市场来提高企业利润。

C. 不必采用薄利多销的营销策略。

D. 应当降低产品的生产成本。

E. 经常注意产品本身的质量问题。

6. 对某种溃疡最常用的一种疗法可在六个月内把 44%的患者的溃疡完全治愈。治疗这种溃疡的一种新疗法在六个月的试验中，有 80%的溃疡患者有明显的好转，61%的溃疡患者痊愈。由于在试验中治疗的溃疡比平均的病情更严重，因此，这种新的疗法显然在疗效方面比最常用的疗法更显著。

对以下哪个问题的回答最有助于评价上述论证？

A. 如果这两种治疗方法所采用的手段有所不同，其中有何差别？

B. 使用这两种治疗方法的成本是否存在很大差别？

C. 在六个月内用最常用的疗法医治该种溃疡的患者中，取得明显好转的比例是多少？

D. 如果对这种溃疡不进行医治的话，其病情明显恶化的速度有多快？

E. 在参加六个月新疗法试验的患者中，有多大比例的患者对好转的比例不满意？

7. 某电路中有 S、T、W、X、Y、Z 六个开关，使用这些开关必须满足下面的条件：

(1) 如果 W 接通，则 X 也要接通。

(2) 只有断开 S，才能断开 T。

(3) T 和 X 不能同时接通，也不能同时断开。

(4) 如果 Y 和 Z 同时接通，则 W 也必须接通。

如果现在同时接通 S 和 Z，则以下哪项一定为真？

A. T 和 Y 都是接通状态。

B. W 和 T 都是接通状态。

C. T 和 Y 都是断开状态。

D. X是接通状态并且Y是断开状态。

E. T是接通状态并且Y是断开状态。

8. 1975年以来，美国的麻疹等传统儿童疾病的发病率已经有了显著的下降。这一下降的同时伴随着儿童中彼特逊病——一种迄今为止罕见的病毒感染——发病率的上升。但是，很少有成年人被这种疾病侵袭。

下面哪项如果正确，最有助于解释儿童中彼特逊病发病率的上升？

A. 遗传因素部分决定了一个人易受导致彼特逊病的病毒感染的程度。

B. 传统儿童疾病的减少和与之相随的彼特逊病的增加没有在其他任何国家发现。

C. 得过麻疹的儿童形成了对导致彼特逊病的病毒的免疫力。

D. 儿童时期没有得麻疹的人到成年时可能得麻疹，在这种情况下疾病的后果一般会更加严重。

E. 那些得了彼特逊病的人得水痘的危险增加了。

9. 有些高校教师有博士学位，所以，获得博士学位的有些人具有很高的教学和科研水平。

为保证以上论证成立，以下哪项必须为真？

A. 所有具有很高的教学和科研水平的人都是高校教师。

B. 所有高校教师的教学和科研水平都很高。

C. 有些高校教师的教学和科研水平很高。

D. 有些具有很高的教学和科研水平的高校教师没有获得博士学位。

E. 有些获得博士学位的高校教师教学和科研水平一般。

10. 在一种网络游戏中，如果一位玩家在A地拥有一家旅馆，他就必须同时拥有A地和B地。如果他在C花园拥有一家旅馆，他就必须拥有C花园以及A地和B地两者之一。如果他拥有B地，他还拥有C花园。

假如该玩家不拥有B地，可以推出下面哪一个结论？

A. 该玩家在A地拥有一家旅馆。

B. 该玩家在C花园拥有一家旅馆。

C. 该玩家拥有C花园和A地。

D. 该玩家在A地不拥有旅馆。

E. 该玩家拥有C花园。

11. 传统观点认为，导致温室效应的甲烷多半来自湿地和反刍动物的消化道，殊不知能够吸收二氧化碳的绿色植物也会释放甲烷。科学家发现的惊人结果是：全球绿色植物每年释放的甲烷量为0.6亿～2.4亿吨，占全球甲烷总排放量的10%～40%，其中2/3左右来自植被丰富的热带地区。

以下各项陈述，除哪项陈述外，都可以支持科学家的观点？

A. 如果不考虑绿色植物，排除其他所有因素后，全球仍有大量甲烷的来源无法解释。

B. 德国科学家通过卫星观测到热带雨林上空出现的甲烷云层，这一现象无法用已知的全球甲烷来源加以解释。

C. 美国化学家分析取自委内瑞拉草原的空气样本并得出结论：该地区植被释放的甲烷量为0.3亿～0.6亿吨。

D. 有科学家强调，近期的甲烷含量增加，全球气候变暖与森林无关，植被是无辜的。

E. 实验发现，当一块空地上栽满绿色植物时，这块空地的甲烷排放量增加。

12. 实际上，最后一次选民调查的所有应答者都表示支持两个主要政党中的一个政党。但来自两个政党的选民中都有超过1/3的人表示不满意两党的统治哲学，如果有第三个主要政党存在，他们可能会加入。即使该民意测验反映了一般选民的情绪，然而成立一个新党，它也没有机会赢得1/3的投票者，因为________

以下哪项能最合乎逻辑地完成以上论述？

A. 目前对两个主要党派统治哲学的不满情绪的程度是史无前例的。

B. 对两个主要政党不满的成员被完全不同的统治哲学吸引。

C. 大多数响应者除了那个比例高于50%的以外，高估了对两党不满的投票者的比例。

D. 将近一半的响应者认为他们更可能放弃投票而不是改变他们所效忠的党派。

E. 任何新党派可能激励以前没有投票的公民参加并成为通常投票者。

13. 王先生举办的生日晚宴有客人缺席，王先生说："小李、老赵、小潘和老马四个人中最多来了两人。"王太太说："亲爱的，我认为你说得不对，我认为你说的与实际情况不一样。"

如果王太太说得不对，以下哪项不是真的？

A. 小李、老赵、小潘和老马四个人中最少来了两个。

B. 小李、老赵、小潘和老马四个人都没来。

C. 小李、老赵、小潘和老马四个人都来了。

D. 除了小李、老赵、小潘和老马四个人以外，其他人都来了。

E. 如果小李、老赵来了，那么小潘和老马也来了。

14. 在美国商界，有很多人反对政府对商业的干预。他们认为，这种干预提高了商业成本，削弱了有益的竞争，最终对企业和公众都不利。他们列举了货车运输业、航空业和电讯业这样一些行业，在这些行业中非干预政策带来了明显的经济效益。但这些人所持的观点忽略了诸如金融业这样一些行业，政府干预在这些行业中是至关重要的。事实上在20世纪30年代，如果没有政府的干预，金融业这个行业的某些部分会彻底崩溃。

以下哪项最为恰当地指出了题干所使用的方法？

A. 通过反例来驳斥对方的观点。

B. 指出对方的观点中存在着前后矛盾。

C. 对对方立论的动机提出疑问。

D. 对对方论据的真实性提出质疑。

E. 指出对方在论证中运用的是不正确的推理。

15. 尽管冬天来临了，然而工业消费者使用的石油价格今年特别低，并且可能会保持下去。所以，除非冬天特别严寒，工业消费者使用的天然气价格也可能会保持在低水平。

以下哪项如果为真，最能支持上述结论？

A. 长期天气预报预测会有一个温和的冬季。

B. 消费大量天然气的工业用户可以很快地和便宜地转换到石油这种替代品。

C. 石油和天然气二者的最大供给来源地在亚热带地区，不大可能受冬季气候的影响。

D. 天然气的工业用户的燃料需求量不会受气候的严重影响。

E. 石油销售比天然气销售更易受到恶劣气候的影响。

16. 丹丹、小颖、淑珍去参加奥林匹克竞赛。奥林匹克竞赛有数学、物理和化学三种，每人只参加一种。建国、小杰、大牛作了以下猜测：

建国：丹丹参加了数学竞赛，小颖参加了物理竞赛。

小杰：淑珍没参加物理竞赛，小颖参加了数学竞赛。

大牛：丹丹没参加数学竞赛，小颖参加了化学竞赛。

如果他们的猜测都对了一半，则以下哪项为真？

A. 丹丹、小颖、淑珍分别参加数学、物理和化学竞赛。

B. 丹丹、小颖、淑珍分别参加物理、数学和化学竞赛。

C. 丹丹、小颖、淑珍分别参加数学、化学和物理竞赛。

D. 丹丹、小颖、淑珍分别参加化学、数学和物理竞赛。

E. 丹丹、小颖、淑珍分别参加化学、物理和数学竞赛。

17. 计算机科学家已经发现被称为“阿里巴巴”和“四十大盗”的两种计算机病毒。这些病毒常常会侵入计算机系统文件中，阻碍计算机文件的正确储存。幸运的是，目前还没有证据证明这两种病毒能够完全删除计算机文件，所以，发现有这两种病毒的计算机用户不必担心自己的文件被清除掉。

以上论证是错误的，因为它________

A. 没有考虑这一事实：没有被证明的因果关系，人们也可以假定这种关系的存在。

B. 没有考虑这种可能性：即使尚未证明因果关系的存在，这种关系也是存在的。

C. 并没有说明计算机病毒删除文件的技术机制。

D. 用仅仅是对结论加以重述的证据来支持它的结论。

E. 没有把这些病毒的传播途径搞清楚。

18. 公共教育现在存在一种被诊断为过分统治社会的弊病。这种弊病否认了父母亲对其孩子所接受教育的控制，曾经被父母亲拥有的权利移到了专职的教育者身上。由于学校越来越集中和官僚化，这种弊病加重了。

下面哪一项如果正确，削弱了父母亲的控制继续受到削弱的论断？

A. 由于社区压力的结果，越来越多的学校管理员遵循父母的建议。

B. 虽然学生数量下降，老师的数量在过去的10年内却大幅增加。

C. 为改变学校课程而游说的家长组织通常是不成功（无效）的。

D. 更多的学校董事局成员由学校管理人员指定，而不是由公众选举。

E. 在过去二十年里，在美国州内课程计划的使用增加了。

19. 机关的工作人员小张、小王、小李和小周四人中只有一人迟到，当主任问是谁迟到时，他们作了如下回答。

小张：是小李迟到。

小王：我虽然比平时来得晚，但没有迟到。

小李：我不但没迟到，而且还提早来了。

小周：如果小王没迟到，那就是我迟到了。

如果他们中只有一个人说了谎，则以下哪项成立？

A. 小张迟到。

B. 小李迟到。

C. 小王迟到。

D. 小周迟到。

E. 不能推出谁迟到。

20. 如果高层管理人员本人不参与薪酬政策的制定，公司最后确定的薪酬政策就不会成功。另外，如果有更多的管理人员参与薪酬政策的制定，告诉公司他们认为重要的薪酬政策，公司最后确定的薪酬政策将更加有效。

以上陈述如果为真，则以下哪项陈述不可能有假？

A. 除非有更多的管理人员参与薪酬政策的制定，否则，公司最后确定的薪酬政策不会成功。

B. 或者高层管理人员本人参与薪酬政策的制定，或者公司最后确定的薪酬政策不会成功。

C. 如果高层管理人员本人参与薪酬政策的制定，公司最后确定的薪酬政策就会成功。

D. 如果有更多的管理人员参与薪酬政策的制定，公司最后确定的薪酬政策就会更加有效。

E. 只有有更多的管理人员参与薪酬政策的制定，公司最后确定的薪酬政策才会更加有效。

21. 违反道德的行为是违背人性的，而所有违背人性的事都是一样地坏。因为杀人是不道德的，所以杀死一个人和杀死一百人是一样地坏。

以下哪项陈述的观点最符合上文所表达的原则？

A. 牺牲一人救了一个人，与牺牲一人救了一百人是一样地高尚。

B. 抢劫既是不道德的，也是违背人性的，它与杀死一个人是一样地坏。

C. 在只有杀死一人才能救另一人的情况下，杀人与不杀人是一样地坏。

D. 强奸既然是不道德的，社会就应该像防止杀人那样来防止强奸。

E. 过失杀人与故意杀人是一样地坏。

22. 延长的不合季节的霜冻会在生长的温带的落叶树上产生霜冻年轮。在南极洲发现的落叶树的化石中没有一个有霜冻年轮。因此，在南极洲，当这些已形成化石的树木生长的时候，不大可能发生这种霜冻的现象。

以上论述依据下面哪个假设？

A. 南极洲的一些形成化石的非落叶性树木上有霜冻年轮。

B. 落叶树比其他树种更容易产生霜冻年轮。

C. 形成化石的过程不会使落叶树中的霜冻年轮完全模糊。

D. 现在的落叶树比古代南极洲的落叶树对温度的变化更敏感。

E. 在现已成为化石的树木还生存着的时期，在南极洲发生的延长的不合季节的霜冻不总是在落叶树上产生霜冻年轮。

23. 某城市的房地产开发商只能通过向银行直接贷款或者通过预售商品房来筹集更多的开发资金。政府不允许银行增加对房地产业的直接贷款，结果使得该市的房地产开发商无法筹集到更多的开发资金，因为________

以下哪个选项能够合乎逻辑地完成上述论证？

A. 有的房地产开发商预售商品房携款潜逃，使得工程竣工遥遥无期。

B. 中央银行取消了商品房预售制度。

C. 建筑施工企业不愿意垫资施工。

D. 部分开发商销售期房后延期交房，使得很多购房者对开发商心存疑惑。

E. 政府对房地产业的支持大大降低。

24. 在某大学的某届校友会中，有 10 个会员是湖南籍的。毕业数年后这 10 个同学欢聚一堂，发现他们之中没有人给 3 个以上的同乡会员写过信，给 3 个同乡会员写过信的人只有 1 人，仅给 2 个同乡会员写过信的只有 3 人，仅给 1 个同乡会员写过信的有 6 人，仅有 1 个会员收到了 4 个同乡会员的来信。

如果上述断定为真，以下各项关于这 10 个会员之间通信的断定中，哪项一定为真？

Ⅰ. 每人都给其他同乡会员写过信。

Ⅱ. 每人都收到其他同乡会员的来信。

Ⅲ. 至少有一个会员没给所收到的每封来信复信。

A. 只有Ⅰ。

B. 只有Ⅱ。

C. 只有Ⅲ。

D. 只有Ⅰ和Ⅲ。

E. Ⅰ、Ⅱ和Ⅱ。

25. 有六位学者老柯、老李、老米、老倪、老欧和老平，他们每个人都要作一场报告。3 个在午饭前，3 个在午饭后。报告的顺序必须遵守以下条件：老李的报告必须紧接在老米之后，他们的报告不能被午饭隔断；老倪必须第一个或最后一个作报告。

老李可以被安排到以下位置作报告，除了：

A. 第二个。

B. 第三个。

C. 第四个。

D. 第五个。

E. 第六个。

26. 四个足球队进行单循环比赛，每两队都要赛一场。如果踢平，每队各得 1 分，否则胜队得 3 分，负队得 0 分。比赛结果，各队的总得分恰好是四个连续的自然数。

输给第一名的队的总分是多少？

A. 1。

B. 2。

C. 3。

D. 4。

E. 5。

27. 一个随机抽取的顾客样本群体对一项市场调查中的问题做了回答。6 个月后，另一个随机抽取的顾客样本群体回答了相同的问题，只是问题排列的顺序有所调整。两组样本对许多单个问题的回答方式有很大的差别，这表明有时只因排在前面的问题不同就会导致对后面问题的不同回答。

上述论证依赖以下哪项假设?

A. 对问题的重新排列并没有使 6 个月前的每一个问题的前后顺序都发生变化。

B. 回答市场调查问题的顾客 6 个月后通常记不住他们当初的回答。

C. 第二次调查的目的是使市场调查更加精确。

D. 顾客不会在一年中的不同时间对这些问题作出不同的回答。

E. 第一次调查样本中的顾客与第二次调查样本中的顾客不是完全不同的。

28～29 题基于以下题干:

在一项庆祝活动中，一名学生依次为 1、2、3 号旗座安插彩旗，每个旗座只插一杆彩旗，这名学生有三杆红旗、三杆绿旗和三杆黄旗。安插彩旗必须符合下列条件:

如果 1 号安插红旗，则 2 号安插黄旗。

如果 2 号安插绿旗，则 1 号安插绿旗。

如果 3 号安插红旗或者黄旗，则 2 号安插红旗。

28. 如果 1 号安插黄旗，以下哪项陈述不可能为真?

A. 3 号安插绿旗。

B. 2 号安插红旗。

C. 2 号安插绿旗。

D. 3 号安插红旗。

E. 2 号安插黄旗。

29. 以下哪项陈述如果为真，能确定唯一的安插方案?

A. 1 号安插红旗。

B. 2 号安插红旗。

C. 2 号安插黄旗。

D. 3 号安插黄旗。

E. 1 号安插绿旗。

30. 科学家在克隆某种家蝇时，改变了家蝇的某单个基因，如此克隆出的家蝇不具有紫外视觉，因为它们缺少使家蝇具有紫外视觉的眼细胞。而同时以常规方式（未改变基因）克隆出的家蝇具有正常的视觉。科学家由此表明，不具有紫外视觉的这种家蝇必定在这个基因上有某种缺陷或损坏。

以下哪项陈述是这个论证所需要的假设?

A. 科学家已经很好地理解了家蝇的基因与其视觉之间的关系。

B. 这种家蝇在生成紫外视觉细胞时不需要其他的基因。

C. 所有种类的家蝇都具有紫外视觉。

D. 除缺少紫外视觉细胞外，改变这个基因对家蝇没有其他影响。

E. 每一种生物所能够接收的光频率范围不同，所以有些动物得靠紫外线看清楚物体。

模拟试题十八

1. 近代法国思想家帕斯卡曾这样论证说：或者有一个基督教的上帝，或者没有。假设你相信上帝存在，并按基督教的方式生活，那么，如果上帝确实存在，你将得到无尽的福祉；如果上帝不存在，你所失去的东西也非常少。但是，假设你不相信上帝存在，且不按基督教的方式生活，如果上帝确实不存在，你不会失去什么；如果上帝确实存在，你会受到无尽的惩罚。所以，不必再犹豫了，选择相信上帝存在并按基督教的方式去生活吧。

以下哪项最合理地说明了此论证的逻辑漏洞？

A. 该论证错误地预设一个人可以随意选择相信还是不相信上帝存在。

B. 帕斯卡使信仰变了质，把信仰变成了有关自我利益计算的问题。

C. 假如上帝不存在，我们却选择相信上帝，这会导致我们对世界的错误认知，稀里糊涂地度过一生。

D. 这个世界有多种宗教，每种宗教都有法力无边的神（上帝），都会对不信仰自己的人施加无限的惩罚。

E. 该论证以自己的思维想象上帝的思维，是一种主观性的错误。

2. 一项研究发现，1970 年调查的孩子中有 70%曾经有过牙洞，而在 1985 年的调查中，仅有 50%的孩子曾经有过牙洞。研究者们得出结论，在 1970—1985 年这段时间内，孩子们中的牙病比率降低了。

下列哪项如果为真，最能削弱上面研究者们得出的结论？

A. 牙洞是孩子们可能得的最普通的一种牙病。

B. 被调查的孩子来自不同收入背景的家庭。

C. 被调查的孩子是从那些与这些研究者进行合作的老师的学生中选取的。

D. 1970 年以来，发现牙洞的技术水平得到了突飞猛进的提高。

E. 平均来说，1985 年调查的孩子要比 1970 年调查的孩子的年龄要小。

3. 一些投机者是乘船游玩的热心人。所有的商人都支持沿海工业的发展。所有热心乘船旅游的人都反对沿海工业的发展。

据此可知以下哪项一定成立？

A. 有一些投机者是商人。

B. 一些商人热心乘船游玩。

C. 一些投机者支持沿海工业的发展。

D. 一切投机者不支持沿海工业的发展。

E. 商人对乘船游玩不热心。

4. 某工厂实验室对三种产品 A、B、C 进行撞击和拉伸测试，能通过这两种测试的产品就是合格品。结果有两种产品通过了撞击测试，有两种产品通过了拉伸测试。

根据上述测试，以下哪项一定为真？

A. 有两种产品是合格品。

B. 至少有一种产品是合格品。

C. 还应该进行其他测试。

D. 有可能三种产品都不是合格品。

E. 产品 A 是合格品。

5. 家园小区的每栋住宅楼旁边都有地面停车位，并且都是按照与住户 1∶1 的比例设置的。

如果上述断定为真，则以下哪项一定为真？

Ⅰ. 家园小区有的住宅楼有停车位。

Ⅱ. 如果一栋住宅楼的旁边有按照与住户 1∶1 的比例设置的地面停车位，那么这栋住宅楼就是家园小区的。

Ⅲ. 如果一栋住宅楼的旁边有按照与住户 1∶2 的比例设置的地面停车位，那么这栋住宅楼就不是家园小区的。

A. 仅Ⅰ。

B. 仅Ⅱ。

C. 仅有Ⅰ和Ⅱ。

D. 仅Ⅰ和Ⅲ。

E. Ⅰ、Ⅱ和Ⅲ。

6. 小李在推销某饮料时说：这种饮料含有一些人体必需的营养成分，所以不喝这种饮料就会缺乏这些必需的营养。

以下哪项最能削弱小李的推销力度？

A. 在日常的饮食中也有这些必需的营养。

B. 喝了这种饮料不一定能得到这些必需的营养。

C. 这种饮料含有食品添加剂。

D. 这种饮料中的营养成分是人工合成的。

E. 有不少不喝这种饮料的人的身体也是健康的。

7. 在关于公务员要不要实行末位淘汰制的争论中，张宏的论点是：实行末位淘汰制，能促使人们积极工作，从而提高机关的工作效率。金晶的观点是：问题在于若一个公务员已经完成了自己的本职工作，是否还应该被淘汰。

在一些机关试行了末位淘汰制后，确实提高了工作效率。

以下哪项最为恰当地评价了这一事实对两人所持观点的影响？

A. 两人的观点都未受到影响。

B. 只有张宏的观点得到加强。

C. 两人的观点都得到加强。

D. 只有金晶的观点得到加强。

E. 张宏的观点得到加强，金晶的观点受到削弱。

8. 地方政府在拍卖土地时，有一个基本的价格，叫作“土地基价”；拍卖所得超出土地基价的金额与土地基价之比，叫作“溢价率”。溢价率的高低标志着土地市场和楼市的热度。B市有一块地，今年第一次上市过程中，因溢价率将创新高而被临时叫停。第二次上市最终以低于第一次上市的溢价率成交，但成交的总金额却超出了第一次可能达到的数额。

以下陈述如果为真，哪一项最好地解释了上述看似不一致的现象？

A. B市的这块地在第二次上市时，政府上调了它的土地基价。

B. 今年B市实行了全国最严格的房地产调控政策。

C. 目前拍卖土地所得是地方政府重要的财政来源。

D. B市的这块地在第二次上市时，开发商的竞争程度远比第一次激烈。

E. 地方政府在土地拍卖中获取的暴利是惊人的。

9. 对美国和苏联的每英亩平均粮食产量进行的一次为期10年的对比分析结果表明，当仅以种植面积进行比较时，苏联的平均亩产量是美国的68%。但当对农业总面积（包括种植面积和休耕面积）进行比较时，苏联的平均亩产量是美国的114%。

根据以上信息，关于美国与苏联在这10年间的农业情况，下面哪项可以最可靠地推断出来？

A. 美国农业总面积中休耕地的比例要大于苏联。

B. 美国休耕地面积多于耕地面积。

C. 苏联闲置的可用农业面积要比美国少。

D. 苏联的耕种面积多于休耕地面积。

E. 苏联的粮食产量比美国少。

10. 私有企业通过提供高薪来吸引具有较强能力的专业人才。这一措施导致的结果是，大多数受雇于私有企业的专业人才的收入比相同层次但在国有企事业单位工作的专业人才高出60%。所以，除非国有企事业单位雇佣的专业人才更多的是被对公众和公益事业的责任感而不是个人利益驱使，否则国有企事业单位有可能使它的相当一部分专业人才流失到私有企业，因为这些专业人才没有在私有企业中找不到工作的。

上述推理基于以下哪项假设？

A. 国有企事业单位的专业人才的成就不如在私有企业工作的专业人才的工作成就被承认程度高。

B. 现在，在国有企事业单位工作的专业人才没有人比受雇于私有企业的专业人才赚到的钱多。

C. 国有企事业单位雇佣的具有特殊技能的专业人才的数量没有私有企业中的任何一个大公司所雇佣的此类人才多。

D. 在私有企业工作的专业人才平均工作时间普遍比在国有企事业单位工作的专业人才要长。

E. 国有企事业单位不给为其工作的专业人才提供优越的工作条件，或者是不支付超过这些专业人才由于较低的工资而获得补偿的额外福利。

11. 某届“百花奖”评选结束了。甲电影制片厂拍摄的《黄河颂》获得最佳故事片奖，乙电影制片厂拍摄的《孙悟空》获得最佳美术片奖，丙电影制片厂拍摄的《白娘子》获得最佳戏曲片奖。授奖大会以后，甲厂的导演说：“真是有趣得很，我们三个人的姓分别是三部片名的第一个字，而且，我们每个人的姓同自己所拍的片子片名的第一个字又不一样。”这时候，另一个姓孙的导演笑着说：“真是这样!”

基于以上信息，可推出这三部片子的导演各姓什么?

A. 甲厂导演姓孙，乙厂导演姓白，丙厂导演姓黄。

B. 甲厂导演姓白，乙厂导演姓黄，丙厂导演姓孙。

C. 甲厂导演姓孙，乙厂导演姓黄，丙厂导演姓白。

D. 甲厂导演姓白，乙厂导演姓孙，丙厂导演姓黄。

E. 甲厂导演姓黄，乙厂导演姓白，丙厂导演姓孙。

12. 在十多年前进入国营航空公司就职的飞行员中，那些后来转入民营航空公司的人现在通常年薪会超过百万，而仍然留在国营航空公司的飞行员年薪一般不超过 60 万元。这些数据表明，国营航空公司飞行员的薪酬过低。

以下哪项陈述是上述结论需要的假设?

A. 绝大多数转入民营航空公司的飞行员认为国营航空公司的薪酬太低。

B. 那些转入民营航空公司的飞行员总体上级别更高、工作能力更强。

C. 如果那些仍然留在国营航空公司的飞行员也选择去了民营航空公司，那他们的年薪也会超过百万。

D. 民营航空公司的飞行员和国营航空公司的飞行员每年的飞行里程大致相同。

E. 飞行员的薪酬不仅同飞行级别有关，还同机型、航线有关。

13. 传统看法认为，《周易》八卦和六十四卦卦名的由来或是取象说，或是取义说，不存在其他的解释。取象说认为八卦以某种物象的名来命名。比如乾卦之象为天，乾即古时的天字，故取名为乾。取义说认为卦象代表事物之理，取其义理作为一卦之名。比如坤卦之象纯阴，阴主柔顺，故此卦名为坤，坤即柔顺之义。

以下哪一项陈述为真，最严重地动摇了卦名由来的传统看法?

A. 乾坤两卦之所以居六十四卦之首，是因为乾卦代表天，坤卦代表地，天地相交，万物才得以生。

B. 卦名不能单靠取象说来解释，也不能单靠取义说来解释，只有将二者结合起来，才能给出所有卦名的解释。

C. 卦名的由来虽然有诸多不同的解释，但万变不离其宗，或者归属于取象说，或者归属于取义说。

D. 卦名出自卦辞记述的所占之事，坤卦占问的是失马之事，当初筮得☷象，认为牝马驯良可以找到，便取名为坤。

E. 虽然卦名的由来到底是取象说还是取义说有争议，但其他解释并不存在。

14. 英国的一项实验发现：把母狗和他们的幼仔分开后，将这些幼仔混入一群同类的成年狗和幼仔中去，然后再把母狗放入狗群。母狗很快就和自己的幼仔会合到一起。研究表明，狗身上的体味是它们互相辨认的依据，而幼仔无法区分自己母亲与其他母狗身上的味道。因此，每只母狗都能够分辨出自己幼仔的体味。

上述论证采用了以下哪种论证方法?

A. 在对某种现象的两种可供选择的解释中，通过排除其中的一种，来确定另一种。

B. 通过对发生现象的客观描述，支持关于某个可能发生现象的假说。

C. 说明某一特殊情况，以论证一个规律。

D. 运用类比的方法，根据两组对象有某些类似的特征，得出它们具有另一个相同特征。

E. 通过反例推翻一个一般性结论。

15. 林跃、陈容、田路三个人坐成一列，林跃在最前边，陈容在中间，田路在最后。小王有五块手帕，三块白的，两块黑的，他随手抽出三块在他们三人头上分别放了一块，坐在后面的可以看到前面的人头上的手帕是什么颜色的。小王让大家猜自己头上手帕的颜色，陈容和田路两人猜了一会猜不出来，然后林跃忽然说他猜到了。

根据上面的描述，下面正确的是哪一项？

A. 林跃头上的手帕是黑色的。

B. 陈容头上的手帕是白色的。

C. 林跃头上的手帕是白色的。

D. 田路其实是可以猜出来的。

E. 林跃头上的手帕是黑色的。

16. 随着新税收改革法令的通过，低收入纳税人每年将平均减少 100 元到 300 元的财税负担。所以，税收改革有益于低收入纳税人。

以下哪项如果为真，最严重地动摇了上述结论？

A. 税收改革通过简化税收代码将为许多人节省他们计算税收的费用。

B. 税收改革通过取消对住房的补贴而使低收入纳税人平均每月增加 80 元房租。

C. 低收入纳税人支持新税收改革法令。

D. 在新的税收政策下，有少量高收入的纳税人也会减少财税负担。

E. 在新的税收政策下，有许多低收入的纳税人将不再缴税。

17. 索马里自 1991 年以来，实际上处于武装势力割据的无政府状态。1991 年索马里的人均 GDP 是 210 美元，2011 年增长到 600 美元，同年，坦桑尼亚的人均 GDP 是 548 美元、中非是 436 美元、埃塞俄比亚是 350 美元。由此看来，与非洲许多有强大中央政府统治的国家相比，处于无政府状态的索马里，其民众生活水平一点也不差。

以下哪项陈述准确地概括出了上述论证最严重的缺陷？

A. 索马里的财富集中在少数人手中，许多民众因安全或失业等因素陷入贫困。

B. 人均 GDP 的增长得益于索马里海盗劫持各国商船，掠夺别国的财产。

C. 索马里人均 GDP 增长的原因是无政府状态中包含的经济自由的事实。

D. 依据某种单一指标来判断一个国家民众的总体生活水平是不可靠的。

E. 和其他非洲国家不同，索马里从未沦为殖民地。

18. 2014 年 8 月俄罗斯 200 多辆运送救援物资的卡车进入乌克兰东部地区。如果乌克兰政府军在东部的军事行动直接或间接袭击了俄罗斯车队，则可能引发俄方采取强硬措施；如果乌克兰政府军暂时停止在东部的军事行动以保证俄罗斯车队的安全，则会给处于下风的民间武装以喘息的机会。

以上陈述如果为真，则以下哪一项陈述必然为真？

A. 如果乌克兰政府军袭击俄罗斯车队，则处于下风的民间武装就没有喘息的机会。

B. 如果乌克兰政府军不给民间武装以喘息的机会，则有可能引发俄方采取强硬措施。

C. 如果乌克兰东部民间武装得到了喘息机会，俄罗斯就不会采取强硬措施。

D. 俄罗斯车队进入乌克兰是为了帮助乌克兰东部的民间武装。

E. 俄方采取了强硬措施，那么意味着乌克兰政府军一定袭击了俄罗斯车队。

19. 邻近的地主：建在我们土地旁边的庞大的炼铝厂造成的空气污染正在杀死我们的作物。

公司发言人：不应该怪罪炼铝厂，因为我们的研究表明，损害是由昆虫和细菌造成的。

下面哪项如果正确，最严重地削弱了公司发言人得出的结论？

A. 该研究并未测量炼铝厂排放到周围空气中的污染物数量。

B. 邻近的地主在他们照料作物的方法上没有任何变化。

C. 炼铝厂造成的空气污染改变了作物所处环境的化学平衡，使得有害的昆虫和细菌得以存活。

D. 炼铝厂排放出了看不见的、无味的污染物。

E. 该研究中涉及的不同类型的昆虫和细菌过去 100 年来在当地偶尔被发现。

20. 20 世纪 40 年代，美国出版了 7 000 多种图书，其中仅有 10 多种成为畅销书。一位纽约的出版商发现，这一年最畅销的书与 3 种题材有关，一种与美国总统林肯有关，一种与医生有关，还有一种与狗有关。他想，如果将这 3 种内容结合在一起，一定畅销。于是他策划出版了《美国总统的内科医生的宠物狗》，结果这本书的销售格外差。

以下哪项陈述最恰当地表明了上面推理的缺陷？

A. 认为整体具有的属性也为部分所具有。

B. 认为部分具有的属性也为整体所具有。

C. 忽略了其他可能的原因。

D. 将一个现象导致的结果当成了这个现象的原因。

E. 把根本不是某些事物产生的原因当成这些事物产生的原因。

21. 如果一所大学的教学计划没有如期制订，正常的教学工作将无法进行；现在南方大学的教学工作不正常，所以南方大学一定没有制订教学计划。

以下各项的推理方式都与题干相似，除了：

A. 如果没有极特殊的原因，任何一所大学都不会停课；现在某大学没有停课，所以某大学一定没有出现极特殊的原因。

B. 倘若希腊足球队主场是在高温条件下与俄罗斯队比赛，就一定会赢；现在希腊队赢了，说明这场比赛一定是在高温条件下进行的。

C. 如果一位博士生导师的水平足够高，那么他一定能把鸡培养成凤凰；现在鸡没有变成凤凰，所以这位博士生导师的水平一定不够高。

D. 如果你开的是奔驰，那么你一定是老板；现在你是老板，所以你一定开着奔驰。

E. 一个男人，没有结婚就一定是不修边幅，胡子拉碴；张明成天衣冠不整，蓬头垢面，他一定没有结婚。

22. 由于人口老化，德国政府面临困境：如果不改革养老体系，将出现养老金不可持续的现象。解决这一难题的政策包括提高养老金缴费比例、降低养老金支付水平、提高退休年龄。其中提高退休年龄所受阻力最大，实行这一政策的政府可能会在下次选举时丢失大量选票。但德国政府于 2007 年完成法定程序，将退休年龄从 65 岁提高到 67 岁。

以下哪项陈述如果为真，能够最好地解释德国政府为什么冒险采用了这一政策？

A. 2001 年德国以法律形式确定了养老金缴费上限，2004 年确定了养老金支付下限，两项政策已经用到极致。

B. 为减轻压力，德国政府规定从 2012 年起用 20 年的过渡期来实现退休年龄从 65 岁提高到 67 岁。

C. 延迟一年退休，所削减的养老金可达 GDP 的近 1%。

D. 现在德国人的平均寿命大大提高，退休者领取养老金的年限越来越长。

E. 解决养老金缺口问题，延迟退休并不够，得靠更多的工作岗位来支撑。

23. 老王说："最近，大学某专业的毕业生去其他专业岗位工作的人更多了。这说明该专业岗位不受欢迎。"

下列哪项最能削弱老王的看法？

A. 该专业领域没有足够的岗位。

B. 现在获得该专业学位的毕业生比过去少了。

C. 在过去的 10 年里，该专业领域的工作岗位增加了许多。

D. 许多该专业的毕业生在就读时就从事过该专业领域的工作。

E. 近年来，每年都有一些该专业的毕业生接受了非本专业领域的工作。

24～25 题基于以下题干：

某图书馆预算委员会必须从 8 个学科领域 G、L、M、N、P、R、S 和 W 中，削减恰好 5 个领域的经费，其条件如下：

如果 G 和 S 被削减，则 W 也被削减；

如果 N 被削减，则 R 和 S 都不会被削减；

如果 P 被削减，则 L 不被削减；

在 L、M 和 R 这三个学科领域中，恰好有两个领域被削减。

24. 如果 L 和 S 同被削减，下面哪项列出了经费可能同被削减的两个领域？

A. G、M。

B. G、P。

C. N、R。

D. P、R。

E. N、M。

25. 如果 R 未被削减，下面哪项必定是真的？

A. P 被削减。

B. N 未被削减。

C. G 被削减。

D. S 被削减。

E. N 被削减。

26. 淮州市的发展前景不容乐观，它的发展依赖于工业，工业为居民提供岗位和工资，而它的自然环境则取决于消除工业污染，工业污染危及它的空气、水和建筑。不幸的是，它的工业不可避免地产生污染。

如果以上所说都是真的，则它们最有力地支持下面哪项陈述？

A. 淮州市的生活质量只取决于它的经济增长和自然生存环境。

B. 淮州市一定会遇到经济发展停滞或自然环境恶化的问题。

C. 近年来淮州市的经济环境已经恶化。

D. 淮州市空气、水和建筑物的污染主要是化工企业造成的。

E. 淮州人民会为了子孙万代放弃一部分发展工业的优势条件。

27. 老张：只有四川人才爱吃辣椒。

小刘：不对吧！老李是四川人，但他不爱吃辣椒。

小刘的回答是把老张的话误解为以下哪项?

A. 爱吃辣椒的都是四川人。

B. 老李爱吃辣椒。

C. 所有四川人都爱吃辣椒。

D. 没有四川人爱吃辣椒。

E. 老李不爱吃辣椒。

28. 人们普遍假设，当一位慷慨的赞助者捐赠了一件潜在的展品时，博物馆就得到了财政上的支持。不过事实上，捐赠物品需要贮藏空间，那不会是免费的，而且还需要非常昂贵的日常维护费用。所以，这些赠品加剧而不是减轻了博物馆对财政资源的需求。

以下哪项如果为真，最严重地削弱了上述论证?

A. 为了妥善地安排赠品，博物馆明智的做法是至少把一些捐赠品进行展出而不是仅仅把它们贮存起来。

B. 最有可能向博物馆捐赠值钱物品的人也是最有可能向博物馆捐赠现金的人。

C. 博物馆不能通过以低于贮藏条件要求的便宜方式贮藏赠品来节约资金，因为这么做会提高维护费用。

D. 赞助者希望博物馆把捐赠品永久保存而不是出售它们来筹集现金。

E. 赞助者捐赠给博物馆的赠品常常很重要，以至于在必要时博物馆必须把它们购买回来收藏。

29. 如果王教授是历史学家，又深入研究过夏商周三代历史，那么他一定是中国的历史学家。

这个断定是根据以下哪项作出的?

A. 王教授不但研究过中国历史，也研究过外国历史。

B. 历史学家不可能深入研究中国的全部历史。

C. 历史学家中只有中国的历史学家才会深入研究夏代历史。

D. 大多数历史学家对中国历史的研究都是秦朝以后的。

E. 有少数外国历史学家也简单地了解过夏商周三代历史。

30. 酒鬼往往也是烟鬼。酗酒可能导致癌症，有关数据已经显示出抽烟与癌症之间的关系，因此不能确定酗酒与癌症之间是否有关联。

根据以上陈述，下面哪项推断最为可信?

A. 只抽烟而不喝酒的人比那些抽烟较少但大量喝酒的人患癌症的概率要高。

B. 大量抽烟的人比那些少量喝酒的人患癌症的概率要高。

C. 既抽烟又喝酒的人比那些不抽烟不喝酒的人患癌症的概率要高。

D. 酗酒的人比那些少量喝酒的人患癌症的概率要高。

E. 酗酒的人比那些少量抽烟的人患癌症的概率要高。

模拟试题十九

1. 学校为了提高学生的素质，开设文理两类选修课。统计表明，有学生选修了全部文科类选修课，也有学生选修了全部理科类选修课。

如果题干陈述为真，那么以下哪项一定是真的?

A. 有学生选修了全部选修课。

B. 每门选修课都有学生选修。

C. 有一门选修课，选修它的学生不止一个。

D. 有人只选修理科类选修课。

E. 不可能有人只选一门选修课。

2. 某中学对所有教职员工都进行了常规体检。四位老师对体检结果作了如下猜测：

王老师：所有人的体检都合格了。

丁老师：所有人的体检都不合格是不可能的。

赵老师：校长不合格。

田老师：肯定有人体检不合格。

体检结果出来后发现，只有一个人的猜测与事实不符，则以下哪项一定为真?

A. 王老师猜错了，校长体检合格了。

B. 丁老师猜错了，校长体检合格了。

C. 赵老师猜错了，校长体检合格了。

D. 田老师猜错了，校长体检不合格。

E. 王老师猜错了，校长体检不合格。

3. 一个作战计划中的弱点是绝密中的绝密，不会向外泄露。但是，A 国媒体所公布的 A 国军队关于 B 国某岛的“夺岛”计划，除预测未来某岛可能出现的三种事态、A 国军队将分五步夺岛外，还详细列出 A 国军队的弱点：没有能力从其他岛迅速向该岛大规模运送兵力，以满足登陆作战需要。

以下陈述如果为真，哪项最好地解释了 A 国的这种做法?

A. A 国公布“夺岛”计划意在试探 B 国的反应：如果 B 国反应不大，A 国将在该岛及周边岛屿驻军。

B. 日前 B 国与 C 国在另一岛屿对峙，A 国公布“夺岛”计划是为了拉拢 C 国，联手牵制 B 国。

C. A 国自曝弱点是为建造运输能力强大的两栖战舰在国内造舆论，两栖战舰属于进攻力量，而该国宪法不允许其军队发展进攻力量。

D. 许多 A 国人希望 D 国从 A 国撤军，A 国自曝其军队的弱点旨在告诉国民：A 国在军事上还需要D国的保护。

E. A国人狂妄自大，即使认识到自己还存在弱点，也自信不会对自己的“夺岛”计划产生不利影响。

4. 公安部某专家称，撒谎的心理压力会导致某些生理变化。借助测谎仪可以测量撒谎者的生理表征，从而使测谎结果具有可靠性。

以下哪项陈述如果为真，能够最有力地削弱上述论证？

A. 测谎仪是一种需要经常维护且易出故障的仪器。

B. 对有些人来说，撒谎只能导致较小的心理压力。

C. 各种各样的心理压力都会导致类似的生理表征。

D. 类似测谎仪这样的测量仪器也可能被误用和滥用。

E. 测谎仪的制造过程并无科学道理。

5. 顾问：某畅销新闻杂志每年都要公布一个美国大学的排名，上面将美国的大学按照几项标准评判所得综合分数进行排名。然而，学生通常不应以这个综合得分作为决定申请哪些学校的依据。

下面哪项如果正确，最有助于证明顾问的建议是正确的？

A. 大多数购买登有这一排名的杂志的人并不是需要上大学的学生。

B. 这本杂志中排名最高的大学在广告中利用这个事实来吸引学生。

C. 这类排名各年之间一般很少改变。

D. 对任何两位学生来说，某些衡量标准的重要性会因他们的需求不同而不同。

E. 一些对其所在大学表示满意的学生在选择学校之前参考了这一杂志排名。

6. 销售专家认为，在一个不再扩张的市场中，一个公司最佳的销售策略就是追求最大的市场份额，而达到目标的最佳方式就是做一些能突出竞争对手缺点的比较广告。在国内萧条的奶粉市场中，A牌奶粉与B牌奶粉进行了两年的比较广告战，相互指责对方产品对婴儿的健康造成有害影响。然而，这些广告战并没有使各自的市场份额增大，反而使很多人不再购买任何品牌的国产奶粉。

以上陈述最强有力地支持下面哪一个结论？

A. 不应该在一个正在扩张或可能扩张的市场中使用比较广告。

B. 比较广告冒有使它们的目标市场不是扩张而是收缩的风险。

C. 比较广告不会产生任何长期效益，除非消费者能很容易地判断那些广告的正确性。

D. 如果一个公司的产品比其竞争对手产品的质量明显高出一筹的话，比较广告在任何情况下都能增加该公司产品的市场份额。

E. 使用比较广告只会两败俱伤，所以比较广告应该禁止使用。

7. 绿叶幼儿园家长委员会建议幼儿园把管理费降低5%至10%，这一建议如果实行是有风险的。尽管家长可以因此减少每月的托儿费，但是为应付幼儿园服务质量下降引发的问题而付出的费用可能会更多。

以下哪项最可能是上述论证的假设？

A. 现在有许多幼儿园的管理费标准过高。

B. 现在有许多幼儿园的管理费并不算高。

C. 管理费降低很可能使幼儿园降低服务质量。

D. 绿叶幼儿园的管理费本来就低于同行业的平均水平。

E. 对幼儿园来说，减少管理费必然会使工作人员收入降低。

8. 甲、乙、丙三人从政法大学毕业后，一个当了律师，一个当了法官，一个当了检察官。但究竟谁担任什么具体工作，人们还不清楚，于是有以下猜测：

甲：甲当了律师，乙当了法官。

乙：甲当了法官，丙当了律师。

丙：甲当了检察官，乙当了律师。

后来证实，甲、乙、丙三人的猜测都只对了一半。以下哪项是对三人工作的正确描述？

A. 甲是法官，乙是律师，丙是检察官。

B. 甲是法官，乙是检察官，丙是律师。

C. 甲是律师，乙是检察官，丙是法官。

D. 甲是律师，乙是法官，丙是检察官。

E. 甲是检察官，乙是法官，丙是律师。

9. 某高校新生入学后进行了专项体检。关于肝功能的检查情况有以下几种判断：（1）所有新生的肝功能都正常；（2）有些新生的肝功能正常；（3）有些新生的肝功能不正常；（4）李刚的肝功能正常。后来经过详细检查，发现以上断定中只有两个正确。

以下哪项能够从上文中必然推出？

A. 所有新生的肝功能都正常。

B. 李刚的肝功能正常。

C. 有些新生的肝功能不正常。

D. 所有新生的肝功能都不正常。

E. 没有一名新生的肝功能有问题。

10～11 题基于以下题干：

研究人员发现，每天食用五份以上的山药、玉米、胡萝卜、洋葱或其他类似蔬菜可以降低患胰腺癌的风险。他们调查了 2 233 名受访者，其中有 532 名胰腺癌患者，然后对癌症患者食用的农产品加以分类，并询问他们其他的生活习惯，比如总体饮食和吸烟情况，将其与另外 1 701 人的生活习惯作比较。结果发现，每天至少食用 5 份蔬菜的人患胰腺癌的概率是每天食用 2 份以下蔬菜的人的一半。

10. 以下哪一个问题不构成对上述研究结论可靠性的质疑？

A. 受访者在调查中所说的话都是真的吗？

B. 在胰腺癌患者中，男女各占多大比例？

C. 调查所涉及的胰腺癌患者与非胰腺癌患者在生活习惯方面的差异是否有重要遗漏？

D. 胰腺癌患者有没有遗传方面的原因？

E. 532 名胰腺癌患者现有的生活习惯是否属于患病之后才形成的？

11. 以下哪一个办法最有助于验明上述研究结论的可靠性？

A. 查明在以肉食为主、很少食用以上蔬菜的群体中胰腺癌患者的比例有多大。

B. 研究胰腺癌患者中有哪些临床表现及其治疗方法。

C. 尽可能让胰腺癌患者生活愉快，以延长他们的寿命。

D. 通过实验室研究，查明上述蔬菜中含有哪些成分。

E. 让用于实验的小白鼠参与到实验中。

12. 科学院：研究已经证明，使用自然方法可以使一些管理经营良好的农场在不明显降低产量，甚至某些情况下可以在提高产量的基础上，减少合成肥料、杀虫剂以及抗生素的使用量。

批评家：不是这样的，科学院选择用以研究的农场似乎是使用自然方法最有可能取得成功的农场。那些尝试了这样的自然方法且失败了的农场主会怎么样呢？

下面哪一项是对批评家应答的逻辑力量的最充分的评价？

A. 农业上的成功和失败很少仅仅因为幸运与否，因为农业就是对或然事件的管理。

B. 那些批评家表明如果被研究的农场的数量加倍，那么研究的结果将会不同。

C. 那些批评家毫无理由地假设那些失败不是由土壤质量引起的。

D. 那些批评家表明自然方法对大多数的农场主都不适合。

E. 被讨论的问题仅仅是为了展示某些事情是可能的，所以与被研究的例子是否具有代表性并无关系。

13. 有网络媒体报道称，让水稻听感恩歌、《大悲咒》能增产15%。福建省良山村连续3季的水稻种植结果证实，听《大悲咒》不仅增产了15%，水稻颗粒也更加饱满。有农业专家表示，音乐不仅有助于植物对营养物质的吸收、传输和转化，还能达到驱虫的效果。

以下哪一个问题的回答与评估上述报道的真实性最不相关？

A. 听《大悲咒》的水稻与不听《大悲咒》的水稻的其他生长条件是否完全相同？

B. 该方法是否具有大面积推广的可行性？

C. 专家能否解释为什么《大悲咒》对水稻的生长有益而对害虫的生长无益？

D. 专家的解释是否具有可靠的理论支持？

E. 听《大悲咒》的水稻与不听《大悲咒》的水稻的品种是否相同？

14. 一份研究报告指出，为接受研究的3～5岁的孩子准备的一个特殊教育方案增加了他们在今后学校教育中获得成功的可能。因此，对所有孩子实行类似的教育方案会增加他们在以后学校教育中取得成功的机会。

下面哪项如果正确，最能削弱上面的论点？

A. 在美国，学龄前儿童的父母被教育的流行风尚吸引，他们并不清楚孩子接受什么样的早期教育才是有利的。

B. 儿童在3～5岁时的认知能力是不断变化的。

C. 调查人员并未意识到他们把以前曾受过另一种教育培养训练的一大批孩子包括了进来。

D. 很多父母错误地认为早期正规教育将占用孩子们本来可以更好地独立探索世界的时间。

E. 在国家的基础上建立这样的教育培训项目需要特别的公共支出。

15. 陈红、黄燕燕、余明明三人都买了新的手提电脑，手提电脑的牌子分别是苹果、戴尔和惠普。她们一起来到朋友张霞家，让张霞猜猜她们三人分别买的是什么牌子的手提电脑。张霞猜道：“陈红买的是苹果，黄燕燕买的肯定不是戴尔，余明明买的不会是苹果。”

很可惜，张霞只猜对了一个。

由此，可推知真实的情况是：

A. 陈红买的是戴尔，黄燕燕买的是惠普，余明明买的是苹果。

B. 陈红买的是苹果，黄燕燕买的是惠普，余明明买的是戴尔。

C. 陈红买的是苹果，黄燕燕买的是戴尔，余明明买的是惠普。

D. 陈红买的是惠普，黄燕燕买的是苹果，余明明买的是戴尔。

E. 陈红买的是惠普，黄燕燕买的是戴尔，余明明买的是苹果。

16. 1988年北美的干旱可能是由太平洋地区温度模式的变化导致的，因此，干旱不是由二氧化碳等大气污染引起的正在发生的长期全球变暖趋势导致的。

下面哪一项如果正确，能对上文论述提出最好的批评？

A. 我们所记录的1988年的干旱发生在太平洋地区温度模式变化之前。

B. 在过去的100年内，美国没有出现变暖的趋势。

C. 全球变暖趋势的后果发生在污染释放到大气很久以后。

D. 1988年，排放到大气中的二氧化碳增加。

E. 全球变暖趋势能够影响太平洋地区温度模式变化的频率和轻重程度。

17. 近年来，全球的青蛙数量有所下降，而同时地球接受的紫外线辐射有所增加。因为青蛙的遗传物质在受到紫外线辐射时会受到影响，且青蛙的卵通常为凝胶状而没有外壳或皮毛的保护。所以可以认为，青蛙数量的下降至少部分是由紫外线辐射的上升导致的。

下列哪一项如果正确，最能支持以上论述？

A. 即使在紫外线没有显著上升的地方，青蛙的产卵数量仍然显著下降。

B. 在青蛙数量下降最少的地方，作为青蛙猎物的昆虫的数量显著下降。

C. 数量显著下降的青蛙种群中有害杀虫剂的浓度要高于数量没有下降的青蛙种群。

D. 在很多地方，海龟会和青蛙共享栖息地，虽然海龟的卵有外壳保护，海龟的数量仍然有所下降。

E. 有些青蛙种群会选择将它们的卵藏在石头或沙子下，而这些种群的数量下降要明显少于不这样做的青蛙种群。

18. 直立人大约于200万年前起源于非洲，并且扩散到了欧亚大陆；现代人约在20万年前出现。这两种人类的化石在中国均有分布。比如北京周口店古老地层出土的“北京人”属于直立人，年轻地层中的“山顶洞人”属于现代人。对中国当代人群的研究发现，父系遗传的Y染色体均源自非洲，起源时间在8.9万年前至3.5万年前；母系遗传的线粒体DNA均源自非洲，起源时间在10万年以内；没有检测到直立人的遗传组分。

以上陈述如果为真，最能支持以下哪个假说？

A. “北京人”的后代可能灭绝了，中国当代人的祖先是大约10万年前从非洲来到亚洲的。

B. 中国的直立人和现代人分别来自非洲大陆，他们杂交的后代是中国当代人的祖先。

C. 北京周口店的“山顶洞人”是从“北京人”进化而来的。

D. 中国当代人是200万年前从非洲扩散到欧亚大陆的直立人的后代。

E. 北京周口店的“山顶洞人”是200万年前从非洲扩散到欧亚大陆的直立人的后代。

19. 当化学药剂VIANZONE添加到任何透明的含有氯化钠的溶液中，溶液会变浑浊；当化学药剂VIANZONE添加到含有硝酸钾的透明溶液中，溶液会变浑浊；但是化学药剂VIANZONE不会改变含有苯的溶液。在一个试验中，化学药剂VIANZONE被添加到一种透明溶液中，溶液仍然保持透明。

根据以上陈述，可以推断出以下哪项为真?

A. 透明溶液含有硝酸钾。

B. 透明溶液含有氯化钠和苯。

C. 透明溶液不含有苯。

D. 透明溶液不含有氯化钠。

E. 透明溶液既不含有硝酸钾也不含有苯。

20. 哥白尼的天体系统理论优于托勒密的理论，而且它刚提出来时就比后者更好，尽管当时所有的观察结果都与两个理论相符合。托勒密认为星体围绕地球高速旋转，哥白尼认为这是不可能的，他正确地提出了一个较为简单的理论，即地球围绕地轴旋转。

以上论述与下面哪项中所陈述的一般原则最吻合?

A. 在对相互竞争的科学理论进行选择时，应当把简单性作为唯一的决定因素。

B. 在其他方面都相同的情况下，两个相互竞争的理论中较为简单的那个在科学上更重要。

C. 在其他方面都相同的情况下，两个相互竞争的理论中较为复杂的那个是较差的。

D. 如果一个理论看起来是真的，另一个理论看起来是假的，那么，两者中看起来是真的那个理论更好。

E. 在其他方面都相同的情况下，两个相互竞争的理论在刚提出来时就能够比较优劣。

21. 经济学家：任何有经济效益的国家都能够创造财富。仅当一个国家的财富平均分配时，这个国家才能保持政治稳定。财富的平均分配消除了风险的存在，而风险的存在正是经济有效运转不可缺少的前提条件。

以下哪项结论可从以上的陈述中适当地推出?

A. 没有国家能够无限期地保持经济效益和政治稳定。

B. 没有国家能够无限期地保持政治稳定和大量财富。

C. 经济效益是一个国家创造财富不可缺少的前提条件。

D. 任何一个平均分配财富的国家都将会无限期地保持政治稳定。

E. 提高经济效益会刺激风险的增加，风险的增加又会进一步提高经济效益。

22. 某三口之家节假日对看电视的态度如下：妈妈要看电视，什么节目都可以；爸爸可以不看电视，要看就看新闻节目；孩子可以不看电视，要看就看动画节目。他们根据自己的态度对以下意见表达自己的看法。

①不看电视。

②看新闻节目。

③看动画节目。

以下哪项是不可能成立的?

A. 有一个人同意全部意见。

B. 每个意见至少有两个人同意。

C. 妈妈不同意①。

D. 爸爸和妈妈都同意②。

E. 孩子同意①和③。

23. 某个全国公司拟在总部及全国各地分公司安装一种电脑话务员系统。该系统使消费者可通过电脑话务员拨打接线员接入电话，即使如此，在可预见的将来，人工接线员的数量仍不会减少。

以下各项有助于解释人工接线员不会减少，除了：

A. 人们对接线员接入电话的需求正在剧增。

B. 新的电子接线员系统尽管已通过检验，但在正式开通之前仍需要极大调整。

C. 若在目前合同期内解雇工人，接线员将很快对有关公司罢工。

D. 新电子接线员系统完成接线员接入电话的速度是人工接线员的3倍。

E. 该公司的产品销量逐年递增。

24. 只要有好的生源和一流的师资队伍，就能够在高考中取得好成绩。只有改善教学条件，才能确保好的生源和一流的师资队伍。×中学去年没有在高考中取得好成绩。

如果上述断定是真的，则以下哪项也可能为真？

Ⅰ. ×中学去年没有好的生源而且师资队伍不够一流。

Ⅱ. ×中学去年没有改善教学条件。

Ⅲ. ×中学去年改善教学条件。

A. 仅Ⅰ。

B. 仅Ⅱ。

C. 仅Ⅲ。

D. 仅Ⅰ和Ⅱ。

E. Ⅰ、Ⅱ和Ⅲ。

25. “倾销”被定义为以低于商品生产成本的价格在另一国销售这种商品的行为。H国的河虾生产者正在以低于M国河虾生产成本的价格，在M国销售河虾。因此H国的河虾生产者正在M国倾销河虾。

以下哪一项对评估上文提到的倾销行为是必要的？

A. 倾销定义中的“生产成本”指的是商品原产地的生产成本，还是销售地同类商品的生产成本。

B. 如果H国一直以低于M国的河虾生产成本的价格在M国销售河虾，M国的河虾业就会破产。

C. 专家们在倾销行为对两国的经济都有害或都有利，还是只对其中的一方有害或有利的问题上达成了共识。

D. 由于计算商品生产成本的方法不同，很难得出同一种商品在不同国家的生产成本的精确比较数值。

E. 倾销被视为一种不正当的竞争手段，因此反倾销也成为各国保护本国市场、扶持本国企业强有力的借口和理由。

26. 美国政府决策者面临的一个头痛的问题就是所谓的“别在我家门口”综合征。例如，尽管民意测验一次又一次地显示公众大多数都赞成建造新的监狱，但是，当决策者正式宣布计划要在某地建造一所新的监狱时，总遭到附近居民的抗议，并且抗议者往往总有办法使计划搁浅。

以下哪项也属于上面所说的“别在我家门口”综合征？

A. 以某家长为例，感染了艾滋病毒的孩子不能允许进入公共学校，当知道一个感染了艾滋病毒的孩子进入了他孩子所在的学校，他立即办理了自己孩子的退学手续。

B. 以某政客为例，所有政府官员必须履行个人财产公开登记，他自己递交了一份虚假的财产登记表。

C. 某教授主张宗教团体有义务从事慈善事业，但自己拒绝捐款资助索马里饥民。

D. 某汽车商主张国际汽车自由贸易，以有利于各国经济，但要求本国政府限制外国制造的汽车进口。

E. 某军事战略家认为核战争足以毁灭人类，但主张本国保持足够的核能力以抵御外部可能的核袭击。

27. 按照惯例，北华工商管理学院每年一度的特等奖学金获得者的名额仅 3 个，奖金数额高达 10 000 元。本年度，该校董事会关于评定本年度特等奖学金确定了如下的原则：只有连续 3 年获得过三等奖以上的奖学金并且本年度各门学科终考成绩平均得分在 90 分以上的，方可获该项特等奖学金。但评选的结果表明，校董事会确定的上述原则并没有得到严格贯彻。

以下哪项如果为真，最能支持上述结论？

A. 本年度北华工商管理学院学生的各科终考成绩的平均得分都在 90 分以下。

B. 校董事会的上述评选原则受到了各方的批评。

C. 张三为去年入学，他以本年度各科终考平均得分 95 分的优异成绩获本年度特等奖学金。

D. 李四连续三年获得三等奖以上的奖学金并且本年度各学科终考成绩平均得分在 90 分以上，但没有获得本年度的特等奖学金。

E. 本年度北华工商管理学院实际评定的特等奖学金获得者的名额为 6 个，奖金数额下降为 5 000 元。

28. 某组织改选领导班子实行这样一条规则：如果候选人多于一个，那么候选人必须同意被提名，并且在表态同意之前必须被告知其他的候选人是谁。

如果事实上只有当候选人同意被提名后才能知道实际的候选人是谁，那么以下哪项是对上述规则的最准确的评价？

A. 实行该规则，没有候选人可能被提名。

B. 实行该规则，被提名的候选人最多只可能是一个。

C. 实行该规则，被提名的候选人至少有一个。

D. 实行该规则，使得被提名的候选人的人数比不实行该规则时要多。

E. 实行该规则，使得被提名的候选人的人数比不实行该规则时要少。

29～30 题基于以下题干：

某国家领导人要在连续 6 天（分别编号为第一天、第二天……第六天）内视察 6 座工厂 F、G、H、J、Q 和 R，每天只视察一座工厂，每座工厂只被视察一次。视察时间的安排必须符合下列条件：

(1) 视察 F 在第一天或第六天。

(2) 视察 J 的日子比视察 Q 的日子早。

(3) 视察 Q 恰在视察 R 的前一天。

(4) 如果视察 G 在第三天，则视察 Q 在第五天。

29. **分别安排在第三天和第五天视察的工厂有可能是：**

A. G 和 R。

B. H 和 G。

C. J 和 G。

D. R 和 H。

E. G 和 J。

30. **如果视察 R 恰在视察 F 的前一天，下面哪个选项必定是真的？**

A. 视察 G 或者视察 H 安排在第一天。

B. 视察 H 或者视察 J 安排在第三天。

C. 视察 G 或者视察 J 安排在第二天。

D. 视察 H 或者视察 J 安排在第四天。

E. 视察 G 或者视察 Q 安排在第三天。

模拟试题二十

1. 一位长期从事醉酒及酒精中毒研究的医生发现，一般情况下，醉酒者的暴力倾向远远高于未饮酒者或适度饮酒者。据此，该医生断定，具有暴力倾向的人容易喝醉酒。

以下哪项最严重地削弱了这位医生的断定?

A. 一些从未喝过酒的人也具有很强的暴力倾向。

B. 在喝酒上瘾并醉酒时，人们往往会行为失控并出现暴力行为。

C. 该医生研究的对象除了暴力倾向外，还有一些其他的不良嗜好。

D. 人们喝醉酒时经常会采用暴力行为发泄心中的不满。

E. 一个人醉酒程度很高时，已经无法控制自己的行为，即使有暴力行为发生，也不会造成严重后果。

2. 当代一位犹太思想家的问题困扰了罗马教廷 30 年：一个基督教神职人员和一个普通信徒的灵魂是否都能进天堂? 一个基督徒和一个其他宗教信徒的灵魂是否都能进天堂? 一个有宗教信仰的人和一个无神论者的灵魂是否都能进天堂? 如果有人的灵魂不能进天堂，则“上帝之爱”就不是普适的；如果“上帝之爱”不是普适的，则上帝的存在就不是合理的。如果所有人的灵魂都能进天堂，那么，信教与不信教、信仰不同宗教之间还有什么重大区别?

如果接受以上陈述，则必须接受下面哪项陈述?

A. 如果“上帝之爱”是普适的，则上帝的存在就是合理的。

B. “上帝之爱”是普适的，但信教与不信教、信仰不同宗教之间有重大区别。

C. 如果上帝的存在是合理的，信上帝与不信上帝之间就没有重大区别。

D. “上帝之爱”是普适的，神职人员、普通信徒和无神论者都是上帝关爱的对象。

E. 如果所有人的灵魂都能进天堂，那么上帝的存在就是合理的。

3. 北极地区蕴藏着丰富的石油、天然气、矿物和渔业资源，其油气储量占世界未开发油气资源的 1/4。全球变暖使北极地区冰面以每 10 年 9%的速度融化，穿过北冰洋沿俄罗斯北部海岸线连通大西洋和太平洋的航线可以使从亚洲到欧洲比走巴拿马运河近上万公里。因此，北极的开发和利用将为人类带来巨大的好处。

以下陈述如果为真，除哪一项外，都能削弱上述论证?

A. 穿越北极的航船会带来入侵生物，破坏北极的生态系统。

B. 国际社会因北极开发问题发生过许多严重冲突，但当事国做了冷静搁置或低调处理。

C. 开发北极会使永久冻土融化，释放温室气体甲烷，导致极端天气增多。

D. 开发北极会加速冰雪融化，使海平面上升，淹没沿海低地。

E. 开发北极会破坏大气中的臭氧层，从而给人类带来多方面的危害。

4. 英国石油公司在墨西哥湾的油井发生爆裂，大量原油泄漏。该公司立即并持续使用化学分散剂来分解浮油。美国众议院能源和商务委员会主席埃德·马基对化学分散剂的安全性提出了严重质疑。美国食品药品监督管理局的回应是："化学分散剂是安全的，因为没有任何报告显示这种化学品进入海产品食物链并威胁到公众的健康。"

以下哪项是对上述回应的最恰当描述？

A. 美国食品药品监督管理局的回应是正确的。

B. 美国食品药品监督管理局的回应有漏洞，因为它没有分析化学分散剂的特性，并以此为依据推出结论。

C. 美国食品药品监督管理局的回应有漏洞，因为它的回应无法从根本上重塑民众对墨西哥湾食品安全的信心。

D. 美国食品药品监督管理局的回应有漏洞，因为它没有找到化学分散剂不能进入海产品食物链的充分证据。

E. 美国食品药品监督管理局的回应有漏洞，因为它把没有证据证明某种情况的存在，当作有证据证明某种情况不存在。

5. 国内以三国历史为背景的游戏《三国杀》《三国斩》《三国斗》《三国梦》等，都借鉴了美国西部牛仔游戏 *bang!*。中国网络游戏的龙头企业盛大公司状告一家小公司，认为后者的《三国斩》抄袭了自己的《三国杀》。如果盛大公司败诉，则《三国斩》必定知名度大增，这等于培养了自己的竞争对手；如果盛大公司胜诉，则为 *bang!* 日后告赢《三国杀》抄袭提供了一个非常好的案例。

以上陈述如果为真，以下哪项陈述一定为真？

A. 著名的大公司与默默无闻的小公司打官司，可以提高小公司的知名度。

B. 如果盛大公司胜诉，那么它会继续打击以三国历史为背景的其他游戏。

C. 盛大公司在培养自己的竞争对手，或者在为 *bang!* 将来状告自己抄袭提供好的案例。

D. 国内以三国历史为背景的游戏都将面临美国西部牛仔游戏 *bang!* 的侵权诉讼。

E. 如果盛大公司败诉，那么它会开发更多的以三国历史为背景的其他游戏。

6. 有关研究发现，在肺癌患者中，有高达 90%的建筑工人经常感受到来自工作和家庭的双重压力。王强是一名肺癌患者，而且他经常感受到来自各方面的压力，有时甚至有不堪重负的感觉，所以，王强很可能是一名建筑工人。

以下哪项最准确地指出了上文推理中的错误？

A. 以上论述忽视了王强有可能是属于 90%以外的肺癌患者。

B. 以上论述忽视了这样一种可能：除了经常感受到来自工作和家庭的双重压力外，还有其他原因也能导致肺癌患者中的建筑工人压力增大。

C. 以上论述依赖于一个未经确认的假设：经常感受到来自工作和家庭的双重压力的肺癌患者有 90%是建筑工人。

D. 以上论述依赖于一个未经确认的假设：来自工作和家庭的双重压力是建筑工人患肺癌的唯一原因。

E. 以上论述所依赖的前提不充分，不足以推出王强的身份。

7. 作为一名大学毕业生，如果能够具备较扎实的专业知识和基本的社会交往能力，或者在就业市场上能够作出适合自己的选择，那么，就不可能找不到自己的位置。

小王是一名大学毕业生，他没有找到工作职位，那么根据上述观点能够推出以下哪项结论？

A. 小王具备了较扎实的专业知识和基本社交能力，但是没有作出适合自己的选择。

B. 小王不具备较扎实的专业知识和基本社交能力，并且没有作出适合自己的选择。

C. 小王不具备较扎实的专业知识和基本社交能力，或者没有作出适合自己的选择。

D. 小王虽然不具备较扎实的专业知识，但是他的社会交往能力很强，而且市场定位很客观。

E. 小王虽然具备了较扎实的专业知识，但是他的社会交往能力很差，而且定位不准。

8～9 题基于以下题干：

一家食品店从周一到周日，每天都有 3 种商品特价销售。可供特价销售的商品包括：3 种蔬菜，G、H 和 J；3 种水果，K、L 和 O；3 种饮料，X、Y 和 Z。必须根据以下条件安排特价商品：

(1) 每天至少有一种蔬菜特价销售，每天至少有一种水果特价销售。

(2) 无论在哪天，如果 J 是特价销售，则 L 不能特价销售。

(3) 无论在哪天，如果 K 是特价销售，则 Y 也必须特价销售。

(4) 每一种商品在一周内特价销售的次数不能超过 3 天。

8. **如果 J 在星期五、星期六、星期日特价销售，K 在星期一、星期二、星期三特价销售，而 G 只在星期四特价销售，则 L 可以在哪几天特价销售？**

A. 仅在星期二。

B. 仅在星期四。

C. 仅在星期一、星期二和星期三。

D. 在这一周前四天中的任何两天。

E. 仅在星期二和星期三。

9. **如果每一种水果在一周中特价销售 3 天，则饮料总共在这一周内可以特价销售的天数最多为：**

A. 3 天。　B. 4 天。　C. 5 天。　D. 6 天。　E. 7 天。

10. 一个著名的歌手获得了一场诉讼的胜利，控告一个广告公司在一则广告里使用了由另一名歌手对一首众所周知由该著名歌手演唱的歌曲进行的翻唱版本。这场诉讼的结果是，广告公司将停止在广告中使用模仿者的版本。因此，由于著名歌手的演唱费用比他们的模仿者要高，广告费用将上升。

以上结论基于以下哪一项假设？

A. 大多数人无法将一个著名歌手某一首歌的版本同一个好的模仿者对同一首歌的演唱区分开来。

B. 使用著名歌手做广告通常比使用著名歌手的模仿者做广告更有效果。

C. 一些广为人知的歌曲的原版不能在广告中使用。

D. 广告公司将继续使用模仿者来模仿著名歌手的形体动作。

E. 广告业将在广告中使用歌曲的广为人知的版本，即该著名歌手演唱的版本。

11. 亚利桑那大学心理学研究人员运用一套实验设备，对一批志愿参与者进行心理测试。结果发现，最快乐的人独处的时间比最不快乐者少25%，说话的时间则多70%。最快乐的人进行实质性谈话比最不快乐者多一倍，闲聊则仅为后者的1/3。

根据以上研究，最有可能得出以下哪项结论？

A. 研究表明，快乐的生活往往是社交性的、谈话深入的，而不是孤独和肤浅的。

B. 研究表明，快乐的人比不快乐的人说话更多，且他们往往会谈更多实质性内容，而不只是闲谈。

C. 这项研究的前期，一部分快乐的人受到了心理暗示，所以有迎合实验的倾向。

D. 实验设备会对志愿者产生不同程度的影响。

E. 所有的快乐者都更愿意说话，而且幸福感远远高于不快乐者。

12～13题基于以下题干：

一般认为，一个职业运动员在45岁时和他在30岁时相比，运动水平和耐力都会明显降低。但是在已退役与正在服役的职业足球运动员中举行的一场马拉松比赛的结果却是，45岁的退役足球运动员和30岁的正在服役的运动员在比赛中的成绩没有什么差别。据此，认为一个职业球员到了45岁时运动水平和耐力都会明显下降的观点是错误的。

12. 以下哪项如果为真，最能削弱上述论证？

A. 马拉松运动不能充分反映足球运动员的运动水平和耐力。

B. 退役的职业球员有更多时间锻炼身体。

C. 现役职业球员有很多是有伤病在身的。

D. 退役球员为了证明自己的实力在比赛中不惜冒超出自己体能的风险。

E. 仅以年龄为衡量职业球员运动水平和耐力的标准是不全面的。

13. 以下哪项如果为真，最能加强上述论证？

A. 以上调查分析是由专门研究足球运动员体能的科研机构进行的。

B. 30岁左右的现役职业足球运动员的运动水平和耐力高于上一代职业足球运动员。

C. 以上调查中的退役职业球员都是长期担任足球教练的人。

D. 年龄在一定限度内的增加并不必然导致运动水平和耐力的下降。

E. 科学研究证明，人的青年时期可以延续到45岁，因此运动水平和耐力应该能够保持。

14. 王太太带着孩子们参加了赴日旅游团，导游好奇地问他们家有几个孩子，三个孩子争先恐后地抢着回答。第一个孩子说："我有两个哥哥，两个妹妹。"第二个说："我有三个妹妹，一个哥哥。"第三个说："我有一个妹妹，三个哥哥。"

根据三个孩子的回答，以下哪项为真？

A. 王太太家有六个孩子，顺序是：儿子、儿子、女儿、儿子、女儿、女儿。

B. 王太太家有六个孩子，顺序是：儿子、儿子、儿子、女儿、女儿、女儿。

C. 王太太家有六个孩子，顺序是：女儿、儿子、儿子、儿子、女儿、女儿。

D. 王太太家有六个孩子，顺序是：儿子、儿子、女儿、女儿、女儿、儿子。

E. 王太太家有五个孩子，顺序是：儿子、儿子、女儿、儿子、女儿。

15. 年轻的中国女排要想成为真正的世界强队，必须具备一流水平的科学训练手段。不成为真正的世界强队，就无法在国际大赛上夺冠。

以下各项都表达了上述题意，除了：

A. 中国女排只有具备一流的科学训练手段，才能获得世界冠军。

B. 没有一流水平的科学训练手段，年轻的中国女排难以成为真正的世界强队。

C. 只要中国女排具备了一流水平的科学训练手段，并且成为真正的世界强队，就能够在国际大赛中夺冠。

D. 如果不能成为真正的世界强队，即使中国女排具备了一流水平的科学训练手段，也无法在国际大赛上夺冠。

E. 真正的世界强队并不必然在国际大赛中夺冠。

16. 甲：恐龙灭绝是由于全球性的气候剧变极大地减少了以前丰富的食物来源。

乙：不对，恐龙的灭绝是由于出现了新的动物家族哺乳动物。哺乳动物繁殖迅速，动作敏捷，生存力极强，成为与恐龙争夺食物的致命对手。

丙：曾经发生过行星撞击地球，引起烟云遮日达数十年之久，大量的作为恐龙食物的植物相继枯亡。

以下哪项最为恰当地概括了三人的意见？

A. 三人都同意饥饿是引起恐龙灭绝的原因，但对引起食物短缺的原因有不同意见。

B. 三人都同意气候的改变引起了恐龙食物的短缺，但在食物短缺如何造成恐龙灭绝的问题上有不同的看法。

C. 三人都同意巨大的气候变化引起了恐龙的灭绝，但对气候剧变的原因有不同的解释。

D. 三人都认为恐龙的生存竞争力极差，由此导致了它的灭绝。

E. 三人都认为恐龙的灭绝是由于外星体作用地球的结果。

17. 在世界杯金靴奖的争夺中，如果斯内德没有获得金靴奖并且穆勒助攻次数比斯内德多的话，弗兰将获得金靴奖。

补充以下哪项，能够推出斯内德获得了金靴奖？

A. 穆勒助攻次数比斯内德少，或者弗兰没有获得金靴奖。

B. 穆勒助攻次数比斯内德多，或者弗兰没有获得金靴奖。

C. 穆勒助攻次数比斯内德少，并且弗兰没有获得金靴奖。

D. 穆勒助攻次数比斯内德多，并且弗兰没有获得金靴奖。

E. 穆勒获得了金靴奖，而且还获得了最佳新人奖。

18. 室外音乐会的组织者宣布，明天的音乐会将如期举行，除非预报了坏天气或预售票卖得太少了。如果音乐会被取消，将给已买了票的人退款。尽管预售票已卖得足够多，但仍有一些已买了票的人已经得到了退款，这一定是因为预报了坏天气。

下列哪一项是该论述中含有的推理错误？

A. 该推理认为如果一个原因自身足以导致一个结果，那么导致这个结果的原因只能是它。

B. 该推理将已知需要两个前提条件才能成立的结论建立在仅与这两个条件中的一个有关系的论据基础之上。

C. 该推理仍解释说其中一事件是由另一事件引起的，即使这两件事都是由第三件未知的事件引起的。

D. 该推理把缺少某一事件会发生的一项条件的证据当作了该事件不会发生的结论性证据。

E. 试图证明该结论的证据实际上削弱了该结论。

19. 由于全球金融危机．一家大型公司决定裁员25%。最终，它撤销了占员工总数25%的三个部门，再也没有雇用新员工。但实际结果是，该公司员工总数仅仅减少了15%。

以下哪项陈述如果为真，能很好地解释预计裁员率和实际裁员率之间的差异？

A. 被撤销部门的一些员工有资格提前退休，并且他们最后都选择了退休。

B. 因为公司并未雇用新员工，未被撤销部门之间的正常摩擦导致该公司继续裁员。

C. 未被撤销部门的员工不得不更卖力工作，以弥补撤销三个部门所带来的损失。

D. 三个部门被撤销后，它们的一些优秀员工被重新分派到该公司的其他部门工作。

E. 未被撤销部门的有资格提前退休的员工，他们中大部分办理了提前退休手续。

20. 骨质疏松会降低骨骼密度，导致骨骼脆弱，从而容易骨折。目前治疗骨质疏松的方法如使用雌激素和降血钙素，会阻止骨质的进一步流失，但并不会增加骨骼密度。氟化物可以增加骨骼密度。因此，骨质疏松症患者使用氟化物能够帮助他们强化骨质，降低骨折风险。

以下哪项如果正确，最能削弱以上论述？

A. 大多数患有骨质疏松症的人都没有意识到氟化物可以增加骨骼密度。

B. 在很多地方氟化物都被添加在水中以促进牙齿健康。

C. 患骨质疏松和其他骨骼受损疾病的风险会因为运动以及充足的钙摄入而降低。

D. 雌激素和降血钙素会对很多人产生严重的副作用，使用氟化物则不会有这种问题。

E. 通过使用氟化物增加密度之后的骨骼比起正常的骨骼组织更脆，更易受损。

21. 1985年得克萨斯州边境附近的大学，平均说来，流失了一大半以前每年可以招收到的墨西哥生源。教职员工宣称这种急剧下降是由于国际和该州以外的学生的学费从每学分40美元上涨到了120美元。

如果正如教职员工所评论的那样，以下哪一项如果是可行的，为解决招收的墨西哥生源下降问题提供了最好的前景？

A. 向墨西哥人提供助学金，使他们到墨西哥的大学去学习。

B. 允许墨西哥人在得克萨斯州边境附近的大学学习，按州内学生的学费标准付费，该标准同以前的国际学生费率相同。

C. 重新强调得克萨斯州边境附近的大学的目标和使命是不仅为州内学生，也要为墨西哥人服务。

D. 通过提高在州立学院上学的州内学生的学费来增加得克萨斯的大学的财政来源。

E. 对那些从州边境附近的大学毕业并准备回墨西哥的墨西哥人提供职业咨询。

22. 近年来，越来越多的教育专家不断呼吁小学生家长不要给孩子增加太多的学习负担，少报课外班，过多地上课外班对小学生的心理健康不利。现在社会上充斥着各类针对小学生的课外培训机构，良莠不齐。

以下哪项陈述如果为真，最有力地支持了教育专家的观点？

A. 近两年来，在一些上了很多课外班的小学生中发现了心理异常者。

B. 近两年来，越来越多的家长送孩子到各种课外班学习。

C. 近两年来，上课外班的小学生中有的人不但学习成绩没有明显提高，而且还产生了对学习的厌倦心理。

D. 近两年来，在家长引导下选择多种课外班的小学生中心理异常者的发生率高于不报或少报课外班的同龄学生。

E. 近两年来，也有很多不上课外班的小学生成绩非常优秀。

23. 三个人A、B、C打扮得一模一样，排成一排。A从不说假话，B从不说真话，C既说真话也说假话。

测试者问第一个人："你是谁?"回答是"我是C"。

测试者问第二个人："第一个人是谁?"回答是"他是B"。

测试者问第三个人："第一个人是谁?"回答是"他是A"。

根据这些回答，以下哪一项为真?

A. 第一个人是A，第二个人是B，第三个人是C。

B. 第一个人是A，第二个人是C，第三个人是B。

C. 第一个人是B，第二个人是A，第三个人是C。

D. 第一个人是C，第二个人是A，第三个人是B。

E. 第一个人是C，第二个人是B，第三个人是A。

24～25题基于以下题干：

在某研究所里，所有的工程师都是工会会员，有的管理人员是硕士，有的工程师是硕士，所有工会会员都办了信用卡，没有管理人员办信用卡。

24. **如果以上所述为真，则以下哪项必为假?**

A. 所有的工程师都办了信用卡。

B. 有些工程师兼做管理人员。

C. 有些硕士没办信用卡

D. 有些硕士办了信用卡。

E. 管理人员都不是工会会员。

25. **以下哪个人是上述前提的一个反例?**

A. 一个女管理人员。

B. 一个有信用卡的人，但不是工程师。

C. 一个没有办信用卡的管理人员。

D. 一个没有办信用卡的工程师。

E. 一个有信用卡的人，但不是管理人员。

26. 2015年7月14日，欧元区经过艰难的谈判，希腊债务危机暂时得到平息。如果希腊债务危机得不到解决，将会对欧元区的经济产生负面影响。但希腊只有进行广泛改革，才能重返经济发展的道路。希腊或者减少福利，或者实现经济大幅发展，否则，债务危机将是难解之题。

以上陈述如果为真，则以下哪项陈述必然为真?

A. 如果希腊减少福利，或者实现了经济大幅发展，则可以解决债务危机。

B. 如果希腊债务危机得到合理解决，就不会对欧元区的经济产生负面影响。

C. 如果希腊要解决债务危机，但还无法实现经济大幅发展，就必须减少福利。

D. 如果希腊不减少福利，或者不能实现经济大幅发展，将会对欧元区的经济产生负面影响。

E. 希腊如果进行广泛改革，就能重返经济发展的道路。

27. 张华对王磊说："你对我说，作为公司的合法拥有者，只要我愿意，我就有权卖掉它。可是，你又对我说，如果我卖掉它，忠诚的员工们将会因此遭受不幸，因而我无权这样做。显然，你的这两种说法是前后矛盾的。"

以下哪项陈述最准确地描述了张华推论中的缺陷？

A. 张华忽略了他的员工也有与卖掉这个公司相关的权利。

B. 张华没有为卖掉他的公司提供充足可靠的理由。

C. 张华现在无权卖掉他的公司不意味着他永远无权卖掉它。

D. 张华将公司的拥有权与对忠诚员工的负责权混为一谈。

E. 张华误以为公司的合法拥有者一定会有忠诚的员工。

28～30 题基于以下题干：

有6件青花瓷器：S、Y、M、Q、K、X。每件的制作年代各不相同，从左至右，按年代最早至年代最晚依次排序展览，已知的排序条件信息如下：

(1) M的年代早于X。

(2) 如果Y的年代早于M，则Q的年代早于K和X。

(3) 如果M的年代早于Y，则K的年代早于Q和X。

(4) S的年代要么早于Y，要么早于M，二者不兼得。

28. **以下哪项列出的是可能的展览顺序？**

A. Q、M、S、K、Y、X

B. Q、K、Y、M. X、S

C. Y、S、M、X、Q、K

D. M、K、S、Q、Y、X

E. K、X、M、S、Y、Q

29. **如果Y的年代是第二早的，以下哪项陈述可能为真？**

A. K的年代早于S。

B. K的年代早于Q。

C. M的年代早于S。

D. M的年代早于Y。

E. S的年代早于Y。

30. **如果M的年代早于Q却晚于K，以下哪项陈述可能为真？**

A. Y的年代早于S。

B. S的年代早于M。

C. Q的年代早于X。

D. Y的年代早于M。

E. Q的年代早于K。

模拟试题一参考答案及解析

1. 答案：A。

由题意，“精湛的医术”和“高尚的品德”都是成为好医生的必要条件。即：

好医生→精湛的医术∧高尚的品德

A项把“精湛的医术”当成了成为好医生的充分条件，因此A项推不出。

其余选项都能从题干推出。

2. 答案：D。

题干断定：许多成功的影视导演先经过几年正规的专业学习，没有一个忽视大众心理需求的影视导演能够获得成功。从中推出：所有经过正规专业学习的成功的影视导演都没有忽视大众的心理需求。进一步推出：有的经过正规专业学习的影视导演没有忽视大众的心理需求。这等价于：并不是所有经过正规专业学习的影视导演都忽视大众的心理需求。因此，D项为正确答案。

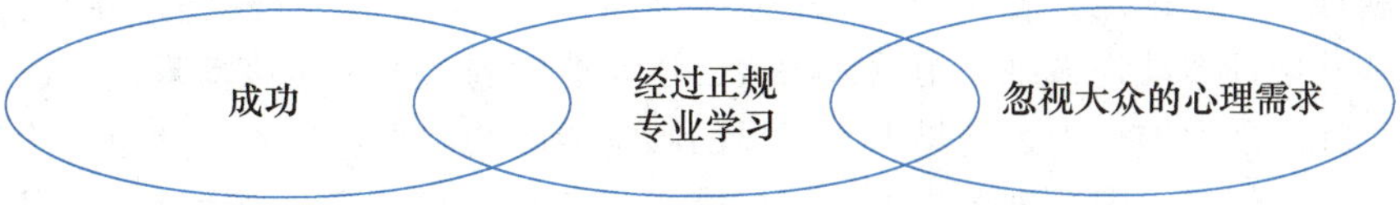

其余选项都不必然为真，比如A项不能从题干推出。

3. 答案：B。

题干根据出生一个月就与母亲隔离的幼仔常常表现出很强的侵略性这一事实，得出一个解释性的结论：形成强侵略性的原因在于幼仔在初始阶段缺乏由父母引导的社会化训练。

B项是个对比研究，有助于说明“由父母引导的社会化训练”与“侵略性”具有因果关系，有力地加强了题干论证。

A项陈述的是早期与母亲隔离的羚羊的侵略性，C项陈述的是出生头三个月被人领养的婴儿在童年时期的侵略性，这些都与题干有差距，支持力度不足。D项为无关项。

4. 答案：A。

题干陈述：羡慕嫉妒恨，透露出自己的自卑、懊恼、羞愧和不甘，既反映出自己人格的卑污，也不会有任何好结果。由此，显然可得出结论：羡慕嫉妒恨是一种有害无益的心理情绪。因此，A项为正确答案。其余选项均不与题干直接相关。

5. 答案：B。

题干根据商代晚期的妇好墓中出土了一件俏色玉龟，得出结论：“俏色”工艺最早始于商代晚期。要使这一论证成立，必须假设B项，否则，如果妇好墓中的俏色玉龟是更古老的朝代留传下来的，那么，“俏色”工艺所始于的年代就要早于商代晚期了。因此，B项为正确答案。其余选项均为无关项。

6. 答案：D。

题干需要解释的奇怪现象是：红色景点往往在门票收费时游客非常多，而免费开放后却变得冷清。D项所述是对此现象的一个有说服力的解释。其余选项均为无关项。

7. 答案：D。

题干结论是，曹操墓的具体位置得到确认；理由是，经过了河南省文物考古研究所发掘确认。要使这一论证具有说服力，D项是必须假设的。否则，如果河南省文物考古研究的考古发现可信度不高，那么，就不能确认曹操墓的具体位置。

其余选项均最多是对于题干结论构成支持，但不是假设。

8. 答案：D。

题干断定：只有我国的税务机关达到征收直接税和存量税的水平，才能开征房产税。

加上选项D所述的我国税务机关目前不能征收直接税和存量税这一条件，可以推出：我国现在不能开征房产税。故正确答案为D。

9. 答案：C。

题干是性质命题的I判断。选项Ⅰ是a判断，选项Ⅱ是O判断，选项Ⅲ是E判断，选项Ⅳ是A判断。由I判断真，不能确定a、O、A这三个判断的真假，但可确定E判断为假。

10. 答案：A。

题干新理论的结论是：恐龙和其他种类动物的灭绝与任何小行星的影响无关。理由是：恐龙和其他种类动物灭绝是由巨大的火山运动造成的。A项是该新理论成立必须假设的，否则，如果巨大的火山运动是由小行星的影响造成的，则意味着即使恐龙灭绝真的归咎于火山活动，但是火山活动还是由小行星撞击引起的，那么就不能说恐龙和其他种类动物的灭绝与任何小行星的影响无关了。

题干并没有涉及有多少恐龙幸免于难的问题，B项可排除；题干没有讨论毁灭时间的长短，C项可排除；D项为明显无关选项，排除；无论哪个现象先发生都不影响其中之一作为恐龙灭绝的罪魁祸首，E项也应排除。

11. 答案：C。

本题关键在于对问题“A是谁?”的回答。

假定A是天使，由于天使只说真话，因此，A是不可能回答“我是常人”的。显然，假设不成立，可排除选项A、B。

假定A是常人，A的回答没问题。此时B首先不可能是天使，因为天使的回答必须是“A是常人”。这样，B只能是魔鬼，C是天使。但既然C是天使，C的答案就只能是“A是常人”。所以，这一假定也不成立。

由此可知，A只能是魔鬼。由于B的答案是“A是魔鬼”，因此，B是天使，C是常人。

本题正确答案为C项。

12. 答案：C。

题干观点：由于西北还有大片的土地没有开发，因此，我国的土地问题不至于这么严重。

选项C“土地是有限的、不可再生的资源，而乱占耕地的倾向是始终存在的”则表明，不论西北有多少土地，中国的土地问题仍然十分严重，这就有力地削弱了题干观点。

选项A、B、D、E都是针对论据而言的，其中A、B、D从不同角度说明了西北地区的土地开发的难度很大，E则是对西北可供开发的土地作了某些限定。肯定这些选项，当然可以对题干中这些人的议论构成一定的质疑，但力度不大，因为它们否定的只是其论据，而不是直接否定“我国的土地问题不至于这么严重”的观点。

13. 答案：D。

复合命题推理题。由题干列出以下条件表达式：

(1) $G \vee J$（等价于 $\neg G \rightarrow J$）

(2) $\neg E \vee \neg F \rightarrow \neg G$

(3) $\neg E \rightarrow \neg H$

(4) $I \leftarrow J$

由于这个团不去I峰，根据上述条件表达式可得到如下推理：

$\neg I \rightarrow \neg J$　（由条件（4）作逆否命题）

$\rightarrow G$　（由条件（1）作逆否命题）

$\rightarrow E \wedge F$　（由条件（2）作逆否命题）

因此，选项D可以从题干推出。

14. 答案：B。

题干根据服用钙片的一组老人比服用安慰剂的另一组老人突发心脑血管疾病的案例多，得出结论：服用钙片更容易诱发心脑血管疾病。

这一结论的得出必须基于这两组老人具有可比性这个前提。如果能说明这两组老人除了是否服用钙片外其他情况也不一样，就能削弱结论。显然，B、E项都能削弱题干结论。由于B项表明服用钙片的老人大都身体弱且患有心脑血管疾病，因此，削弱力度更大。故正确答案为B。

15. 答案：D。

题干论述，有些科学家试图严格地证伪量子理论，却发现其误差在通常可接受的统计范围之内，这表明接受量子理论是合理的。

如果试图严格地证伪一个理论，而该理论经受住了所有的考验，那么应该接受它，这一原则显然有助于表明上述推理的合理性，因此，D项为正确答案。

16. 答案：A。

题干根据女性获奖是男性获奖的1/12，得出结论：科技界存在着性别歧视。虽然女性获奖比例仅是1/13，但如果A项为真，即在从事科技工作的总人数里面女性只占不到1/16，则反而有利于说明，女性的获奖比例比男性还要高。因此，A项最能削弱题干论述。

17. 答案：D。

由条件（2）知，三人都通过了资格赛；再由（1）和（4）推出，小蒋不能获得参赛资格。

由于题干断定，三人至少有一人取得了参赛资格，因此推出，小朱和小梁至少有一人取得了参赛资格。也即：如果小梁没取得参赛资格，那么小朱就取得参赛资格。

条件（3）可理解为：如果小梁取得参赛资格，那么小朱就取得参赛资格。

从而进一步推出：不管小梁取没取得参赛资格，小朱一定取得了参赛资格。

18. 答案：A。

本题为相似比较题。题干的论证是把某一件事成立的一个充分条件当作了它的一个必要条件来推理，从而得出了不正确的结论。其错误推理模式属于充分条件假言推理的否定前件式。

选项A中的将明矾加入泡菜的盐水中是盐水可以取代泡菜中的水分的一个充分条件，而非必要条件。而作者在论证中却把它当必要条件来使用，显然犯了与本题题干论证相一致的推理错误。

选项B、C、D和E的推理方式都是正确的。比如E项，“西红柿不储藏在黑暗的地方”是“西红柿不宜食用”的充分条件，现在“没有把她的西红柿存放在暗处”，那就是充分条件假言推理的肯定前件式，因此，可以得出正确的结论：有些苏拉的西红柿就不宜食用。

19. 答案：C。

题干陈述（2）（3）矛盾，必然是一真一假。

由于四个陈述中是两真两假，可知，（1）（4）也为一真一假。

若（4）真，则（1）真，存在矛盾。因此，（4）必假，从而（1）必真，即“该宿舍有的女生被录取了”为真。

因此选项C“该女生宿舍所有人都没有被录取”一定是假的。所以，正确答案是C项。

注意：由“该宿舍的王玲以优异的成绩被录取了”为假，不能得出“该宿舍的王玲没有被录取”，因为王玲还可能以一般的成绩被录取。因此，推不出（2）和（3）的真假，因此，不能确定B项为假。

20. 答案：B。

题干断定：

（1）三种食品进行检验，添加剂合格的有两种食品，包装材料合格的也有两种食品。

（2）只有添加剂和包装材料都合格的才能出厂。

根据断定（1），推出添加剂和包装材料都合格的至少有一种食品。

根据断定（2），推出即使添加剂和包装材料都合格也不一定能出厂。

因此，推出的结果是可能这三种食品都不能出厂。所以，本题答案为B。

A项不能必然推出，C项题干并没有断定，D、E项明显推不出。

21. 答案：B。

本题根据现在没有完成的工作等的数量与所谓的繁忙发生之前一样多，推出人们一定没有他们所声称的那样忙。

该结论成立的一个假设是过去和现在要做的事情一样多。B项对本题结论成立的假设进行了否定，因此正确答案为B。

因为看起来忙忙碌碌是一种地位的象征，因此人们为提高其地位都会声称他们很忙，而实际上并没有他们所声称的那样忙，所以A项对本题的结论构成了支持；C项为无关选项；D项很明显就是本题结论成立的前提；E项从另一个方面对本题的结论构成了支持。

22. 答案：C。

题干断定：

（1）名家讲座共有历史类和科学知识类两种类型。

（2）所有的历史类讲座和所有的科学知识类讲座都有读书协会会员参加。

由此推出，所有名家讲座都有读书协会的会员参加，即C项为真。其他选项不能由题干必然推出。

23. 答案：A。

胡晶认为：如果疫病继续传播，那么，损失将不可挽回。可表示为：传播→损失。

吴艳认为：要想挽回这种损失，只需要阻止疫病的传播就可以了，即只要满足“阻止疫病的传播”这个条件，就可以得出“挽回损失”了。可表示为：¬传播→¬损失。

A项可表示为：¬传播∧损失。这是吴艳断言的负命题，即与吴艳的断言不一致，但与胡晶的断言相一致。因此，该项为正确答案。

其余选项都与胡晶和吴艳的断言不存在冲突。

24. 答案：B。

题干断定，富士康集团在不改变现有工作方式的情况下：

（1）要提高劳动生产率，就要提高工人的劳动强度。

（2）提高工人的劳动强度，就会降低劳动生产率。

因此，富士康集团不改变现有工作方式就不可能提高劳动生产率。即，富士康集团只有改变现有的工作方式才能提高劳动生产率。正确答案为B。

25. 答案：D。

记者的预测是：在以往两校的比赛中，高校A的胜率高达90%，所以这次比赛一定也是高校A取胜。

如果D项为真，即高校A原来取胜的那些选手都已经毕业了，那么，这次比赛的选手与以往可能会有实质性的区别，就不能依据往昔成绩来判断本次比赛的成绩，从而严重削弱了记者的预测。

B项是一种或然性的削弱，A、C、E项为无关项。

26. 答案：C。

题干结论：文物保护法不妥当。（文物保护法规定，所有者无权对文物建筑进行改变。）

理由是：有时对文物建筑进行外观和内部结构的改造可以提高它们的价值。

选项C认为文物建筑的真正价值在于它是历史的遗迹，对其原貌的任何改变都是在降低其价值，这样，反对文物保护法的人的立论根据便不能成立。

选项A只是从加固和美化的角度谈论这一问题，而没有触及价值这一要害问题；选项B与题意不甚相关；选项D是支持反对文物保护法的人的意见的，与题意相悖；选项E从技术能力的角度而不是从价值的角度谈论这一问题。

27. 答案：D。

轮扁的论证是：

前提之一：高超的技术无法用语言传达。

前提之二：古人已经死了，他们所不能言传的精华也跟着消失了。

补充假设：除了高超的技术外，其他精华也是不能言传的。

得出结论：从书上读不到古人的精华。

因此，D项是轮扁的议论所依赖的假设，否则，如果除了高超的技术外，其他精华可以言传，那么，就可以得到古人的精华。

28. 答案：A。

郭教授根据经济理论专业学生的论文论证很不充分，得出结论：现在大学生的逻辑水平差。

A项显然说明郭教授的论证是以偏概全的，严重削弱了郭教授的观点。

B项也能削弱郭教授的观点，但削弱力度不足。C项不能削弱郭教授的论证。D、E项均是无关项。

29. 答案：C。

本题为位置对应、分组题。

首先对本大题进行条件分析，列出下表：

	成人	儿童
男	E，F	J
女	G，H，I	K

由条件（2），李医生只负责1名患者，而每位医生最多负责2名患者的治疗，那么其余的医生就要各负责2名。

由条件（1），张医生只能治疗E、F、J中的人。

张医生不可能负责E、F，否则违背条件（3），则张医生一定治疗J和1名男性成年人（E或F），C项正确。

医生	张	李	王	刘
病人人数	2男	1	2	2
病人名	J，E/F			

30. 答案：D。

E由王医生负责治疗，而张医生只能治疗E、F、J中的人，并且由上题分析可知张医生一定治疗J和另外1名男性成年人，所以张医生一定治疗F、J，A项排除。

E由王医生负责治疗，张医生一定治疗F、J，所以李医生治疗除K之外的另外3名女性之一，因为如果某名医生负责治疗1名儿童患者，那么他必须负责与这个患儿性别相同的1名成人患者的治疗工作，而王医生已经治疗了1名男性成人，所以他只能再治疗一名女性成人，那么剩下一名女性成人和K就只能由刘医生治疗，D项正确。

模拟试题二参考答案及解析

1. 答案：C。

题干陈述，父母不可能整天与他们的未成年孩子待在一起，即使能待在一起也并不总是能够阻止他们的孩子犯错。其意思就是：父母不可能做到控制他们孩子的行为。

补充 C 项这个一般原则后得到一个有效的论证：

父母不可能做到控制他们孩子的行为。

人们只应该对那些他们能够加以控制的行为承担责任。

所以，父母对孩子的行为不承担责任。

也即，父母不能因为他们的未成年孩子所犯的过错而受到指责或惩罚。

A 项与题干中的前提冲突；若分别补充 B 项和 D 项，也不能推出题干结论。

2. 答案：E。

题干陈述，讲述凶猛的怪兽的恐怖故事运用了象征的手法，而这些故事都描述了违反自然规律的现象，从而可得出结论：某些运用了象征手法的故事描述了违反自然规律的现象。因此，E 项为正确答案。其余选项从题干推不出。

3. 答案：C。

用假设代入法推理。假设乙说谎，则甲说真话，丙也说真话。既然丙也说真话，那么确实甲和乙都说谎。这就存在了内在矛盾，故这种情况不可能。

从而可知，乙只能说真话。这样可推出：甲说谎，丙也说谎。因此，正确答案为 C。

其余选项都含有矛盾。

4. 答案：D。

题干断定：出土的北宋瓷枕一定是专门给死者枕的冥器。

D 项论述，有些出土的北宋瓷枕有教导性话语，而冥器上从来不写教导性文字。这至少说明，有些出土的北宋瓷枕不是冥器，这就提出了一个反对题干结论的新的论据，严重削弱了题干论证，为正确答案。

A 项是个干扰项，似乎能削弱题干，但不能从根本上推翻题干论证。A 项表明，在陪葬品中也有死者生前喜爱用的器具，这不见得就包括了瓷枕，因为题干已表明“瓷枕头非常硬，活人不好枕”，即瓷枕不大可能是死者生前喜爱用的器具。

B、C、E 项均为无关项。

5. 答案：D。

题干通过差异法得出结论：导致 S 国农业歉收的原因不是气候变化。

其根据是，对比 S 国和其邻国 T 国，经历了同样的气候变化，然而，T 国农业产量一直在增加，S 国却一直在下滑。

题干结论的得出必须保证 S 国和 T 国其他影响农业的因素也都一样，而 D 项若为真，即 S 国种植的农作物不同于 T 国，就意味着，气候变化可能对 S 国农业有负面影响而对 T 国有正面影响，这就严重地削弱了题干的论证。

6. 答案：A。

(1) 假设乙的话是假的，则甲、丙、丁的话是真的，所以甲是 A 型，乙不是 O 型，丙是 AB 型。由题干，甲、乙、丙、丁四人的血型各不相同，可推出乙或者是 O 型，或者是 B 型。乙不是 O 型，故只能是 B 型。于是可推出丁是 O 型。选项 A 成立。

(2) 假设丙的话是假的，则甲、乙、丁的话是真的，可知甲是 A 型，乙是 O 型，丙和丁都不是 AB 型。但从“丙和丁都不是 AB 型”，却推不出他们各自究竟是什么血型，于是也就推不出四个人各是何种血型。选项 B 不成立。

(3) 假设丁的话是假的，即丁是 AB 型，而丙也是 AB 型，与题干矛盾，无法继续往下推出四个人各是何种血型。选项 C 不成立。

(4) 由于假设丙或丁的话是假的，均推不出四个人各是何种血型，故 D 不成立。

(5) 由于假设乙（或甲）的话是假的，可以推出四个人各是何种血型，故 E 不成立。

7. 答案：D。

评论者的推理如下：

前提：一些错误的历史论著表现出作者在思想观念或其他方面的先入之见。

假设：某些带有先入之见的历史著作是那些声称自己是客观的历史学家写的。

结论：历史学家的说法（他们本人在论述历史问题的时候是客观的，很少受到伦理道德的或者美学的先入之见的影响）是不能接受的。

可见，评论者的推理缺陷在于理所当然地认为其假设是正确的，而实际上其假设是有疑问的，因此，D 项为正确答案。

其余选项不妥，比如 A 项易误选，因为许多历史学家断言的是他们很少受到先入之见的影响，并没有打算彻底消除先入之见的意思。

8. 答案：C。

题干意思可归纳为如下条件：

(1) 顽疾处理不当→中国经济可能硬着陆。

(2) 资金成本回归到合理的位置←顽疾消除。

(3) 顽疾不能控制→牛市很难到来。

从中可知，如果迎来了牛市，由条件 (3) 的逆否命题可知，顽疾消除了，再由条件 (2) 推出，资金成本回归到合理的位置。所以，C 项必然为真。

其余选项都不能必然被推出。

9. 答案：C。

由“所有步行回家的学生都回家吃午饭，所有回家吃午饭的学生都有午睡的习惯”推出：

所有步行回家的学生都有午睡的习惯。

补充 C 项：小李没有午睡的习惯。

得出结论：小李不是步行回家。

因此，C 项是上述结论所假设的。

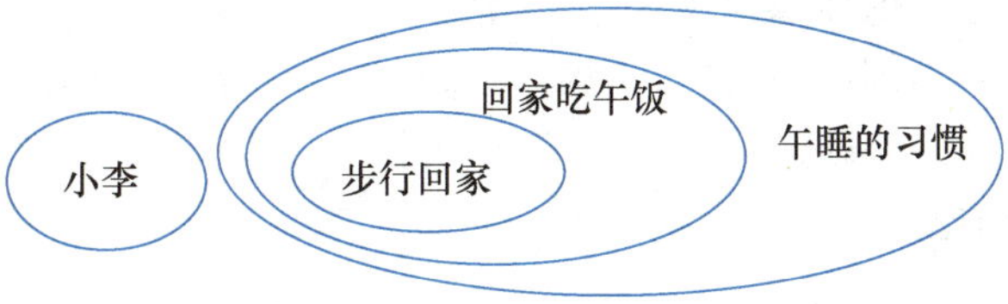

10. 答案：B。

由条件（2）和（4）知，小涛不参加 100 米。

由条件（5）知，小涛不参加 400 米和跳高两项。

由上述两个推论，可直接排除 A、C、D、E 项，因此，只能选 B。

然后把 B 项的条件代入题干，发现无矛盾，确定 B 为正确答案。

11. 答案：B。

专家认为，升学率不能作为评价这些高中的教学水平的标准。

选项 A、C、D、E 都从不同的角度，说明高中的教学水平还受其他因素的影响，支持了专家的论断。

而 B 项，升学率高的中学配备了优秀的教师，意味着其教学水平高，不能支持专家的论断。

12. 答案：D。

李燕由王刚的推理逻辑可以得出“喝水无疑都导致吸食海洛因”的荒谬结论，可见李燕使用的论证技巧是，运用对方的论证方法，得出一个荒谬的结论，从而证明对方的论证漏洞。因此 D 选项正确。

其余选项均不妥，比如，B 项的说法也有道理，但不能说是李燕使用的论证技巧。

13. 答案：A。

关于文化，题干指出：文化只有独立并由内部首创精神取代外部压力才能发展。

题干论证是一则类比论证。题干把独立的学校类比为独立的文化，那么学校的发展应该跟文化的发展类似，即：学校只有独立并由内部首创精神取代外部压力才能发展。A 表达的正是这个观点。

独立是发展的必要条件而不是充分条件，B 应排除。

具体做法如何题干没有涉及，C 应排除。

独立是发展的必要条件，但是独立跟发展是否成正比题干没有讨论，E 应排除。

14. 答案：C。

经济学家的论证是，作为累进税的美国的个人所得税，税制复杂，避税空间大，达不到税法规定的累进程度，其调节分配的功能也大大弱化。

C 项从收入比重增加和平均税率减少这两个数据的对比中，印证了美国富人避税能力较高的说法，从而对经济学家的论证提供了最强的支持。

A、B 和 D 选项对经济学家的观点也有所支持，但力度较弱。

15. 答案：E。

题干断定：

（1）李凯拿到钥匙→把门打开 ∧ 保留钥匙。

（2）杨林拿到钥匙→把钥匙交到失物招领处。

（3）李凯拿到钥匙∨杨林拿到钥匙。

从中可推出，如果李凯没有拿到钥匙，由（3）知，那么杨林拿到钥匙，再由（2）得，钥匙会在失物招领处。因此，选 E。

其余选项都不能推出。

16. 答案：B。

如果把 a 放在其中，组成 bea，违反题干条件（3）的要求；

如果把 c 放在其中，组成 bec，同样违反题干条件（3）的要求；

如果把 d 放在其中，组成 bed，也同样违反题干条件（3）的要求；

如果把 e 放在其中，组成 bee，也是同样违反题干条件（3）的要求；

只有把 b 放在其中，组成 beb，才符合题干所有条件的要求。因此，应该选 B。

17. 答案：A。

如果用 d 代替每个 b，ccbbead 就成了 ccddead，违反了题干条件（5）；

如果用 e 代替第一个 c，ccbbead 就变成了 ecbbead，符合题干所有要求；

如果用 e 代替 d，ccbbead 就变成了 ccbbeae，符合题干所有要求；

如果把 e 移到 d 的左边，ccbbead 就变成了 ccbbaed，符合题干所有要求；

如果把第二个 b 移到 a 的左边，ccbbead 就变成了 ccbebad，符合题干所有要求。

所以，应选 A。

18. 答案：B。

题干断定一：1982 年与 1964 年的大学毕业生之间存在根深蒂固的不同。

题干断定二：1982 年的大学毕业生大多数人决定上大学的主要原因是将有一份好的收入。

由此说明，1964 年的大学毕业生不是这样，1964 年的大学毕业生中大部分人上学不是为了好的收入，也就是只有少数 1964 年的大学毕业生上学是为了赚钱。B 项中的“不到一半”就表示“少数”，所以 B 正确。

题干中根本没有说 1964 年的大学毕业生所关心的是什么，又如何与 1982 年的大学毕业生对财政问题的关心进行比较呢？所以，A 不对。

要注意题目要求是“自上而下”还是“自下而上”。C 是个干扰项。注意这是一道自上而下的题，教育背景是否起着相同的作用是未知的，因为题干没有说。C 是一个新的比较，虽可以部分解释上面的推理，但根据“自上而下”的推理思路是推不出来的，所以 C 为无关项（如果把问题变为“下面哪一个最能够解释上面的现象?”，或者“下面哪一个最能够支持上面的结论?”，那么 C 就是答案）。

D 与段落推理不相关，而 E 直接与题干信息相违背，因此 D、E 都不对。

19. 答案：D。

题干论述：

不批驳虚假财政行为的传闻→会破坏顾客的信心；

批驳传闻→会增加怀疑。

因此，不管是否批驳传闻负面影响都不可避免。D 项正确。

A 项、E 项为明显无关选项，排除；题干没有讨论真实传闻的影响，B 项为无关选项，排除；如果管理部门批驳传闻，反而会增加怀疑，因此 C 项错误。

20. 答案：C。

为评估癌症患者去医院治疗是否会增加死亡的风险，我们应该比较去医院治疗的癌症患者和不去医院治疗的癌症患者的死亡率，C 项正确。

A、B 项首先应排除。D 项是干扰项，此比例越低，只能说明因医疗事故死亡的癌症患者去医院治疗增加的死亡的风险越大，不能普遍说明癌症患者不应当去医院治疗，因为去医院治好或延长生命的情况可能更多。因此，起不到有效的评价作用。

21. 答案：A。

题干条件关系为：¬懂→ ¬入。

等价于：懂←入。

也就是说，“懂几何”是“进入”的必要条件，必要条件假言推理肯定前件不能因此肯定后件，当然也不能因此否定后件。因为当必要条件假言命题的前件真时，后件可真可假。因此，只能推出具有可能性的结论：来的这群懂几何的人可能会被允许进入，但也可能不会被允许进入。所以 A 正确。

选项 B、C、D、E 的说法太绝对，都不符合题意。其中 B 和 D 等价，“不可能”就是“一定不”的意思；C 和 E 等价，“不可能不”就是“一定”的意思。

22. 答案：C。

题干认为，该条河不再受污染的可靠指标是鲑鱼已经重现。

A 项表明，重新出现的鲑鱼可能是某个不受该河污染物影响的品种，削弱了题干推理。B、D、E 项，均说明污染依旧存在，削弱了题干推理。

只有 C 项，不能表明上述推理中存在缺陷。

23. 答案：C。

题干前提是，没有一个经过检查的土豆是绿色的或发芽的。意思就是，所有经过检查的土豆都不是绿色的或发芽的。补充假设后，论证过程如下：

题干前提：经过检查→不是绿色∧没有发芽

补充 C 项：不是绿色∧没有发芽→可以安全食用

得出结论：经过检查→可以安全食用

其余选项均不是题干论证必须假设的，比如补充 A 项后不能保证题干结论的得出。

24. 答案：A。

每人只能去一个地方，而约翰去西安或者杭州，所以约翰不去张家界。

凡是有中国学生去的地方，就必须有外国留学生去，赵强去张家界，约翰不去张家界，所以必须是杰西或安娜去张家界，现在杰西去大连，那么安娜必须去张家界，A 正确。

25. 答案：C。

凡是有中国学生去的地方，就必须有外国留学生去，赵强去张家界，约翰不去张家界，所以必须是杰西或安娜去张家界，而每人只能去一个地方，因此杰西和安娜不可能都去杭州，C 正确。

26. 答案：C。

题干根据事实：动物园里的食物通常主要由水果与浆果构成，生活在那儿的喜热蝙蝠大多数都内分泌失调，得出结论：喂养这种蝙蝠的最健康方法是，主要供给坚果、幼虫、蔬菜和极少量的水果与浆果。

A、B、D、E项都是上述论证必须假设的。而C项，动物园里的喜热蝙蝠需要吃不包含水果与浆果的食物，这与题干结论不一致，显然是不需要假设的。

27. 答案：D。

根据题目条件，列表推理如下：

	若甲得第一	若乙得第一	若丙得第一	若丁得第一	若戊得第一
甲：要么是甲，要么是乙	√	√	×	×	×
乙：要么是甲，要么是丙	√	×	√	×	×
丙：不是戊→就是己		×	×	×	√
丁：不是甲	×	√	√	√	√
	不合题意	不合题意	不合题意	符合题意	不合题意

若甲得第一名，甲、乙预测都正确，不合题意。

若乙得第一名，甲、丁预测都正确，不合题意。

若丙得第一名，乙、丁预测都正确，不合题意。

若丁得第一名，只有丁预测正确，符合题意。

若戊得第一名，丙、丁预测都正确，不合题意。

因此，D项为正确答案。

28. 答案：D。

设P：对所有报名参加国庆检阅方阵的学生进行了体检；Q：没有发现心脏异常者。

上述断定为假，即：¬(P∧Q)＝¬P∨¬Q＝P→¬Q。因此，

“对所有报名参加国庆检阅方阵的学生进行了体检，没有发现心脏异常者”为假＝“或者有的报名者没有进行体检，或者在报名者中发现了心脏异常者”（这就是Ⅱ）＝“只要对所有的报名者都进行体检，就会发现有心脏异常者”（这就是Ⅲ）。

而Ⅰ为¬P∧¬Q，不必然真。

因此，D为正确答案。

29. 答案：C。

本题是一道单行排列题。条件表达如下：

(1) F＝2

(2) J≠7

(3) ×(GH)∧(HG)

(4) H＜L

(5) L＜M

一	二	三	四	五	六	七
	F					

F处在第二位，则其前面有一个位置，后面有五个位置，由（4）（5）可知H在L和M的前面，由题干M在J之前的某个位置和K之前的某个位置，可知H后面有至少四个

字母，因此 H 只能有两个位置可以选：紧挨在 F 的前面或者紧接在 F 的后面。故选 C。其余选项均不一定。

30. 答案：E。

由（4）（5）可知 H 在 L 和 M 的前面，因此 L 和 M 不可以是被第一个录制的唱片，又由（1）F 必须排在第二位，因此 F 不可以是被第一个录制的唱片，其余 G、H、J、K 均可以被第一个录制，故选 E。

模拟试题三参考答案及解析

1. 答案：B。

题干需要解释的是：黑长尾猴为什么会根据食肉动物出现的危险是来自陆地还是来自空中，发出不同的惊叫声。

合理的解释应该是，不同的惊叫声是提醒同伴针对不同的危险采取不同的避险措施。B 项说明了这一点，有力地解释了黑长尾猴的上述行为。

其余选项不妥，其中，A、C 项也有一定的解释作用，但解释力度不足，D 项为无关项。

2. 答案：A。

题干陈述：一个人必须挖掘出与某些想法相关的充分联系，才能促使智力进步，为此，思考者需要思考法则。意思是，只有思考法则，才能有智力进步。可表示为：

智力进步→有思考法则

A 项表明：思想自由→缺乏思考法则

上述两式联立，可得：思想自由→智力不能进步

意思是：在保护思想自由的社会里，不能造成智力进步。

这与题干中"思想自由是智力进步的前提条件"的说法相矛盾。

所以，关于思想自由的论证是不成立的。

即补充 A 项后，题目成为合乎逻辑的有效推理。

B、C 项是支持题干中所反对观点的理由。

D 项易误选，实际上起不到作用。该项表明，要思想自由就要有思考法则。这与题干"思想自由是智力进步的前提条件"结合起来，就得出：要想智力进步，就要有思考法则。这样，就与题干后半段的论述一致了，也就是说后半段的论述起不到对前半段的反驳作用了，也就得不出"关于思想自由的论证是不成立的"这一结论了。

3. 答案：C。

题干结论是，郊区的市政几乎不可能从享受补贴的服务于郊区的公交系统中受益。

其理由是，郊区的居民出行几乎不坐公交车。

若 C 项为真，说明虽然郊区居民不用享受市政补贴的公交系统，但郊区商店之所以能吸引到足够的雇员，是因为有享受市政补贴的公交系统可用，这就从另一个角度削弱了题干结论。

4. 答案：B。

不可能"利比亚的局势将迅速稳定下来"

＝必然非"利比亚的局势将迅速稳定下来"

＝利比亚的局势一定不会很快稳定下来

5. 答案：A。

本题为支持题，重点理解：换为新灯泡，那么总体照明的成本降低。而 A 说明大规模使用新灯泡导致新灯泡价格与旧灯泡相当，再加上新灯泡别的优势，确实可以实现公司总体照明成本降低的目的。所以 A 为正确选项。

B、C、E 为无关选项；D 指出的是另外一种降低照明成本的做法，不可能起到支持作用。

6. 答案：D。

题干观点：看《拯救地球》的人增加了多少则环保主义者就增加了多少。

本题涉及统计数据的交叉性问题。D 排除了数据重复的可能性。D 加非：收到地球村成员赠送的《拯救地球》的人，有的在收到书以前就“加入了”环保主义者的阵营。这意味着甚至有收到书的人大部分本来就是环保主义者的可能，因此看书者的增加不意味着环保主义者也增加，削弱了题干，故应为正确选项。

题干说“至少”又有 2 000 人加入，其他组织是否同时赠书，不影响题干论述，A 应排除；B、C 为明显无关选项，排除；题干讨论的是环保主义者增加与否，与是否支持特定组织的特定项目无关，E 应排除。

7. 答案：C。

由条件，所有的年轻人都有大学学历，又所有有大学学历的人都建立了公积金个人账户，因此，所有的年轻人都建立了公积金个人账户。

又由条件，没有部门经理有公积金个人账户。所以，不可能有的年轻人当上了部门经理。因此，C 项必定是假的。其余各项都可能是真的。

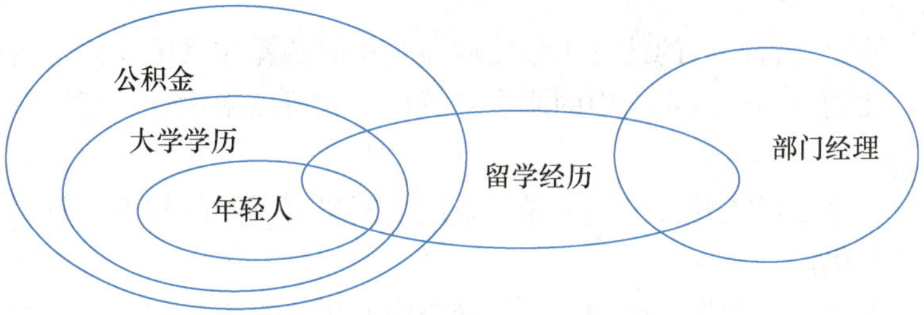

8. 答案：B。

由条件，所有的年轻人都有大学学历，又所有有大学学历的人都建立了公积金个人账户，因此，所有的年轻人都建立了公积金个人账户。所以，如果题干条件为真，则“一个没有公积金个人账户的年轻人”就不存在，即 B 项是上述前提所断定的一个反例。

A、E 项是有可能成立的，C、D 项符合题干条件。

9. 答案：A。

由题干，张说：“王是作案者。王说过是他作的案。”题干又假设，五个职员中，参与作案的人说的都是假话，只有无辜者才说真话。所以，王如果是作案者，他不可能承认是他作的案，否则，作案者就会说真话了。由此可知，张说的是假话，因而张是作案者，王不是作案者。

进一步推出，王说的是真话，因而李是作案者；李说的是假话，因而赵不是作案者；赵说的是真话，因而孙是作案者。

因此，选项A成立。

10. 答案：D。

题干通过研究发现，大鼠连续摄入高脂食物，可以造成其制造运动所需能量的能力下降，导致心脏负担加重、短时失忆和运动困难。

由此可合理地推出：所有的动物，包括人类，都应该控制高脂食物。D项为正确答案。

A项离题干信息较远；B、C、E项都不能从题干得出。

11. 答案：A。

科学家的假设：P-脂肪是视力发育形成过程中所必需的。

其根据一：用P-脂肪含量低的配方奶喂养的婴儿比用母乳喂养的婴儿视力要差，而母乳中P-脂肪的含量高。

其根据二：早产5～6周的婴儿比足月出生的婴儿视力要差。

A项，胎儿只是在妊娠期的最后4周里加大了从母体中获取的P-脂肪的量，这就和根据二结合起来支持了科学家的假设。

其余选项均起不到有效的支持作用。比如，B项，成年人不涉及视力发育形成过程，为无关项；C项，起不到有效的支持作用；D项，支持力度也不明显。

12. 答案：B。

题干针对由计算机的操作系统软件的日益标准化所带来的病毒侵犯计算机系统的损害性问题提出了一个预防措施。

如果预防这种损害的费用要低于修正由病毒侵犯所造成的损害，显然有力地支持了题干的结论。

13. 答案：C。

题干断定：第一，若所有的计算机都使用完全相同的操作系统软件，当一个黑客侵入一台计算机时，便能自动进入系统中的所有计算机，就可以用病毒程序摧毁所有计算机上的数据。

第二，如果一个公司能开发出一种操作系统之间略有不同的软件，就可以避免黑客非法侵入所有的计算机。

由此显然可以推出：如果一个公司在其网络中采用略有不同的计算机操作系统，它将会提高对其网络的整体保护，但它不能保护每一台计算机不被病毒侵入。

14. 答案：D。

题干要反驳的观点是用电池驱动的电动车来代替汽车是解决未来空气污染问题的一个潜在方案，而进行的论证认为上述观点根本不可行。选项E与题干观点相背离，选项C只是加强了题干的观点，选项A、B均与题干无关。

15. 答案：C。

题干是在需要同等学历的十个不同职业中进行平均工资的比较，这说明它假设学历是确定工资标准的主要依据，因此Ⅲ需要假设。

通货膨胀对所有的职业工资水平的影响一致，因此Ⅰ不需要假设。

因为进行比较的是平均工资，因此最高工资与最低工资的差别没有意义。Ⅱ不需要假设。

题干里面只进行了学历和工资之间的比较，因此Ⅳ不需要假设。

因此，C 为正确选项。

16. 答案：C。

题干条件关系可表达为：

(1) 不想受他人摆布→用批判性思维来武装你的头脑。

(2) 不想混混沌沌地度过一生→用批判性思维来武装你的头脑。

(3) 学会独立思考、理性决策→用批判性思维来武装你的头脑。

A 项是条件 (3) 的逆否命题，必然为真 。

B 项是条件 (2) 的等价命题，必然为真。(P→Q= ¬P∨Q)

C 项是条件 (3) 的否命题，不必然为真。

D 项是条件 (1) 的另一种表述，必然为真。

因此，答案选 C 项。

17. 答案：B。

这是一道单行排列题。

5 个元素连续排列在 5 个位置上，如果从北至南依次为 1 到 5 号位。

由条件 (3) 知，F 不能在 1 号位。

由条件 (1) 知，F 不能在 5 号位。

F 也不能在 3 号位。因为如果 F 在 3 号位，则 H 在 4 号位，G 在 1 号位或 2 号位，此时 I、E 在 2、5 号位或 1、5 号位，这与条件 (2) 矛盾，故不可能。

下面分情况考虑：

如果 F 在 2 号位，则 H 在 3 号位，G 在 1 号位，I、E 在 4、5 号位。这就是第一种情况。

如果 F 在 4 号位，则 H 在 5 号位，此时 G 可以在 1 号位也可以在 3 号位。这就可以分为第二种情况和第三种情况。

经过以上分析，本题元素的排列情况可列下表：

位置	1	2	3	4	5
第一种情况	G	F	H	I/E	E/I
第二种情况	G	I/E	E/I	F	H
第三种情况	I/E	E/I	G	F	H

本题 I 在 G 北边，这属于表中的第三种情况，显然可以得到 G 与 F 相邻并且在 F 的北边。

18. 答案：D。

G 和 E 相邻，这属于表中的第二种和第三种情况，这时 F、H 分别占据 4、5 号位，因此，I 一定位于 F 的北边的某处。

19. 答案：A。

题干结论是，言论自由是必不可少的。

A 项说明言论自由不是一个国家健康发展的充分条件，这与题干不矛盾，因为题干认为言论自由是必要的，而没有要求其充分，因此，A 项起不到削弱作用，为正确答案。

其余选项都削弱题干论证。比如，B 项与题干对政府功能的论述明显矛盾；D 项指出言论自由会影响政府对群众需要的满足，削弱了结论。

20. 答案：C。

选项C正好是题干中推理的假设。如果一个开放市场的国家的国内石油市场是国际石油市场的一部分，那么作为开放市场的美国等国家的国内石油市场也应该是国际石油市场的一部分。也就是说，如果由于石油供应中断导致国际石油价格上升，美国等国家的石油价格也会上涨，无论其石油完全进口还是完全自产。

选项B和D不支持题干中的论述，因为每一项都与国际石油供应的中断导致开放市场国家油价的上升相矛盾；选项A和E也不支持题干中的论述，因为题干仅提供了关于石油供应中断对石油价格的影响的信息，而没有关于国内生产商或销售商的信息。

21. 答案：A。

题干结论：对《诗学》的兴趣没有被中世纪的阿拉伯诗人分享。

理由有二：一是在中世纪对《诗学》感兴趣的诗人一定想读荷马的诗，二是荷马的诗一直到当代才被译成阿拉伯语。

A项有力地支持了题干论证，推理过程如下：

题干前提：荷马的诗一直到当代才被译成阿拉伯语。

补充A项：中世纪的翻译家拥有古希腊文的荷马诗手稿。

得出推论：荷马的诗不被中世纪的阿拉伯诗人分享。

题干理由：在中世纪一个对《诗学》感兴趣的诗人一定想读荷马的诗。

得出结论：对《诗学》的兴趣没有被中世纪的阿拉伯诗人分享。

选项B、D为明显的无关选项，比如，B项是讲现代的情况，对中世纪时的情况不起作用。选项C说明中世纪阿拉伯人也写戏剧作品，并表演这些作品，对题干结论有所削弱。

22. 答案：C。

本题考查模态命题推理。不一定P＝并非必然P＝可能不P。因此，这次老师不一定会出那种难题了＝这次考试老师可能不出那种难题了。C项正确。

23. 答案：D。

题干条件可表达如下：

(1) A→B∧C

(2) E→ ¬D∧¬C，　其等价于：D∨C→ ¬E

(3) E←F，　其等价于：¬E → ¬F

(4) A。

联立以上条件，可得：A→B∧C→ ¬E→ ¬F

可见D项正确。

24. 答案：C。

题干预测：神经修复未来将是一项普通的医疗技术。

理由是：虽然脊髓中存在着抑制神经生长的物质，导致脊髓中受损的神经不能自然地再生，但是现在已开发出降低这种物质的活性的抗体。

C项表明，阻止受损的神经再生只是这种抑制神经生长的物质在人体中主要功能的一个副作用，这意味着这种抑制神经生长的物质还有更重要的功能，那么用抗体来降低这种物质的活性，可能会带来其他严重后果。假如使用降低这种物质的活性的抗体，把该物质对人体至关重要的主要功能也抑制住了，也许连命都保不住了，还怎么敢进行神经修复？因此，该项严重地质疑了题干的预测。

选项 A、B 为无关项。D 项有轻度的削弱作用，但不构成严重质疑，抗体的稳定供应是有可能做到的。

25. 答案：E。

这则论证的错误类型属于混淆概念。在这个论证中，作者没有提供证据证明现代灭绝的物种与在没有人类技术应用的情况下将会灭绝的物种是相同的。作者通过强调“在人类使用最原始的工具以前，地球上曾经存在的物种就已经灭绝了大半”这一事实来做掩护，试图把“由于使用技术而造成的物种灭绝”和“自然的物种灭绝”混为一谈。

26. 答案：C。

奥运场馆的规定表明，“有当场门票者”是“进入比赛场馆”的必要条件。

而小梅持当场的门票认为自己可进入比赛场馆，可见，小梅将奥运场馆的规定错误地理解为：“有当场门票者”是“进入比赛场馆”的充分条件。因此，C 项为正确答案。

27. 答案：E。

题干论述的矛盾现象是：一方面，中产家庭的收入提高了；另一方面，贫困率却没有下降。

E 项指出贫困率没有下降的原因是经济萧条，解释了题干矛盾。

其余选项不能解释。比如，A 项只能解释中产家庭收入提高，但不能解释贫困率不下降。B、D 项属于无关项。C 项与题干“一般说来，家庭收入的提高会使贫困率下降”不符。

28. 答案：C。

首先，确定矛盾。甲为全称肯定判断，丁为特称否定判断，互相矛盾，必为一真一假。

其次，绕开矛盾。由于四人中只有一人说假话，因此乙、丙均说真话，可推出：大刘递交了转会申请，小王没递交申请。

最后，推出答案。既然小王没递交申请，则甲说的是假话，因此，答案为 C。

29. 答案：C。

题干结论：只待在学术界，小说家就不能变伟大。

理由：只待在学院里，就不能靠直觉把握生活（只有沉浸在日常生活中，才能靠直觉把握生活的种种情感，而学院生活显然与之不相容）。

若 C 项为真，则事实上“没有对日常生活中情感的直觉把握，小说家就不能成就其伟大”，加上题干论证的理由“只待在学术界，就不能靠直觉把握生活”，就可以推出“小说家就不能变伟大”这一结论。可见，C 项是题干的假设。

B 项容易误选，但该项实际上是题干“只有沉浸在日常生活中，才能靠直觉把握生活的种种情感”的同语反复，不是整个论证所必须假设的。

30. 答案：C。

题干结论是，喷洒在作物上的人工合成农药所导致的危害非常小。理由是，植物在长期进化过程中产生出了抵御寄生生物的自然药物等化学毒素，人每天都摄取这些毒素却没有中毒。

C 项提供的是一个与题干结论无关的信息，不能削弱题干论证，为正确答案。

其余选项都增加了新的信息，从而削弱了题干论证。

模拟试题四参考答案及解析

1. 答案：C。

既然经常使用一种抗生素会产生副作用，那么，要减少副作用的办法就是，周期性地使用不同种类的抗生素。C 为正确答案。

A 不能解决副作用的问题。B 可以减少副作用，但不是最好的办法。D 是否能解决问题不能确定。E 会更加破坏患者体内的菌群平衡。

2. 答案：B。

题干断定：要让读者心甘情愿地掏腰包，报纸必须提供优质的、独家的内容。

即报纸提供优质的、独家的内容是其取得收益的必要条件，因此，B 项必为真。

其余选项超出题干断定范围。

3. 答案：B。

题干根据 20 世纪 80 年代以来杜尔公司生产的汽车还在继续使用的比例高于其他公司，得出结论：该公司生产的汽车的耐用性能好。

B 项是上述广告有说服力的一个前提条件，否则，如果杜尔公司汽车年产量自 20 世纪 80 年代以来显著增加，意味着，后面生产的汽车数量大，还未到出故障的年限，则该公司生产的汽车的平均寿命不一定长，严重削弱了题干的结论。所以，B 项有力地支持了该广告的论证。

4. 答案：D。

本题为支持题型。此种题型要求选择一个使得结论成立的可能性增大的选项。在很多情况下，可用结论关键词定位答案。

本题结论为重新引入对销售该设备的严格限制将有助于减少若兰国的盗窃发生率。关键词为“设备”。D 指出这种设备易坏并无法修好，说明重新引入对销售此设备的严格限制确实能够起到减少犯罪的作用，那些拥有此设备的盗窃犯不久以后便不会再拥有该设备，从而证明了本题结论的做法可行。因此，D 为正确答案。

A 为无关选项；B、C 虽有“设备”这一关键词，但起不到支持作用。E 易误选，但除引入对销售该设备的严格限制以外的方法不起作用，并不能支持此方法能够起作用。

5. 答案：A。

题干论述：两套系统都能查出所有的产品缺陷，但是都有 3%的将合格产品检测为有缺陷产品的误检率。所以应该同时使用两套系统以降低误检率。

本题涉及统计数据的交叉。如果“X 系统误测的 3%无缺陷的产品与 Y 系统误测的完全相同”，则原推论不能成立。A 加非：X 系统误测的 3%无缺陷的产品与 Y 系统误测的完全相同。这意味着使用两套系统就没什么必要，削弱题干论述。因此 A 为正确选项。

两套系统都能查出所有的产品缺陷，因此不存在是否接受次品的问题，B 是无关比较，排除；市场上其他产品的情况跟使用 X、Y 两套系统的可行与否无关，C 应排除；因为一套系统就能检测出所有的缺陷产品，D 的说法实际上很有可能使误检率增加，削弱题干，排除；E 讨论其他检测方法，跟题干无关。

6. 答案：C。

C 项所述“一些游泳的人看不到将他们与鲨鱼隔开的障碍，以后就不再光顾这些海滩了”，说明用电缆而不用网的做法会给旅游业带来负面的影响，削弱了题干。

D 项所述“埋电缆并非唯一的办法”并不能否认埋电缆是个好办法。

E 项起到支持作用。A、B 项为无关项。

7. 答案：A。

如果甲的回答为真，则丙、丁的回答也为真，由于只有一只猫说真话，故这不可能，因此，甲说假话。所以，乙不是偷鱼贼。

同理，如果乙的回答为真，则丁的回答也为真，由于只有一只猫说真话，故这不可能，因此，乙也说假话。所以，丙不是偷鱼贼。

这样，乙和丙都不是偷鱼贼。因此，丁也说假话。所以，只能是丙说真话，即，甲或者乙是偷鱼贼。而乙不是偷鱼贼，那么，必然可以推出甲是偷鱼贼。

所以，A 项陈述为假，为正确答案。

8. 答案：E。

（1）设 A 真，则甲、乙、丙、丁、戊相互之间都应说真话，而丙对丁、戊对甲说的话都是假的，矛盾，所以 A 必假。

（2）设 B 为真，则甲、乙、丙之间应说真话，但乙对丙说的却是假话（因为丁不是女排队员），矛盾，所以 B 必假。

（3）设 C 为真，则丙、丁、戊之间应说真话，但丙对丁说的却是假话（因为丁不是女足队员），矛盾，所以 C 必假。

（4）设 D 为真，则甲、丙、丁之间说真话，但丙对丁说的是假话，矛盾，D 必假。

（5）设 E 为真，则甲、乙、丁之间说真话，她们对其他人或其他人对她们都说假话，与题干相容，没有矛盾，所以选项 E 真。

9. 答案：D。

“飞翔的犀牛”行动的目的是，避免因偷猎而导致犀牛灭绝的厄运。其做法是，从保护区精心挑选白犀牛和黑犀牛，空运到南非一个秘密的地区，希望其能在这里自然地繁殖和生长。

D 项是无关项，显然是该行动不需要假设的。

其余选项均是这一行动潜在的假设，否则，如果假设这些选项不成立，该行动就达不到目的。

10. 答案：C。

观察发现，驾驶员在以下三种情况下驶出车位的时间逐步递增：没有车等待进入车位时、有一辆车在一旁安静地等待进入车位时、等待进入的车主不耐烦地鸣笛时。

题干对这一现象的推测是驾驶员的占有欲，而 C 项认为是心理压力，这以另有他因的方式削弱了上文中的推测，因此为正确答案。

其余选项不妥，其中，B项也起削弱作用，但只涉及其中的一种情况，削弱力度不足；D项，从样本不具代表性的角度来解释，也有削弱作用，但削弱力度不足。

11. 答案：C。

科学家的信念是，达里湖的华子鱼最初是从海洋迁徙来的。然而，目前流入达里湖的河流都没有通向海洋。

C项陈述，冰川融化形成达里湖，溢出的湖水曾与流入海洋的辽河相连。这就从另一个角度有力地解释了科学家的信念。

12. 答案：D。

从题干可得出，许多温和宽厚的教师是学识渊博的，得不出“许多学识渊博的教师是温和宽厚的”，A不必然为真。

从题干可得出，好教师都学识渊博，则B、C不必然为真。

从题干可得出，有些严肃且不讲情面的教师是学识渊博的，因此，D项一定为真。

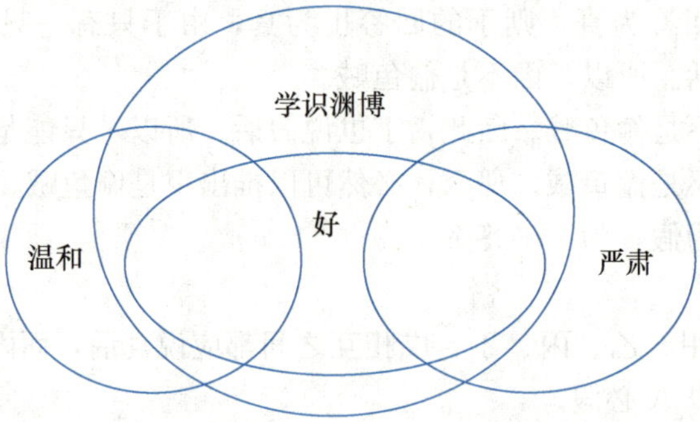

13. 答案：D。

官员所述“不好吃为什么要保护?”的意思就是，不好吃就不需要保护。即：

不好吃→不要保护

等价于：好吃←要保护

即，只有好吃才需要保护。

可见，只有选项D不符合该地方官员的话所隐含的意思。

其余选项都符合该官员的意思。

14. 答案：D。

这是一道推理结构类比的考题，题干推理结构上的特点是，一类事物的两个特征成正比关系，把该类事物排序后，在前一特征上排序最高的事物也是在后一特征上排序最高的事物。显然D项和题干推理模式最为类似。

15. 答案：C。

由于题干中所说的2个日本人都是亚洲人，不可能存在不是亚洲人的日本人，所以，从来源上看，这必定是4个人。

当3个足球爱好者、5个商人和这4个亚洲人都是全异的关系时，参加晚会的人数为最多，即12个人。

由于2个日本人不经商，即这2个日本人和5个商人之间具有排斥性的关系，所以至少得有7个人。

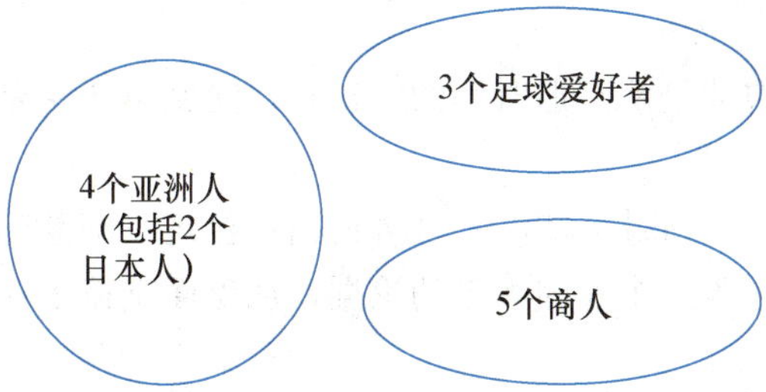

16. 答案：A。

题干结论是，吸烟很可能促使青少年患抑郁症。这一结论是根据差异法得出的。

A项所述如果为真，则排除了抑郁使人更容易吸烟这一因素的影响，有力地加强了题干的论证。

B、C项为无关项，D、E项对题干论证有削弱作用。

17. 答案：D。

题干断定：只有能够包容异见和反对的稳定，才是真正的动态稳定。可见，“包容异见和反对”是“真正的动态稳定”的必要条件，因此，D项一定为真，C项把条件搞反了。

又根据题干断定：只要处置得当，就可化“危”为“机”。即“处置得当”是“化危为机”的充分条件，A、B项均把条件搞反了。

18. 答案：A。

题干推理为：用可生物降解的材料来制造包装的话对环境有益，所以用不可生物降解的塑料制造的包装代替纸包装将是一个更糟的变化。上面推理成立依赖的假设是：纸包装是可生物降解的。如果纸包装在垃圾场不能生物降解，正如A项所说，那么就反对了上面的假设。因而题干推理必不成立，因此A项正确。E项仅仅说明不可降解的塑料与纸板配套使用，但究竟纸板是什么属性，并未说出，因此是无关选项。

19. 答案：B。

题干表明，生活有时是通向不可预知未来的旅程，以一种创造性的方式生活，生活的乐趣不是能事先拥有的。

B项所述强调了写诗不是预先能知道结果的，这是用不同的方式强调了同样的意思，符合题干主旨。

其余选项所强调的意思都偏离了题干主旨。

20. 答案：A。

用假设反证法。如果条件（3）“该团的张先生和王女士都买了蒙古刀”为真，则条件（1）“有人买了蒙古刀”必为真，这与题干“以上三句话中只有一句为真”矛盾，故条件（3）为假，即：张先生和王女士至少有一人没买蒙古刀。从而推出条件（2）“有人没有买蒙古刀”为真，进一步知条件（1）“有人买了蒙古刀”为假，再进一步推出：所有人都没买蒙古刀。

21. 答案：B。

题干论证模式是，因为不可能解决一切问题，所以，想做什么事都没必要。

这是一个有明显缺陷的论证，在诸选项中，只有B项与题干论证相似。

22. 答案：E。

这位历史学家认为农业经济衰退时期的农村人口向城市迁移是英国城市人口上升而农村人口下降的原因。

E选项表明农业经济强劲时，城市人口增长相对稳定，即意味着农业经济强劲时，农村人口未向城市转移，作为一个无因无果的论据，从反面支持了该历史学家的假说，因此E为正确答案。

A选项为题干推翻的观点；B选项，“总人口数目”与题干观点无关；C选项与题干观点相反；D选项中，农业经济强劲而城市人口快速增长与题中观点不符。

23. 答案：B。

并非必然“不出交通事故”＝可能非“不出交通事故”＝可能出交通事故。

因此，B项正确。

24. 答案：C。

首先，用条件关系式表达题干论证：

前提①：少量→疲软（拥有少量受过高等教育人口的国家注定在经济和政治上疲软）

前提②：大量→承诺（拥有大量受过高等教育人口的国家，他们的政府对公共教育有严肃认真的财政承诺）

结论：承诺→ ¬疲软（任何一个拥有能作出这种承诺的政府的国家，都会摆脱经济和政治的疲软）

然后，分析题干论证：

由前提①的逆否命题 ¬疲软→大量，再由前提②大量→承诺，可得到 ¬疲软→承诺。

而这一必然推出的结论是题干结论的逆命题，可见，题干论证缺陷是结论把条件关系搞反了。

诸选项中，只有C项也犯了同样的论证缺陷，其论证过程为：缺乏→ ¬优秀，¬缺乏→操控，因此操控→优秀。而事实上，从这两个前提只能推出优秀→操控。

25. 答案：D。

这是一道分组题。条件表达如下：

（1）（HY）

（2）F/G

（3）X＝销售→W＝生产

（4）F＝生产

由条件（4）F在生产部，再由条件（2）知G不在生产部。

因为公关部只有一人，由（1）知H、Y不在公关部，这样，公关部只可能是X、G、W、I中的某一位。

如果X＝公关，那么G只能在销售部，存在H、Y分别在生产部和销售部两种情况。

如果G＝公关，那么H、Y只能在销售部。因为，如果H、Y在生产部，那么X就只能在销售部，这样由条件（3）推出W在生产部，生产部就有4人了，与题干条件矛盾了。这时，存在三种情况。

如果W=公关，那么X只能在生产部，否则违背条件（3），这时，H、Y只能在销售部。又由（2），G也只能在销售部。

如果I=公关，同样，H、Y、G也只能在销售部。

由此，分配方案可列下表：

方案	公关部（1人）	生产部（3人）	销售部（3人）
1	X	F，H，Y	G，I，W
2	X	F，I，W	G，H，Y
3	G	F，W，I	H，Y，X
4	G	F，I，X	H，Y，W
5	G	F，X，W	H，Y，I
6	W	F，X，I	H，Y，G
7	I	F，X，W	H，Y，G

由上表，很容易得出答案。

D项属于上述第2种分配方案，其余选项均不属于上述可能的分配方案。

26. 答案：C。

I和W分配到销售部，根据上表，只有1种分配方案（即方案1），能使七名雇员的分配得到完全的确定，因此为正确答案。

F和W分配到生产部，根据上表，有4种分配方案；

G和Y分配到销售部，根据上表，有3种分配方案；

I和W分配到生产部，根据上表，有2种分配方案。

27. 答案：D。

警察局和汽车保险业在防盗装置能否降低汽车被盗的危险性问题上发生了分歧，要解决它们的分歧就要分析它们的结论成立所依赖的事实。

D项表明，安装防盗装置的汽车自身的被盗系数就非常高，所以，即使防盗系统降低了其被盗的危险性，由于其所处环境的原因，其被盗的危险性依然高于本身危险系数低、未装防盗装置的汽车。这样就有效地解释了上述矛盾，因此为正确选项。

28. 答案：A。

题干结论是，李明极有可能是一位资深的逻辑学教师。理由是，第一，李明像绝大多数资深的逻辑学教师一样，熟悉哥德尔定理；第二，绝大多数不是资深的逻辑学教师的人并不熟悉这些定理。其推理的问题在于：

如果大多数熟悉哥德尔这些定理的人不是资深的逻辑学教师，

那么，根据题干条件，李明熟悉哥德尔定理，

可推出结论：李明极有可能不是一位资深的逻辑学教师。

可见，A项准确地指出了题干推理的缺陷。

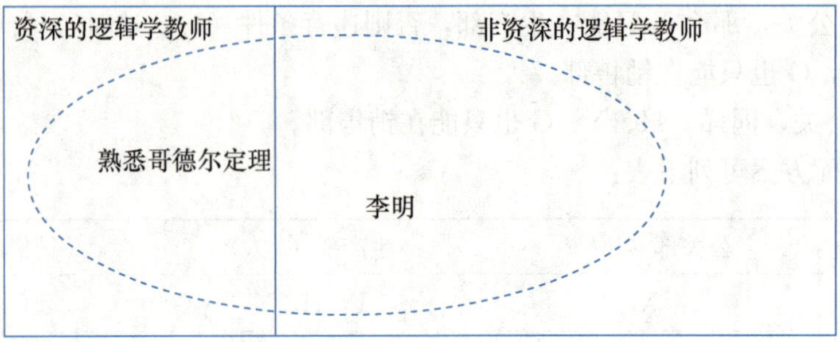

29. 答案：A。

根据题意，列表如下：

	小静	小玲	小明
陈述一	我抓了一只螃蟹	我抓了两只螃蟹	我抓了三只螃蟹
陈述二	小明说谎了	你们俩都说谎了	小玲说谎了

假定小明两次说谎，根据其陈述二为假，推知小玲说了实话；而由小玲说实话，推出小静和小明都说谎；又由小静说谎，推出小明说实话了。这样，前后出现了矛盾。

说明假定不成立，必然推出小明说实话。

由小明说实话，推出：

第一，小明抓了三只螃蟹；第二，小静说谎了。

由此推出，小静抓了一只螃蟹不成立。这样，剩下的一只螃蟹只能是小玲抓着了。

因此，答案应选 A。

30. 答案：B。

核电站经理的论证忽视了这样一个问题：强制性的安全检查和安全维修的目的是保证安全运作核电站，即使这样的开销使继续经营这座核电站变得很不经济。由此可见，核电站经理只看到了表面的经济因素，而忽略了内在的安全因素。选项 B 指出了这一点。其余选项均不是其论证的缺陷所在。

模拟试题五参考答案及解析

1. 答案：D。

题干需要解释的反常现象是，山丹马场的羊时常被狼群咬死，而离山丹马场很近的甘州的岩羊却未遭狼群侵害。

D 项表明，甘州与山丹马场之间的围栏、高速公路、铁路等设施阻断了野生动物的迁徙通道。这说明狼群到不了甘州，是对题干反常现象的一个有说服力的解释。

其余均为无关项。

2. 答案：C。

李先生的计算如下：

成本价：5 000(购买价)＋10 000(维修费)＝15 000 美元；

五年后的出售价格：10 000(平均价)＋10 000×70％＝17 000 美元。

C 项是李先生推理所必需的假设，否则，如果他的 R. R. 牌车预计五年后增值的 70％是以他购买这部车时的价格为基数的，那么五年后的价格为：5 000×(1＋70％)＝8 500 美元。如果花费 10 000 美元去修，在五年后是亏损的，这样李先生的推理就不成立。

A 脱离题干讨论，为无关选项，排除；B 与题干矛盾，排除；D、E 都是明显无关选项，排除。

3. 答案：A。

从题干知道，两个不相容选言命题“要么毕业于哲学系，要么毕业于经济系，要么毕业于中文系”和“要么是作家，要么是教授，要么是省长”对于甲、乙、丙都成立。

由Ⅵ知道，甲毕业于经济系；由Ⅳ知道，甲不是作家；由Ⅲ知道，甲不是教授，所以，甲是省长。

由Ⅴ知道，乙不是毕业于哲学系，乙当然也不毕业于经济系，故他毕业于中文系；由Ⅱ知道，乙不是作家，所以乙是教授。

由此可知，丙毕业于哲学系，是作家。因此，正确的选项是 A。对应如下：

	甲	乙	丙
系别	经济系	中文系	哲学系
职业	省长	教授	作家

4. 答案：D。

根据题意，列表如下，其中 2010 年相关规定明确的“裸官”标示为“√”，2014 年相关管理办法规定的“裸官”标示为“＋”。

	配偶已移居国（境）外	配偶在国内	无配偶
有子女均已移居国（境）外	√＋		√＋
有子女在国内	＋		
无子女	√＋		

可见，这两个文件的差异在于：对于配偶已移居国（境）外的，在有子女的情况下，即使子女未移居国（境）外，2014年相关管理办法也界定为“裸官”，而2010年相关规定并不界定为“裸官”

因此，对于只有配偶、没有子女的国家工作人员来说，根据2010年相关规定和2014年相关管理办法，配偶已移居国（境）外的均为“裸官”，可见，D项与上述两个文件的规定是相符的。

其余选项均与上述两个文件的规定不相符。

5. 答案：D。

画家所述“又不是只有我一个人死，别人都不死”可表示为：

并非“只有我一个人死∧别人都不死”

＝我不死∨其他人有人会死

＝我死→其他人有人会死

可见，D项可以从该画家的话中合乎逻辑地推出。

其余选项都推不出。

6. 答案：E。

本题为复合命题推理题。题干表明的逻辑关系有：

（1）E→ ¬F∧K

（2）¬J←G∨H

（3）¬G→ ¬K

（4）E

由条件（4）出发：

E→K，据条件（1）

→G，对条件（3）做逆否命题

→ ¬J，据条件（2）

因此，E为正确答案。

7. 答案：A。

题干推理是：因为没有人相信虚假的声明，所以，虚假的声明也可以被认为是道德的。

A指出，如果有人相信虚假的声明，那么，虚假的声明就是不道德的，这是个无因无果的支持。

因为题干中并无论述关于某人损害他人而获益的情况，所以B不正确；C也犯了和B同样的错误；D、E均不能对题干推理起到支持作用。

8. 答案：C。

题干认为的意外情况是，泰丰公司创下了年度销售新纪录。理由是，泰丰公司的潜在市场最小，而且是所有分公司中销售额最低的部门。

C项表明，泰丰公司创下了年度销售新纪录是其自身在不同年份的纵向比较，而不是与其他部门之间的横向比较，这就意味着，泰丰公司创下了年度销售新纪录并没有意外之处。因此，该项为正确答案。

9. 答案：B。

本题通过睡眠不足的医生的同事对这些睡眠不足的医生的检查，得出了习惯性的睡眠不足不会引起工作出错的结论。因此本题结论暗含的一个假设是判断别的医生是否睡眠不足的能力不会受自己本身就睡眠不足的影响。

若受自身的影响，则那些常规检查的结果就是不可靠的，因为缺乏睡眠的医生没有判断别人是否睡眠不足的能力；若不受自身的影响，则B就会支持题干中关于睡眠不足确实不是医疗事故的原因的结论。由以上分析可知，B为符合本题要求答案。

A、C、D为明显无关选项，排除；E引入无关比较，排除。

10. 答案：A。

本题需要解释的是，为什么去年出现雾霾天气的次数比前年有很大下降，但在去年一年里公众对于雾霾天气的担忧和焦虑程度却大大增加了。

A项所述，去年各新闻媒体涉及雾霾天气的报道、评论等比前年大约增加了一倍。这有助于解释上面描述中明显的不一致。

其余选项起不到解释作用或解释力度不足，比如C项只能解释雾霾天气的次数下降，但不能解释公众的担忧程度增加。

11. 答案：C。

亚里士多德对古希腊产生城邦制、东方国家长期存在君主专制的解释是，这是由天生的民族性情造成的，亚细亚蛮族的奴性更甚于欧罗巴蛮族。

诸选项中只有C项是无关项，在感情上能否接受的问题，不能削弱亚里士多德的解释。

其余选项都能削弱亚里士多德的解释。比如，A项说明，是君主专制造就了顺民的奴性，而不是奴性造就了君主专制，是因果倒置的削弱。B项说明，是地理环境的差别而不是民族的性情造就了城邦制和君主专制的区别，是另有他因的削弱。D项说明，文明人与野蛮人的区别是文化和社会组织不同造成的，而不是天生的民族的性情造成的，是另有他因的削弱。

12. 答案：C。

题干较长，但论点明确，即：流行音乐对大学生有巨大冲击，正对他们产生恶劣的影响。关键在于分析哪些选项是必要条件，即：选项不成立，则题干不成立。经过代入后，若选项为必要条件，则其就是所要假定的，也就是答案。故本题答案是C。

13. 答案：C。

本题涉及一般数据的比较。1739年司涅孜勒由于未经允许沿街叫卖而被抓，而未标明日期的第二份资料表明司涅孜勒已经断断续续地沿街叫卖了20年，所以第二份资料的书写应在1759年前（当然也在1765年前了），所以C正确。

A未必正确，除非这个人最后几次叫卖被逮捕了。是否不断被逮捕题干没有反映，B未必正确。D明显不能由题干信息确定，排除。

“逮捕记录”与“未标明日期的声明”只要是真的，在证明司涅孜勒曾经沿街叫卖这个问题上应该有同样的效力，所以E错误。

14. 答案：A。

题干断定：

（1）没有外汇储备的增长，就没有中国目前的国际影响力。

（2）不进行外汇储备投资，就不会有外汇储备的增长。

（3）只要投资寻求收益，就要承担风险。

中国具有目前的国际影响力，由（1），就有外汇储备的增长；再由（2），就进行了外汇储备投资；又由（3），就承担了风险。因此，A项正确。

其余选项从题干条件推不出来。

15. 答案：C。

题干论述，优化生产流程会有两方面的结果：一是生产了更多的产品，二是裁减了年轻的员工。

可见，优化生产流程虽然会提高装配线上劳动力的平均年龄，但可能提高劳动生产率。因此，C项最能得到题干支持，为正确答案。

其余选项均不能被题干信息支持。其中，A项中的“没有进行产品设计的更新”，B项中的“建议”，D项中的“适得其反”，E项中的“数学技能”，超出了题干范围。

16. 答案：A。

题干陈述，金星和地球一样内部也有一个炽热的熔岩核，但金星和地球不一样的是，没有通过板块构造运动产生的火山喷发来释放内部的热量。

A项所述，金星自转缓慢而且其外壳比地球的薄得多，便于内部热量向外释放。这就有力地解释了科学家的困惑。其余选项都起不到解释作用。

17. 答案：B。

这则因果论证用的是溯因推理的方法。题干指出某个岛上湖里的“毒杀芬”不来自使用，不来自垃圾，也不是从其他地方流进来的。文中排除了一些其他可能，为答案所述的假说提供了证据。

A、C、D、E都是明显无关选项，直接排除；在排除了多种可能以后，这种毒药只能来自空中，B为正确选项。

18. 答案：D。

题干断定：在接受整形手术的孩子的家长里面，绝对支持孩子整形的家长占85%，经做思想工作同意孩子整形的家长占10%。可见，“95%做整形手术的孩子得到了家长的同意”。因此，D项正确。

题干的调查结果只针对接受整形手术者的家长，不代表社会上所有家长。选项A、B都涉及了所有的家长和孩子，包括根本没有想要做整形手术的孩子，显然，都不能从题干推出。

虽然有10%做整形手术的孩子是经过给家长做思想工作后得到家长同意的，但是，不能排除有些做整形手术的孩子做了思想工作而家长仍然不同意，因此，给家长做思想工作的孩子可能超过10%。因此，C项推不出。

19. 答案：D。

题干推理结构可表示为：$(P \rightarrow Q) \wedge \neg Q \rightarrow \neg P$

D项推理与题干类似，该选项在“这道题在5分钟内答不完”前面省略了“对死记硬背的学员来说”。

E 项的推理结构为（P→Q）∧Q → P；其余选项显然不与题干类似。

20. 答案：A。

题干根据欧洲的主要制药企业正在减少对精神疾病药物研究的投入，得出结论：这意味着摧毁了患者及其家属的希望。

若 A 项为真，即欧洲接受精神病治疗的患者几乎都选择亚洲研发的药物，这说明欧洲减少研究投入并不影响其患者，这就有力地削弱了题干论点。

21. 答案：C。

这是一道分组题。条件表达如下：

（1）G 英→H 美

（2）L 英→MU 美

（3）W/Z

（4）U/G

（5）Z 英→H 英

由（3）知，W、Z 中至少 1 人去美国；由（4）知，U、G 中至少 1 人去美国。

也就是说，至少 2 人一定要去美国，也即最多有 5 人去英国。

而 5 人去英国是不可能的，因为，此时剩下的 H、L、M 都要去英国，而这与条件（2）矛盾。

因此，去英国的最多人数只能是 4 人。比如，H、M、U、Z 这 4 人去英国与题干条件没矛盾。

22. 答案：D。

由（2），M 去英国，则 L 要去美国，A 项排除；

由（4），U 所去的国家与 G 所去的国家不同，可排除 B 项；

由（3），若 W 去英国，则 Z 去美国，C 项排除。

L 和 U 都去美国，不会违反题目要求。因此，D 项为正确答案。

23. 答案：C。

该论证使用的是反证法。题干试图通过论证不涨价不行来达到坚持必须涨价的目的。

选项 C 对题干论证策略的概括是正确的。选项 B 是对二难推理的概括。

24. 答案：A。

“今天可能下雨”与“今天可能不下雨”不矛盾，小王正确。

“今天可能下雨”并不表示“今天一定下雨”，小李不正确。

“今天可能下雨”等价于“并非必然今天不下雨”，小张正确。

25. 答案：A。

若 A 项为真，即，如果外星人来访过地球，则人类会有外星人来访地球的文字记录。

由此可得出：如果人类没有外星人来访地球的文字记录，那么，外星人没有来访过地球。

即 A 项可推出小李的推理。所以，小李的推理基于的假设是 A 项。

26. 答案：B。

题干陈述：涉及多个医院病人的临床实验报告，通常由每个参与医院的参与医生共同署名。由此可推出B项为真。

其余选项均超出题干断定范围，都推不出。

27. 答案：E。

题干预测未来微力学芯片会有一个较大的市场，理由是：微力学芯片只包含12 000个开关，虽然比普通芯片的电子开关少而且开关速度慢，但具有可以免受辐射损害的优势。

E项是题干推理不需要假定的，因为如果制造商能保护电子芯片免于暴露在强辐射下，那么，微力学芯片可以免受辐射损害的优势就不存在了，该芯片的市场也就不存在了。

A项，有些情况下电子开关快慢不是关键；B项，电子芯片开关比微力学芯片中的开关更易受辐射损害；C项，有些场合使用的芯片一定能经受住强烈辐射。这些显然是题干推理所需要假定的。

D项也是需要假定的，否则，如果计算机芯片的装置含有的其他元件暴露于辐射后不能正常工作，那普通芯片就没用处了，这与题干不符。

28. 答案：D。

这位农业大学的教授推广柿树剪枝技术所使用的方法，逻辑上称为“求异法”，即对于两个考察对象（这位教授把一块柿园分成了两块），它们在其他方面都相同（如这两块柿园在自然条件、人为因素等方面都相同），只有某一个情况不同（一块柿园剪枝，另一块柿园不剪枝），而这不同的情况导致了不同的结果（剪枝的柿园增产了，没剪枝的柿园没有增产），由此推测，该情况与该结果可能有因果上的联系（剪枝可能是柿子增产的原因）。稍加分析，不难看出，选项D使用的也是求异法：医生雷地做实验的两个容器内，诸条件都相同，所不同的是一个容器封闭，另一个容器敞开，结果敞开的容器内肉里生蛆，而封闭的容器内肉里没有生蛆，由此推测，容器敞开（苍蝇可以在容器内产卵）可能是肉生蛆的原因。

其他选项皆没有涉及求因果关系。

29. 答案：A。

根据题干可知，主张仅参观展览2而不去参观展览1的学生不存在。

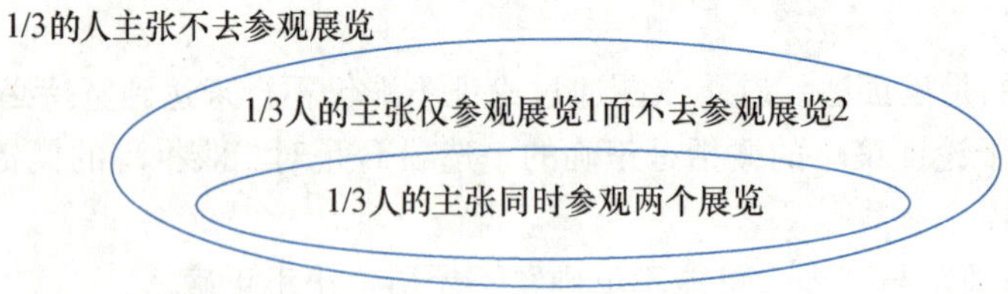

（1）去参观展览1。这类人数占2/3。

（2）如果去参观展览1，则也去参观展览2。

展览1→展览2＝或者不去参观展览1，或者去参观展览2

这类人实际上就是两个展览都不去或者两个展览都去，人数占2/3。

（3）或者不去参观展览1，或者不去参观展览2。

这类人实际上就是不去参观展览2的。这类人数占2/3。

因此，意见（1）（2）和（3）都有超过半数的人同意，被通过，答案选A。

30. 答案：E。

本题为存在他因的削弱。这则统计论证与选言论证相结合，主要涉及平均值与个体值的关系问题。

题干论述：因为人均收入低的地区贫困现象少，所以说人均收入高的地区大半人口贫困是错误的。

E 指出在库特乐国所有人的收入也许接近该国的人均收入，即库特乐国的每个人之间的收入差距较小，从而批评了上述论证，所以 E 正确。

A 说题干论述没有举出进一步的证据来证明观点，有批评的意思，但是没有针对题干给出的现有的证据，批评力度不足，排除；B 为明显无关选项，排除；题干讨论的就是贫困人口的比例，跟总数无关，C 应排除；社会意义是否相同不影响题干论述（如果是贫富标准不同则能批评题干论述），D 应排除。

模拟试题六参考答案及解析

1. 答案：D。

题干陈述：暴露在二氧化硫中的小白鼠，65%死于肝功能紊乱；所有死于肝功能紊乱的小白鼠中，90%并没有暴露在任何有毒的环境中。

这两个统计数据似乎有矛盾，但实质上是两个含义，并无矛盾之处。若D项为真，即在被研究的全部小白鼠中，仅有小部分暴露于低剂量的二氧化硫环境中，就为上述统计数据差异提供了合理的解释。

其余选项均起不到解释作用。

2. 答案：A。

题干为选言推理的否定肯定式，相当于排除法的运用。A项与题干论证方式相似，所以正确。

B项为选言推理的肯定否定式；C项、E项为充分假言推理的肯定前件式；D项是错误的推理。

3. 答案：B。

题干大前提的意思是：作业和论文都得优，则不管做不做课堂报告，都能通过考试。因此题干论证可概括为：

前提一：作业得优∧论文得优→通过考试

前提二：¬论文得优

结论：通过考试→课堂报告

这是个无效的推理，必须加上B项的假设后，才可以构成有效的推理，推理如下：

B项：¬论文得优→（¬课堂报告→¬通过考试）

前提二：¬论文得优

可得：¬课堂报告→¬通过考试

其等价于题干的结论：通过考试→课堂报告

也就是说，如果B项成立，与前提二结合起来，必然能使题干结论成立。

4. 答案：B。

题干观点可概括为：要想从根本上解决腐败问题，必须以"正人心"为根本，而不能以制度建设为根本。

B项是题干论证必须假设的，否则，如果腐败之风和功利之风的形成是由制度不完善或执行不严格造成的，那么，解决腐败问题必须以制度建设为根本，这样题干论证就不成立了。

其余选项均不是题干论证所必须假设的，比如，D项与题干观点不一致。

5. 答案：B。

设 a 是仅会打字的人数，b 为仅会速记的人数，c 为仅会记账的人数，d 为仅会打字和速记两项的人数，e 为仅会速记和记账两项的人数，f 为仅会打字和记账两项的人数，g 为打字、速记和记账三项都会的人数，则根据题干条件有：

$$a+b+c+d+e+f+g=36$$

$$a+b+c+2(d+e+f)+3g=25+20+21$$

从中可得：$d+e+f+2g=30$

又由题干知：$d=7$，$e=6$，$f=9$

因此可推出：$g=4$

即，同时具有三项能力的应聘者为 4 人，所以 B 为正确答案。

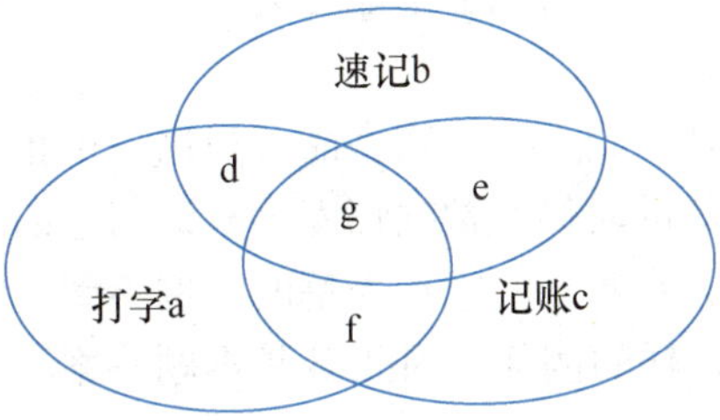

6. 答案：B。

题干断定：第一，作为世界自然遗产地，荔波的旅游开发必须有限度；第二，有限度的旅游开发的收入不够支付保护世界自然遗产的费用。

从中显然可以推出：保护荔波的世界自然遗产，只靠旅游开发是不够的，还需要另外的财政支持。因此，B 项正确。

其余选项超出题干断定范围，均不能被推出。

7. 答案：D。

题干根据采用这种特殊图案的汽车的被盗率要比普通汽车低很多这一事实，得出一个解释性的结论：汽车盗窃率因这一项目而降低。

这一推理用的是求异法，要使其具有说服力，必须保证背景相同，即除了这一项目之外没有别的因素影响推论。D 项是针对这一点提出的有效评价，若对该项回答“是”，则对结论是削弱，若回答“否”，则是加强。所以 D 项为正确答案。

其余选项都起不到评价作用。比如，对于 E 项不同的回答，对评价结论不重要，无论汽车类型是否有代表性，对结论都起不到作用。

8. 答案：D。

题干条件关系：

①状态好 $\wedge$ 痊愈 $\rightarrow$ 4

② $\neg$4 $\leftarrow$ 6

由上述条件联立可得：6 $\rightarrow$ $\neg$4 $\rightarrow$ 状态不好 $\vee$ 没有痊愈。

即由“6 号队员出场”可推出“4 号队员竞技状态不好”或“4 号队员伤没有痊愈”两种情况至少发生一种，那么，这两种情况中若有一种情况没发生，另一种情况就必然发生。也就是说在“6 号队员出场”的情况下，如果“4 号队员伤已痊愈”，那么“他的竞技状态一定不好”。因此，选项D为正确答案。

其余选项均推不出来。

9. 答案：C。

题干断定，由垃圾渗出物所导致的污染在那些人均产值处于每年4 000至5 000美元之间的国家最严重；目前X国的人均产值是每年5 000美元；当工业发展能创造出足够多的手段来处理这类问题时污染问题就会减少。

补充C项：在随后几年里，X国的工业发展将会增长。

从而可以得出题干的结论：未来几年，X国由垃圾渗出物引起的污染会逐渐减少。

其余选项不是题干论证所依赖的假设。A项不一定导致题干的结论，例如虽然有制度但没得到执行。B项，周边的国家将减少排放到空气和水中的污染物，不一定导致X国由垃圾渗出物引起的污染减少。D项与题干论证无关。

10. 答案：B。

这是一个无因无果的支持。题干中谷物食品公司用一个正面例子，即被调查的大学毕业生中有4/5的人在他们年幼的时候经常吃燕麦粥来证明它的结论。若谷物食品公司能从反面即没有取得大学学历的人在年幼时吃燕麦粥的比例不到4/5来证明它的结论，则它的结论将更加完美。B给出了这样的例证，因此B是本题答案。D对谷物食品公司的结论构成了反对；A、C和E都是无关选项。

11. 答案：B。

题干论证要成立，则必须假设在过去的五年中，南海市家庭购买商品房的数量没变化。

B项否定了这一假设，有力地削弱了题干的论证。

12. 答案：E。

题干结论：要获得“宝言教育学评论奖”提名，所投稿件不应评论超过三本著作。

其理由是：评论超过三本书的书评不会被《宝言教育学评论》发表。

（该理由是根据题干以下两个陈述推出的：第一，每次讨论涉及超过三本书的书评都将被视为太长、阅读起来过于费力；第二，如果一篇书评太长、阅读起来过于费力，那就不会被《宝言教育学评论》发表。）

从题干理由到结论的论证必须假设E项，否则，如果想要获得提名的书评不一定要发表在《宝言教育学评论》上，那么题干论证显然就不成立了。

13. 答案：C。

如果C项为真，即事实上房屋抗震等级高的城市发生的地震震级更大，那么，虽然抗震等级高的房屋比抗震等级低的房屋更能抵抗地震，但完全有可能出现这样的统计结果：在地震中倒塌的房屋数量，房屋抗震等级高的城市和房屋抗震等级低的城市几乎一样。

其余选项均为无关项，不能解释题干中的矛盾。

14. 答案：B。

题干对“发现捕食者的鸟会发出警戒的叫声”这个现象的解释是“通过将注意力吸引到自己身上拯救同伴，即为了鸟群的利益而自我牺牲”。

B项所述“想找到更为安全的位置”，那么发现捕食者的鸟会发出警戒的叫声就是另有他因，而不是为了吸引注意力，这就有效地削弱了题干的解释。

其余选项起不到削弱作用。

15. 答案：C。

题干通过日本有机蔬菜价格只比普通蔬菜高 20%～30%，而中国有机蔬菜价格是普通蔬菜的数倍这一事实，得出结论：中国的有机蔬菜种植业暴利。

这一结论的得出必须排除他因，即 C 项是必须假设的，否则，如果中国的有机蔬菜比日本有机蔬菜的种植成本高，那就得不出中国的有机蔬菜暴利这一结论了。

D 项易误选，通过比较有机蔬菜和普通蔬菜的价格来说明中国有机蔬菜种植业暴利，必须建立在这样一个前提下：不能是由普通蔬菜价格偏低造成的。

16. 答案：C。

根据题干条件，制作表格，然后一项项往里面填，其中序号代表填写的步骤：

	北京	上海	武汉	国际金融	工商管理	外语
甲	(10) √			(1) ×	(8) ×	(9) √
乙	(3) ×	(5) √	(4) ×	(6) ×	(7) √	(2) ×
丙			(11) √	(12) √		

所以，答案是 C。

17. 答案：D。

题干的矛盾是：一方面，防疫站的统计数据显示给狗注射疫苗可以减少狂犬病发生的危险性；另一方面，医疗保险业的统计显示被注射了狂犬疫苗的狗咬伤的人比那些被没有注射狂犬疫苗的狗咬伤的人更有可能得狂犬病。

虽然给正常的狗注射疫苗可以减少狂犬病发生的危险性，但如果 D 项为真，即狗有了狂犬病才注射疫苗，被这样的狗咬伤的人比那些被没有注射狂犬疫苗的狗（绝大多数没得狂犬病）咬伤的人更有可能得狂犬病。这样就很好地解释了题干的矛盾。

18. 答案：E。

推论题应着重把握层次结构。本题题干分成两个部分，给出两个事实：

第一，陨石爆炸威力相当于核爆炸；

第二，计算机程序控制的高度自动化的核导弹防御系统对于未预料到的情况的反应是无法预测的。

可以发现这两部分之间没有紧密的联系。因为只能根据上述内容作出推论，所以还是看选项。

选项 A 中的核战争在题干中根本没有提到，提到的只是与核爆炸的威力对比而已。

陨石爆炸与该核导弹防御系统没有必然的联系，所以选项 B 也不对。

选项 C 中的极端词“不可能”需要注意，这个词不仅极端，而且文中根本没提到该系统是否能分辨陨石爆炸与核爆炸。

选项 D 犯了同样的错误，其叙述内容在题干范围之外。

如果该系统的设计者没有考虑到陨石爆炸这种偶然性，则这种爆炸对该系统来说，是一种未预料的情况，该系统对这种爆炸的相应反应是无法预测的。选项 E 表述了这种推理，因而是本题答案。

19. 答案：A。

根据题意，写出条件关系式：

（1）谈判不开始→一方会违反停火协议

（除非谈判马上开始，否则有争议的双方中将有一方会违反停火协议。）

等价于：谈判开始 ← 双方中的任何一方都没有违反停火协议

（2）别国迫使双方谈判 ↔ 举行谈判

（当且仅当别的国家迫使双方进行谈判时，才会举行谈判。）

（3）别国给双方施压 ↔ 达成协议

（当且仅当别的国家在谈判进行的整个过程中给双方都施加压力时，它们才能达成一个协议。）

（4）国际部队表明能力 ∧ 压制住双方重新交战的诱因 ← 举行谈判

（直到强行执行停火的国际部队表明它们具有反击来自任一方进攻的能力，从而能压制住双方重新交战的一个主要诱因时，双方才会举行谈判。）

目前“谈判开始”，由（1）式得不到“任何一方都没有违反停火协议”，因此，A项推不出。

由（4）式，“谈判开始”，可同时得到“国际部队表明能力”与“压制住双方重新交战的诱因”都成立，也就是B、C项可以同时被推出。

由（2）式，“谈判开始”，可推出“别国迫使双方谈判”，也就是“其他国家对双方施加了压力”的意思，因此，D项可以被推出。

由（3）式，要达成协议，就需要别国给双方施压，也就是“谈判达成的协议部分依赖于其他国家的行动”的意思，因此，E项可被推出。

可见，B、C、D、E项与题干推理吻合，A项为无关选项，因此A项为本题答案。

20. 答案：E。

先从小张的话开始考虑，如果老张参加60米为真，则老王参加100米为假。

这时，看小李的话，小李的前半句话为假，后半句为真，即老王参加200米。这样，老李只能参加100米了。

再看小王的话，小王的后半句话为假，即老王没参加60米。这时老李没参加100米就应该为真，矛盾。

因此，最初假设老张参加60米是不成立的。

所以，老张没参加60米，老王参加100米。

那么，小王和小李的后半句话都是假的，前半句话都是真的。

因此，老李参加60米，老张参加200米。

21. 答案：D。

题干陈述：并非所有的教授都没有博士学位 = 有的教授有博士学位

补充D项：所有教授都具有很高的学术声望。

推出结论：有些具有博士学位的人具有很高的学术声望。

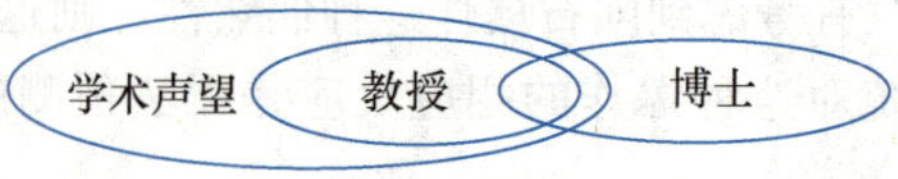

22. 答案：C。

题干观点：因为从地层深处采到的样本里有活的微生物，所以地层深处有活的微生物群体。

本题题干用的是溯因推理，即基于个别的事实或实验结果，对其形成的原因作出假说性解释。这种推理的假设都属于防止反例的产生这一类。

C 项是题干论证必需的假设。否则，如果这些微生物是由接触地表土壤的钻机设备带入地下的，也就意味着有可能存在他因导致地下所采样本中有微生物，而不是地下原来就有的，这样题干论证就不成立了。

没必要作为样本来源的地层一直在地表以下，只要时间足够长即可，D 项应排除；A、B、E 项为明显无关选项。

23. 答案：D。

张华的论证包括两个推理。一个推理是，从“李军吸烟”推出“李军不是年轻人的好榜样”，其补充选项Ⅱ作为前提，能构成有效三段论。另一个推理是，从“李军不是年轻人的好榜样”推出“李军不应被名人俱乐部接纳”，其补充选项Ⅲ作为前提，能构成有效三段论。张华的论证不需选项Ⅰ作为前提。

24. 答案：A。

题干给出了学者们对效率与公平关系的论述，既然实现共同富裕需要经历若干阶段性的过程，那么就要重视效率，但是每个阶段都要为实现共同富裕做准备，就是说要兼顾公平，所以 A 项是可以从题干推理出来的最为恰当的结论。

B、C 项是片面的结论，可排除；D 项是绝对化的结论，可排除；E 项从题干推不出。

25. 答案：C。

整个题干读下来，前面讲的都是汽车电话的好处，然后用“尽管如此”进行逻辑转折，紧跟的就是其坏处，可见作者的观点是：虽然汽车电话有好处，但由于会引起危险驾驶，所以应该被禁止。

题干推理要想能够成立，必须基于一个假设：后面提到的坏处大于前面提到的好处。可见，C 项是作者所隐含的假设。否则，如果汽车电话所提供的好处比起它们造成的危险驾驶带来的危险要大，那么，就不应被禁止了。故 C 项为本题答案。

题干没有说到这个“主要”原因，A 项应排除；题干也没有提到危险驾驶的原因，B、D 项应排除；E 项超出题干信息范围，也应排除。

D 项和 B 项犯的错误是相同的，尽管两句话读起来都很通顺，且似乎在实际生活中都很有道理，但是题目并不是要求选择一些符合常识的选项，题干并没有明示危险驾驶的原因。

26. 答案：A。

题干是一个充分条件的假言命题，其前件又是一个联言命题。在Ⅰ、Ⅱ、Ⅲ和Ⅳ中的任何一种情况下，题干都不会是假的，所以都可能出现。

27. 答案：B。

本题解题思路为方法可行。B 项说明题干结论的建议是可行的。

28. 答案：C。

题干论证：玩网络游戏使得大学生学习成绩下降，为了提高大学生的学习成绩，学校决定禁止在校园网上玩网络游戏。

C 项是个另有他因的削弱，即由于大学生主要在网吧里玩网络游戏，那么，即使禁止在校园网上玩网络游戏，也提高不了大学生的学习成绩。

“玩网络游戏是不可能被禁止的”不等于“不能禁止大学生玩”，A项不对。

“适度地玩网络游戏可以提高大学生的素质”不等于“目前大学生玩网络游戏是适度的”，B项不对。

“技术上实现起来比较困难”不等于“没办法禁止大学生玩网络游戏”，D项不对。

“影响学习成绩的不仅仅是玩网络游戏”，但网络游戏可能是影响学习成绩的主要因素。E项不对。

29. 答案：D。

第一步要先确定医务人员数量、构成。医院里所有的医务人员列表如下：

	医生	护士
男	男医生 P	男护士 Q
女	女医生 R	女护士 S

根据题目条件，有如下关系：

(1) $Q+S>P+R$

(2) $P>Q$

(3) $Q>S$

(4) $R\geqslant 1$

同时，$P+Q+R+S=16$，结合（1）可推知 $Q+S\geqslant 9$，$P+R\leqslant 7$

既然 $P+R\leqslant 7$，加上（4），可推知：$P\leqslant 6$

由（2）（3）得：$P>Q>S$

若 $P<6$，最大取5，此时，Q最大取4，S最大取3，不能满足条件 $Q+S\geqslant 9$

因此，必然有 $P=6$。由此推知，$Q=5$，$S=4$，$R=1$

	医生	护士
男	男医生6人	男护士5人
女	女医生1人	女护士4人

第二步，再考虑把说话的人排除在外的情况：

如果把一名男医生排除在外，则与（2）矛盾；

如果把一名男护士排除在外，则与（3）矛盾；

如果把一名女医生排除在外，则与（4）矛盾；

如果把一名女护士排除，则与任何条件都不矛盾。

因此，说话的人必然是一位女护士。

30. 答案：B。

题干断定：实现所有农村人口基本医疗保险全覆盖是政府财力完全可以做到的。

B项指出，实现所有农村人口基本医疗保险全覆盖的资金只占我国年财政总收入的很小的比例，说明国家财力确实有能力做到，有力地支持了题干的观点。

其余选项不能有效地支持。比如，A项绝对化了，C项支持力度小，D项为无关项，E项削弱了题干。

模拟试题七参考答案及解析

1. 答案：D。

蒙代尔的理论是，在开放经济条件下，一国的独立货币政策、国际资本流动、货币相对稳定的汇率，不能三者都得到。

因此，在我国对外开放条件下，如果前两者成立，则货币相对稳定的汇率无法保持，即 D 项必然正确。

其余选项都不能从题干必然推出。

2. 答案：E。

若 E 项为真，意味着参加补习班的学生考上大学的比例高很可能不是因为补习班提高了学习成绩，而是因为这些学生原来成绩就很好。

C 项也能起到削弱作用，但只是个例，削弱力度较弱。A 项为无关项，B 项起支持作用，D 项起不到削弱作用。

3. 答案：B。

根据题干断定，列出条件如下：

① $(A=2)\wedge(C\geqslant 1)\rightarrow(B=2)$

② $(C=3)\rightarrow(A2\neq C)$

③ 同意$\geqslant 2$

④ 反对$\geqslant 2$

⑤ A 组反对$\geqslant 1$

由此，可列表如下：

	同意	反对
A=2		≥1
B=2		
C=3		

根据本题条件，B 组两个评委的投票结果不同，意味着一个同意，一个反对，列表为：

	同意	反对
A=2		≥1
B=2	1	1
C=3		

下面分别假定各个选项为真，把条件列入表中，若出现矛盾，即排除。根据 A 项条

件，列表如下：

	同意	反对
A=2	0	2
B=2	1	1
C=3	2	1

这时，与条件①矛盾，排除。

同理，C 项与条件②矛盾，排除。D、E 项不符合条件⑤，排除。

只有 B 项与题干条件不矛盾，可以为真。

4. 答案：B。

B 项必然是真，否则，若 C 组评委都投反对票，就违反了条件②。

	同意	反对
A=2		≥1
B=2		
C=3	0	3

其余选项不一定为真。

5. 答案：D。

题干结论是，欧洲盘羊提供了现代驯养羊之前早期驯养羊的模样的图画。

为使题干论证成立，D 项是必须假设的，否则，如果欧洲盘羊并不比现代驯养羊更像它们 8 000 年前的祖先，那么考古学家完全可以通过现代驯养羊去研究早期驯养羊的模样，这样，题干结论就不成立了。

其余选项均不是题干论证的假设，比如，C 项易误选，但该项并没有涉及欧洲盘羊，所以与题干论证无关。

6. 答案：D。

问题是要找出不能提高孟/关组合夺冠概率的选项。

D 项只是表明，孟/关组合和那两对选手都具有优势，但没有表明孟/关组合是否比那两对选手更有优势，因此，这一项不能提高孟/关组合夺冠概率，为正确答案。

A、E 项表明了孟/关组合的优势，B、C 项减少了对手的夺冠的可能性，都能提高孟/关组合夺冠概率。

7. 答案：C。

题干断定了两个条件命题：

（1）如果丙外出，那么，如果甲也外出，则乙必须留在店内。

（2）如果甲外出，乙也必须外出。

选项 C 与题干条件（2）矛盾，不可能出现甲外出而乙留在店内的情况。

其余选项均不与题干条件矛盾。比如 A 项，在丙不外出的情况下，甲能够外出；在 B、D 项为真的情况下，题干的两个条件都可以成立。

8. 答案：A。

题干认为，“安慰剂效应”来自人对于未来的期待会改变大脑的生理状态，进而引起全身的生理变化。

如果 A 项成立，则说明存在其他因素导致“安慰剂效应”，另有他因对题干论证起到的是削弱作用。

其余选项均对题干中的解释起到支持作用。比如，B、C 项，均属于无预期则无效果，作为证据支持了题干；D 项，有预期则有效果，作为一个证据支持了题干。

9. 答案：C。

假设 A 为甲部落，他只能说真话。这样有两种情况：第一种情况是，B 为甲部落人，B 说真话，要说他是甲部落的人，A 转述的时候因为要说真话，所以应说“他说他是甲部落的人”；第二种情况是，B 为乙部落人，B 说假话，要说他是甲部落的人，A 转述时因为要说真话，也应说“他说他是甲部落的人”。因此，B 所属部落不明。

假设 A 为乙部落，他只能说假话。这样有两种情况：第一种情况是，B 为甲部落人，B 说真话，要说他是甲部落的人，A 转述的时候因为要说假话，所以应说“他说他是乙部落的人”，这不符合题干；第二种情况是，B 为乙部落人，B 说假话，要说他是甲部落的人，A 转述的时候因为要说假话，所以也应说“他说他是乙部落的人”，这同样不符合题干。

因此，A 不可能为乙部落人，只能是甲部落人，而且 B 所属部落不明。故选 C。

10. 答案：A。

在论证中提出有一定说服力的证据将有效地支持其结论，A 项指出在南美洲东海岸和非洲西海岸都有一个规模很大的类型相同的古岩石带，可以有力地支持“南美洲的东海岸原来跟非洲的西海岸是连在一起的”这一猜想。因此，A 为正确答案。

11. 答案：B。

单行排列题，题目条件表达如下：

(1) 相继到达终点的运动员，他们的服装不全是红色的

(2) Y<T，W

(3) 两位红色<Y

(4) S=6

(5) Z<U

条件分析：

根据条件 (2)，Y 不能在 5 号位和 7 号位。

根据条件 (3)，Y 不能在 1 号位和 2 号位。

同时，Y 也不能在 3 号位，否则，由条件 (3)，1 号位和 2 号位都是红色，这与条件 (1) 矛盾。因此，Y 只能在 4 号位。

这样，T、W 就占据 5、7 号位。

根据条件 (5)，Z 不能在 3 号位。如果 Z 在 1 号，X、U 就在 2 号、3 号。如果 Z 在 2 号，U 就只能在 3 号，X 就只能在 1 号。列表如下：

	1	2	3	4	5	6	7
①Z 在 1 号	Z	X/U	U/X	Y	T/W	S	W/T
②Z 在 2 号	X	Z	U	Y	T/W	S	W/T
颜色	红	绿	红	绿			

根据以上列表分析，T 和 S 必相邻，根据条件（1）知，他们不可能都穿红色。

12. 答案：C。

如果 X 第三个到达终点，那属于表格中第一种情况，这时 1、2、3 号分别是 Z、U、X，由于 Y 之前有两个红色，而且相继到达终点的运动员的服装不全是红色的，因此，U 的服装一定是绿色的。

13. 答案：D。

本题为推论题型，结合题干的第一句话与第二句话，可以很容易知道花费在用三分钟或更少的时间来烹调的微波食品上的钱多于花在其他微波食品上的钱，所以选项 D 明显是正确答案。题干中只是说 75 个品牌的微波爆米花的销售额占总微波食品销售额的一半多一点，但这并不能推出微波爆米花食品的数量较多，因为若微波爆米花的价钱较其他食品贵时，它也可在较少的销售数量的基础上占较大的销售额，所以选项 E 是不一定正确的；同理可以推出选项 A、B 和 C 均有不正确的可能性。

14. 答案：D。

本题的推理为：

r（天然化学物质的结构被公布）→s（天然化学合成物不能获得新的专利）；

p（用天然化学合成物做药品）→q（通过测试程序）；

q（通过测试程序）→r（天然化学物质的结构被公布）。

联立上述三式，可推出：用天然化学合成物做药品→天然化学合成物不能获得新的专利。因此，D 项正确。

A、C 项为明显无关选项，排除；B 项描述了获得专利之后的情况，与题干论述无关，排除；申请专利的天然化学物质未必一定要作为药物，E 项明显错误，排除。

15. 答案：B。

题干条件关系式为：

（1）A 国政府不答应反政府武装组织的要求→该组织会杀害人质。

（2）人质惨遭杀害→多数援助 A 国的国家望而却步。

（3）A 国政府答应反政府武装组织的要求→该组织不断复制绑架事件。

如果多数援助 A 国的国家继续派遣人员去 A 国，由（2）的逆否命题推出，人质没被杀害；再由（1）的逆否命题推出，A 国政府答应反政府武装组织的要求；然后由（3）推出，该组织不断复制绑架事件。因此，B 项正确。

16. 答案：E。

题干描述了一组出生率的数据，从中可看出第二次世界大战末期生育期妇女少时出生率高，1983 年生育期妇女未必少时出生率低。

从中显然可以推出，出生率不与生育期妇女的数目成正比，因此，E 项为正确答案。

其余选项均不能从题干推出。

17. 答案：A。

A 项是个另有他因的解释。为什么海鹦减少的数量远远没有北极燕鸥减少的数量多，原因就是海鹦吃鳗鱼少了，转而吃石鱼或其他鱼，但是北极燕鸥没有这样做。

18. 答案：A。

题干专家断定的首尾两句话可分别用条件关系式表示如下：

①产权清晰∧能够交易←价值体现

②让宅基地的价值体现←保护农民利益

由此可推出，保护农民利益→让宅基地的价值体现→能够交易

因此，A 为正确答案。其余选项均不必然为真。

19. 答案：B。

题干条件：方明、马亮和丹尼斯三人中至少有一人参加了男子 100 米比赛。

(1) 方明参加男子 100 米→马亮也一定参加。

(2) 报名参加男子 100 米的人→提前进行尿检。

(3) 丹尼斯是在赛前尿检工作结束后才赶来报名的。

由 (3) 和 (2) 可推出：丹尼斯没有参加 100 米。

结合题干条件可知：方明、马亮至少有一人参加了男子 100 米比赛。

那么，如果方明不参加，则马亮就一定参加。

考虑 (1)，如果方明参加，马亮也一定参加。

结合上述情况，则不管方明是否参加，马亮都一定参加。因此答案选 B。

20. 答案：D。

既然“秋季入学的学生中有些是免费师范生。所有的免费师范生都是家境贫寒的”，因此一定有“秋季入学的学生中有人家境贫寒”，A 项必然为真。

从“所有的免费师范生都是家境贫寒的。凡家境贫寒的学生都参加了勤工助学活动”可推知“所有的免费师范生都参加了勤工助学活动”，因此，B 项“凡没有参加勤工助学活动的学生都不是免费师范生”必然为真。

既然“秋季入学的学生中有些是免费师范生”，加上“所有的免费师范生都参加了勤工助学活动”，那么当然可以推出“有些参加勤工助学活动的学生是 2011 年秋季入学的”。C 项必然为真。

从“所有的免费师范生都参加了勤工助学活动”不能必然推出“有些参加勤工助学活动的学生不是免费师范生”，因为有可能“免费师范生”“家境贫寒的学生”与“参加勤工助学活动的学生”三者外延相同，是同一关系。所以，D 项为正确答案。

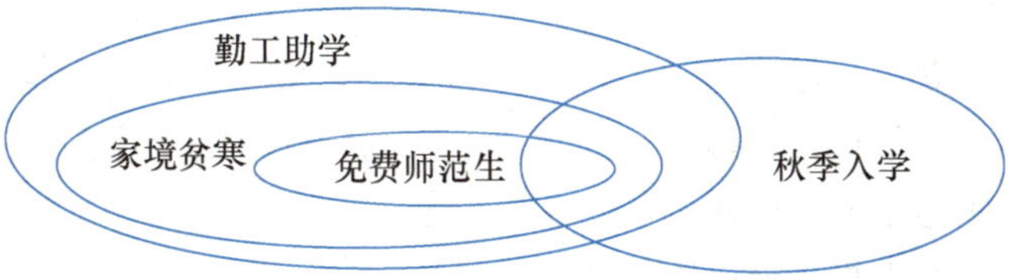

21. 答案：B。

题干结论是，为新生儿保存脐带血可为孩子一生的健康提供保障。

理由是，脐带血含有的造血干细胞对许多恶性疾病有显著疗效，是人生中错过就不再有的宝贵的自救资源。

B 项说明脐带血是造血干细胞的重要来源，支持了题干，不能削弱结论，为正确答案。

其余选项都削弱了题干结论。比如，A 项从经济上说明为新生儿保存脐带血这一做法不可取；C 项说明脐带血在临床上用处不大；D 项说明脐带血的保存量太小，以至于几乎没有治疗效果。

22. 答案：D。

本题是由一个试验“上了两天的培训课准确率提高了30%”，而得出一个解释性结论“培训课有效”。支持要达到的效果是：培训课有效地提高了准确性。培训课和准确性之间是相关的。

D项说明培训课和准确性之间是相关的，指出没有培训就没有准确度的提高，即“非A→非B”。D项是一个“无因无果”的假设，而假设可作为一个很好的支持。所以D项是本题答案。

B项认为是第一次不熟练而第二次熟练，第二次的成绩提高是由于第一次的缘故，这和题干结论观点相反，为削弱选项。

23. 答案：B。

题干用的是对比实验，其结果要有说服力，必须保证背景相同。B是题干必需的假设，否则，如果参加学习小组的学生比没有参加学习小组的学生起点要高的话，即使参加学习小组的学生获得的平均分要比没有参加学习小组的学生高许多，也说明不了参加学习小组能够提高学习成绩。因此，B为正确答案。

其余选项并不是需要假设的。

24. 答案：A。

题干结论是：一个人到底是做出好的行为还是做出坏的行为，跟他生命的长短有关。

题干论据是：只活一天的人，偷东西最好，因为不会遭受担心被抓住的痛苦。

还能活20年的人，偷东西不是最好，因为他会遭受担心被抓住的痛苦。

B项用另有他因的方式削弱了论据。若B项为真，那么，对于只活一天的人来说，最好的行为可能是饱餐一顿牛肉，而不是去偷人家的东西。

C项削弱了题干的论证方式。生命的长短不是一个人选择做出好行为或坏行为的充分条件，可以削弱题干的论点：一个人到底是作出好的行为还是做出坏的行为，跟他生命的长短有关。

D项用另有他因的方式削弱了论据。

只有A项与题干论据一致，加强了论证。

25. 答案：A。

为使题干论证成立，A项是必需的假设，否则，如果一个人在决定是否去偷人家东西之前，不能确切地知道他还能活多久，那么，题干的结论（一个人到底是做出好的行为还是做出坏的行为，跟他生命的长短有关）就不成立。

其余选项均不是题干推理所必需的假设。

26. 答案：B。

约翰·斯诺的推理是求同求异并用法。

第一次求同，从正面组各个场合的先行情况中找出共同的那个情况，即大多数死亡病例都曾经饮用同一水泵汲取的水，即死亡出现的场合都存在饮用同一水泵汲取的水，该水泵很可能是原因，其推理方法即A项所描述的。

第二次求同，从反面组各个场合的先行情况中也找出一个共同情况，即没饮用这一水泵汲取的水的人没有感染霍乱，即死亡不出现的场合都不出现这一水泵汲取的水，即“不是这一水泵汲取的水”可能不是死亡的原因。其推理方法即C项所描述的。

第三次求异，对比以上两组事例，可得出饮用这一水泵汲取的水很可能是死亡的原因，其推理方法即D项所描述的。

以上都是从先行情况和被研究现象的出现与不出现来判明因果联系的。而B项表明的共变法却是从先行情况与被研究现象的数量或程度的变化来判明因果联系的，在约翰·斯诺的推理中没有运用，因此，B项为正确答案。

27. 答案：D。

题干陈述，与太阳紫外线照射相关的皮肤癌病例每年都保持相对稳定的数量，虽然现在晒太阳的成年人比20年前要少得多了。

A、B、C、E项均从另外的角度，解释了上述统计数字上的差异。D项所述，女性晒太阳人数减少，男性晒太阳人数显著增长，这起不到解释作用，因为题干已断定，现在晒太阳的成年人要比20年前少得多，而成年人是包括男性和女性的。

28. 答案：D。

首相的断定是，政治家要有预测或说明的本领。对断定进行否定，则：

¬(预测或说明) = ¬预测 ∧ ¬说明

故D项为本题答案。

29. 答案：C。

专家认为，Tesla电池动力系统的安全隐患大。理由是，18650型电池的起火概率是百万分之零点二，那么，7 000块小电池组成的电池包的起火概率就是百分之零点一四。

如果C项为真，即Tesla有非常先进的电池管理系统，会自动断开工作异常的电池单元的输出，那么，Tesla电池动力系统的安全性就有了保证。这就有力地削弱了专家的判断。

其他选项均不妥。其中，B项削弱力度不足，其余为无关项。

30. 答案：C。

题干断定：第一，业余课堂只分技术型和情趣型两种；第二，全部的技术型业余课堂都有老年人报名参加，全部的情趣型业余课堂也都有老年人报名参加。

由此，显然可以推出结论：每个业余课堂都有人报名参加。即C项为真。

模拟试题八参考答案及解析

1. 答案：D。

制造商预测，用于戒烟的尼古丁皮肤贴，如果不用处方就可以购买，那么销量将大增。

D项说明，许多想戒烟的烟民感到没办法通过看医生获取处方，这一事实显然有力地支持了制造商的预测。

2. 答案：B。

题干根据通过风险投资方式融资创建的公司比通过其他方式融资创建的公司失败率要低，得出结论：融资渠道对于一个新公司的成功发展是更为重要的因素。

这是用求异法进行的推理，必须保证除融资渠道外，这两类公司的其他因素都一样。B项所述，风险投资人已对其他因素进行了筛选，这表明这两类公司的其他因素不一样，这就有力地削弱了上述论证。

3. 答案：C。

根据题干可知，沙特馆分别和德国馆、日本馆是不相容关系，丹麦馆分别和沙特馆、德国馆、日本馆是交叉关系。因此，既参观了丹麦馆又参观了沙特馆的职工不可能参观德国馆，也不可能参观日本馆。即C项必然为真。

日本馆和德国馆的关系题干没有断定，A、B项不必然为真。D项显然不必然为真。

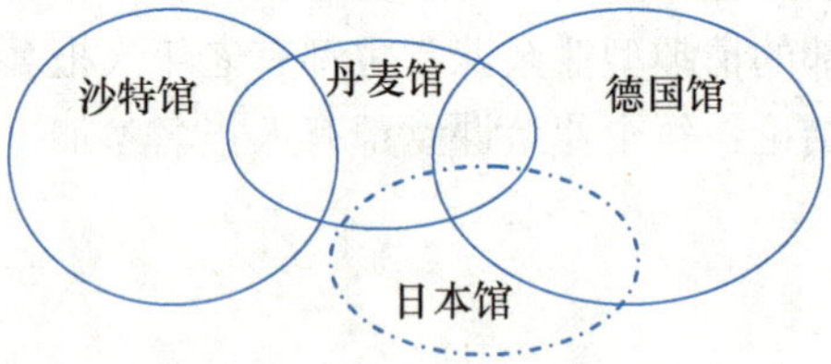

4. 答案：B。

根据题干论证，可预见的后果有两个：一是禁止捕鱼影响经济，二是继续捕鱼将会严重危害公众健康。

题干的结论是，禁止在黄龙湾捕鱼的提案必须执行。可见，上述论证所依据的深层原则是基于可预见的后果而采取两害相权取其轻的原则，毕竟影响经济要比危害公众健康的后果轻。因此，B项为正确答案。

其余选项表达的原则不准确。比如A项，预防危害公众健康但没有预防经济下滑；C项，影响经济某种意义上也属于伤害他人。

5. 答案：B。

题干断定：第一，兵马俑出土后如果不用这两套方法保护，整个彩绘层就会脱落，不能供研究秦代军人的服色使用；第二，兵马俑出土后如果用这两套方法保护，就会破坏研究者可能从中获得的有关秦代彩绘技术的全部信息。

因此，一个供研究秦代军人服色的兵马俑，一定是用这两套方法进行了保护，从而就破坏研究者了解有关秦代彩绘技术的全部信息，不能成为了解秦代彩绘技术的新信息的来源。

所以，B 项为正确答案。

选项 A、C、E 包含了“只”“唯一”等极端性词语，超出了题干断定的范围，因此都不是正确答案。由于没有采取保护措施的兵马俑彩绘层会脱落，不能供研究使用，因此，选项 D 不对。

6. 答案：B。

题干结论为：《星岛晚报》的校对小组在发现错别字方面比《星岛日报》的校对小组更有效率。

理由是：《星岛晚报》无文字错误，而《星岛日报》有文字错误。

本题是使用求异法作出的论证，比较的对象是《星岛日报》和《星岛晚报》，比较的现象是“有无文字错误”，得出的结论是：差异因素（校对小组的效率）是导致某种现象（有无文字错误）产生的原因。要使这个论证成立，就必须指出除了“校对小组的效率”这个差异因素外，其他先行情况必须是相同的。

B 项指出了两个比较的对象在校对之前都是存在错别字的。可见，B 项是题干推理必须假设的，否则，如果在《星岛晚报》上发表的文章，在校对之前是“没有”错别字存在的，意味着即使校对小组没有效率，《星岛晚报》上的文章也会没有错误。

A 项为明显无关选项；C 项是无关比较，素质更高未必就效率更高；D 项讨论编辑工作，而不是“校对工作”，是无关选项；如果“提供给《星岛晚报》的文章更认真”，那么就可能没有错别字，就暗示也许发表的文章错别字少，就不是校对的功劳，有削弱味道，E 项排除。

7. 答案：D。

题干推理为：因为象海豹展示了其他哺乳动物无法比拟的基因一致性，所以它更容易灭绝。由此可知，其他哺乳动物不容易灭绝，显然是因为它们没有这样的基因一致性。D 项就说明基因不一致这一点。

8. 答案：E。

题干由愿意接受电视采访的双子星座的人善于交际得出结论：人所属的星座影响人的性格。要求选出削弱这一论证的选项。在削弱论证所使用的方法中，要注意质的削弱强于量的削弱。

D 项暗示调查者的样本空间大而样本量小，对论证有所削弱，但是不代表取样多了就一定能改变结论，削弱力度不足，排除。

E 项则属于质的削弱，是题干结论的反例。E 项若成立，则意味着愿意接受调查的人很可能都是善于社交的人，跟所属星座无关，指出调查员的方法有漏洞。故 E 项正确。

A 项为明显无关选项，排除；B 项从占星家的角度支持了题干论述，排除；C 项认为调查员的印象是正确的，支持题干论述，排除。

9. 答案：E。

本题为逻辑描述题。小红认为：红松鼠是为了寻找水或者糖，既然水很容易获得，那么，红松鼠可能是在寻找糖。

可见，小红的论证方式是，排除了关于一个被观察现象的一种可能的解释而得出另一种解释。

10. 答案：D。

小李的观点是，红松鼠一定是寻找糖以外的其他什么东西。

理由是，树液中糖的浓度太低了，红松鼠必须吸取大量的树液才能获得一点点糖。

若D项为真，即事实上，红松鼠要等从树干的洞里慢慢渗出的树液中的大部分水蒸发掉以后才来吸食这些树液，这样就反对了小李论证的理由，从而从根本上动摇了小李对小红的反驳。

11. 答案：B。

题干条件关系为：

(1) 月饼市场要想回归平实→从工艺和配料方面进行改良

(2) 不从工艺和配料方面进行改良→不能满足正当的消费需求

只有B项不能从题干推出，因为该项不符合条件（2），因此为正确答案。

其余选项都能从题干推出。其中，A项符合条件（1）；其他选项符合条件（2）。

12. 答案：B。

由题干可知，先前的酗酒和目前的吸毒只是表面上相似，却有实质性区别，其区别在于中产阶级是否卷入。由此可得出B项：美国中产阶级的价值观是衡量美国社会公众行为的一种尺度。其他各项都不能从题干中推出。

13. 答案：D。

题干为假言选言推理。将给出的前提标准化：

①书店以低于市场的价格售书而获利→从出版商那里得到低于正常价格的书

② ¬销售量大→ ¬从出版商那里得到低于正常价格的书

③ 销售量大→满足读者广泛的兴趣∨拥有大的专业书市的独家销售权

由③式得：¬满足读者广泛的兴趣∧ ¬拥有大的专业书市的独家销售权→ ¬销售量大。那么，在“书店没有满足广大读者的个人兴趣”的情况下，如果“没有大的专业书市的独家销售权”，那么必然“不会销售量大”。再由②式，得到“不能从出版商那里得到低于正常价格的书”。再由①式，得到不可能“书店以低于市场的价格售书而获利”。因此，D项不可能真，为本题答案。

别的选项都有可能为真。

14. 答案：A。

题干条件关系式为：

(1) 经济发展→加强竞争力

(2) 社会稳定→建立保障

(3) 建立保障→缴纳社保

(4) 缴纳社保→降低竞争力

联立以上条件关系式可得：

社会稳定→建立保障→缴纳社保→降低竞争力→经济无法发展

简化为：P（社会稳定）→Q（经济无法发展）

其等价于：$\neg P \vee Q$

即：这个国家不能保持它的社会稳定或无法维持它的经济发展。

因此，A 为正确答案。

15. 答案：A。

专家的观点是，不能根据该实验断定 WiFi 辐射对人体有害。

A 项所述与该实验无关，因此，不能支持专家的观点。

其余选项都从不同角度质疑了该实验的结果，也即支持了专家的观点。

16. 答案：B。

题干观点是，有线电视公司将被提供新的电视服务的电话公司取代。

理由是，在价格一样的情况下，电话公司提供的电视频道比有线电视公司提供的电视频道多得多。

显然，如果有线电视中最受欢迎的电影频道和电视节目频道也会出现在电话公司所有的光纤电视提供的频道中，那么将进一步支持题干，因此，B 项为正确答案。

A、C、D 项都是另有他因的削弱。E 项是无关项。

17. 答案：B。

A 项有支持作用。

B 项是个另有他因的削弱，由于这两所重点高中的大部分学生都在课余聘请了有经验的家庭教师，所以不需要"一对一"的个性化服务。

C 项是个或然性削弱，"一对一"的教学质量很难断定，有可能效果好，也有可能效果不好。

D 项削弱作用很小，师资不充裕，不等于"一对一"的个性化服务效果不好。

E 项是个无关项。

18. 答案：B。

本题考查合举的谬误。题干论证的错误在于假设可能相关的数据为必然相关。假如"赞成采取环境保护行为的候选人"都是非保守派候选人，题干的结论就不能成立。B 项正是犯了与题干推理类似的错误。

19. 答案：D。

根据题干断定，所有的小保姆都加入了工会，所有的工会会员都买了医疗保险。

可推出：所有的小保姆都买了医疗保险。

题干又断定：没有清洁工人购买医疗保险。

可推出：没有小保姆是清洁工。

因此，D 项不可能为真。

其余选项都可从题干推出。

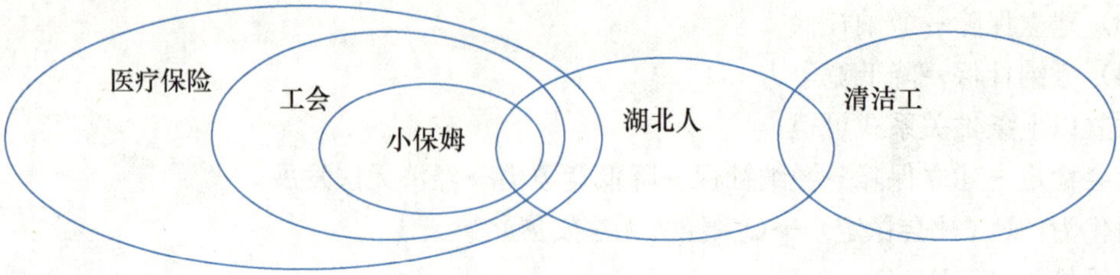

20. 答案：B。

根据题干断定，所有的工会会员都买了医疗保险，没有清洁工人购买医疗保险。

可推出：没有工会会员是清洁工。因此，B 项不可能为真，即该项是题干断定的一个反例。

21. 答案：B。

条件分析：根据条件（3）（5）可列表分为四种情况。

	午餐前			午餐后		
	1	2	3	4	5	6
情况一	F	G				
情况二	F		G			
情况三	G		F			
情况四		G	F			

如果 J 是第一位演讲者，根据列表，只能是第四种情况，第二位演讲者一定是 G。

22. 答案：D。

如果 J 是第四位演讲者，再加上条件（4），仅有一位演讲者处于 M 和 N 之间，因此只能是第一种情况，第三位演讲者只能是 M 或 N。

23. 答案：D。

题干结论是，中国留学生人心思归已蔚然成风。根据是，中国多所高校在北美 4 个城市的人才招聘会上对中国留学生所做的问卷调查显示，几乎所有人都希望回国工作或认真考虑回国的选择。

D 项所述，在北美的中国留学生中，那些不打算回国工作的人没有参加招聘会。这说明了题干的结论基于不具有代表性的样本，是不可靠的，准确地指明了论证的缺陷。

24. 答案：D。

本题涉及求异法的运用。运用求异法时要注意对差异点以及被研究现象出现和不出现两种场合的比较，以便确认差异点是不是导致某种现象产生的关键性因素。

题干推理是：改善照明→偷车案量下降。

D 项是：不改善照明→偷车案量上升。即 D 项表明：改善照明条件的泰德维尔购物中心偷车案量下降，在没改善照明条件的其他地方偷车案量不但没有下降，反而上升，由此强化了“改善照明是偷车案量下降的原因”这一结论，是个无因无果的支持。

A 项说 1992 年和 1993 年停车场里被偷的车的类型差不多，与题干推理无关，排除。

B 项指出大多数偷车案发生在也许不需要照明的白天，有削弱题干结论之意，排除。

C 项为明显无关选项，排除。

E项暗示也许是由于保安巡逻人数增加，偷车案量才减少，而不是照明改善的结果，是存在他因的削弱，排除。

25. 答案：E。

题干断定：

（1）这项改革措施不受干部们欢迎→应该进行修改。

（2）这项改革措施不受工人们欢迎→应该采用一项新的改革措施。

（3）要么不受干部们的欢迎，要么不受工人们的欢迎。

那么，如果“这项改革措施受到了干部们的欢迎”，由（3）可以推出“这项改革措施不受工人们的欢迎”，再由（2）就可以推出“应该采用一项新的改革措施”。因此，E项正确。

如果D项为真，则根据“受到了工人们的欢迎”推出“不受干部们的欢迎”，继而推出“应该进行修改”，而不是“采用新的改革措施”，因此，D项不对。

A、B、C项为无关项。

26. 答案：C。

题干条件关系为：王∧ ¬雷→李

其等价的逆否命题为：¬王∨雷← ¬李

这意味着，如果大李没有评上教授，那么必然有，小王没评上教授或者老雷评上研究员。再加上小王评上了教授，那么必然得出结论：老雷评上研究员。

因此，C项为正确答案。

27. 答案：C。

题干断定，王教授是带领学生在10个以上城市进行过社会调查的博导。

如果C项为真，意味着，在超过5个城市进行过社会调查的博导只能是经济学教授或社会学教授。由此必然得到结论：王教授一定是经济学教授或社会学教授。因此，C项为正确答案。

B项不对，从“每个经济学教授都带领学生在10个以上城市进行过社会调查”推不出带领学生在10个以上城市进行过社会调查的一定是经济学教授。

28. 答案：C。

题干断定：

（1）物理学、数学＞政治学导论、世界史导论

（2）政治学导论＞体育

A、B、D、E项显然可以从中推出。

只有C项，由于不知杨林在世界史导论和政治学导论之间更喜欢哪个，所以，得不出世界史导论与体育的关系。因此，C项推不出。

29. 答案：C。

题干断定“所有共青团员都是学习成绩良好的学生，所有成绩良好的学生都只遵守学校的规定”，并不排除，共青团员、成绩良好的学生、只遵守学校规定的学生三者是同一关系的可能，因此，C项不一定为真。

其余选项都必然为真。

30. 答案：E。

题干认为地球环境变得更恶劣了，根据的事实是：最近十年地球上的自然灾害给人类造成的伤亡比过去几十年更严重。

如果 E 项为真，意味着：最近十年地球上的自然灾害给人类造成的伤亡比过去几十年更严重，不能说明地球环境变得更恶劣了，而说明越来越多的人不得不居住在生态环境恶劣甚至危险的地区。这就以另有他因的方式有力地削弱了题干的论证。

其余各项均不能削弱题干的论证。

模拟试题九参考答案及解析

1. 答案：B。

题干条件：

(1) 发展传统手工业→破坏生态环境。

(2) 保护生态环境←发展旅游业。

从这两个命题出发，可以进行如下推理：

发展传统手工业→破坏生态环境→ ¬发展旅游业

因此，如果要发展传统手工业，就不能发展旅游业。

反过来说，如果要发展旅游业，就不能发展传统手工业。

总之，发展传统手工业和发展旅游业是互相矛盾的，不能同时发展。

2. 答案：C。

两者效果不同，既然含有的活性成分相同，就一定具有其他的区别点。

C 项说到了区别点。不同牌子的药中含有的非活性成分及填充物不同，它们会影响药的吸收速度及药在血液中的浓度。这个说法指出了存在别的原因从而使药效不同，是个很好的解释。

3. 答案：D。

题干前提：一个人不能精确地解释一个抽象语词的含义，却能十分恰当地使用这个语词进行语言表达。

补充 D 项：如果一个人能十分恰当地使用一个语词进行语言表达，那他就理解这个语词。

得出结论：理解一个语词并非一定依赖于对这个语词的含义作出精确的解释。

4. 答案：B。

甲和丁为矛盾关系，其中必有一句是假话。乙和戊为反对关系，不可能同时为真，也必有一句是假的。

因此，假话必然在甲和丁之中，以及乙和戊之中。因为，题干限定只有两人说的话为假，所以，剩下的丙和己的话都是真话。

既然己的话是真话，那么，张红没有去杭州；再根据丙的话为真，可推出林群去了西宁。

由于不能确定甲和丁中谁说假话，因此，不能确定赵明是去了西藏还是上海。

由于不能确定乙和戊中谁说假话，因此，不能确定钱玲是去了南京还是广州。

所以，A、C、D、E 项都不能必然推出。

这样 B 项必定是真的（注意该项中的字眼“可能”）。

5. 答案：A。

题干断定：

（1）¬S∧ ¬K

（2）T→ ¬D∨ ¬K

（3）¬D∧ ¬K→S

由（1）必然有：¬S

再由（3）的逆否命题得到：D∨K

又由（1）必然有：¬K

推出结论：D

因此，A 项为正确答案。

其余选项均不为真。B 项错误；C、E 项均超出题干范围；D 项推不出。

6. 答案：D。

题干断定：

第一，排在最后 5%的人提高工资，排在最前 5%的人降低工资。

第二，小王工资>平均工资>小李工资。

从中可得出：小王排在最后 5%并且小李排在最前 5%是不可能的，即Ⅲ项不可能成立。

至于小王和小李都排在最后 5%，是有可能的，比如，小李是 100 元，然后是 200 元、300 元、400 元，小王是 10 000 元，接着是 90 个 10 100 元，最后是 5 个 10 200 元，此时平均工资为 9 710 元，满足题干条件，因此，Ⅰ项是有可能的。

同理，小王和小李都排在最前 5%也是有可能的，比如，最低的 5 人都是 100 元，接着是 90 个 110 元，小李是 120 元，然后是 3 个 10 000 元，小王是 20 000 元，此时平均工资是 605.2 元，满足题干条件，因此，Ⅱ项也是有可能的。

Ⅳ项也是有可能的。所以，D 项为正确答案。

7. 答案：E。

题干结论：施用杀菌剂不是这次歉收的原因。

理由是：施用杀菌剂的草莓地歉收，不施用杀菌剂的草莓地也歉收。

如果能说明不施用杀菌剂的草莓地实际上应该是不歉收的，而“不施用杀菌剂的草莓地也歉收”实际上还是杀菌剂造成的，那么就起到了削弱作用。

E 项指出施用杀菌剂的草莓地和不施用杀菌剂的草莓地是相关的，反对了题干的论据，最能削弱题干论述。

C 项说明施用杀菌剂的确不是歉收的原因，对题干论述起到支持作用。

8. 答案：C。

题干是从一个调查之中得到一个结论，结论对这个调查事实作出了一个解释。为什么这些人体重增加了呢？是因为婚姻使人变胖。

选项 C 是个对比评价，如果对该项的回答是单身汉没有变胖，则有助于说明婚姻会使人变胖，支持了题干结论。如果回答单身汉也变胖，则表示并不一定是婚姻使人变胖，而是年龄增长了等原因造成了变胖，削弱了题干。因此 C 项正确。

B 项易误选，但 B 项中的“一些”并不能反对上面推理中的“平均”。

9. 答案：D。

题干论证：动作片虽然比爱情片更受欢迎，但动作片的导演普遍比爱情片的导演更有经验，所以，电影主题并不见得决定了影片的受欢迎程度。

这意味着，可能是由导演经验的差异而不是电影主题的差异导致了受欢迎程度的差别，这就有力地支持了 D 项，即有经验的导演比新导演更有可能拍出一部热门电影。

10. 答案：C。

本题的问题是要求找出不支持题干中作者论证的选项。作者的观点是，很可能是导演的经验而不是电影主题决定了影片的受欢迎程度。

C 项表明，动作片由于预算大而使得导演新人没有机会来拍，这就意味着，不见得是导演的经验，而是电影的预算影响了影片的受欢迎程度，这就从另有他因的角度削弱了作者的论证。

11. 答案：D。

题干论述用的是假说演绎推理，以“两个物种的遗传物质越是相似，它们从同一祖先分化出来的时间距今就越近”为一般性的前提，结合大熊猫比其他的诸如棕熊猫和浣熊等都至少晚 1 000 万年才从熊类中分化出来的事实进行推理，可以得出结论：大熊猫相比其他的熊猫或浣熊在遗传上与熊类更相似。

熊类和浣熊是在距今 3 000 万年至 5 000 万年之间分开的，而棕熊猫是在熊类和浣熊分开几百万年之后分开的，大熊猫与熊类分开的时间比棕熊还要晚，就是说大熊猫是在熊类和浣熊分开之后一千几百万年才跟熊类分开的，故 D 项正确。

关于科学家起初如何认为，题干没有描述，A 项应排除；

关于大熊猫是第几种熊类，题干没有提及，B 项应排除；

C 项重复了题干的观点，而不是推论，排除；

关于科学家是否“一致”认为大熊猫和棕熊猫都有同样的亲缘关系，题干没有反映，E 项应排除。

12. 答案：D。

题干论述：旅馆老板有两种方法来提高利润，现在政府消除了其中一种方法实施的可能，所以旅馆老板就不能提高利润了。推理形式如下：

r（旅馆老板能够提高利润）→p（建造更多的客房）∨q（改善已有的客房）

¬p（禁止建造更多的客房）∧ ¬q

¬r

D 项指出剩下的一种方法旅馆老板也不能使用了，所以才不能再提高利润，代入题干使推理顺理成章，为正确选项。

A、C、E 项为明显无关选项，排除；题目描述的是旅游区的情况、旅游区的旅馆，没有讨论其他地区，B 项应排除。

13. 答案：E。

专家的论证是：要满足Ⅰ，就必须提高税收，那就不能满足Ⅱ，所以目前无法建立一种理想的社会保障制度。

如果 E 项为真，即事实上可以提高少数富人的税收来增加国家的财政收入，那么，就有可能在满足Ⅱ的情况下，增加税收，从而使国家财政能满足Ⅰ。这样，就有可能建立一种理想的社会保障制度，从而严重削弱了专家的论证。

其余选项不能有效削弱专家的论证。

14. 答案：B。

对于任一青少年，令P表示“智力得到了有效的开发”，Q表示“勤于思考”，R表示“摄入了足够的脑细胞生长所需要的营养素”，S表示“服用了足量的‘125健脑素’”。根据题意，用推理形式表示如下：

（1）$P \to Q \wedge R$

（2）$S \to R$

推断Ⅰ的形式是：$Q \wedge S \to P$。从题干条件推不出Ⅰ成立。

推断Ⅱ的形式是：$P \wedge \neg S \to Q$。因为Q是P的必要条件，所以，由P就可推出Q。既然由P单独就能推出Q，那么由P加上非S这个条件，当然也能推出Q。因此，推断Ⅱ成立。

推断Ⅲ的形式是：$Q \wedge \neg P \to \neg R$。从题干条件推不出Ⅲ成立。

15. 答案：D。

条件表达如下：

（1）E/F

（2）J/K

（3）$J \to G$

（4）$F \leftarrow M$

可用完全枚举法把符合题干条件的情况列表如下：

	4名参赛队员入选情况		
情况一	E	J	G，H
情况二	E	K	G，H
情况三	F	J	G，H/M
情况四	F	K	GH / GM / MH

本题可用排除法。由条件（1），可排除A项和E项；由条件（4），可排除B项；由条件（3），可排除C项。

16. 答案：B。

由条件（1）（2），E或F有一人参加，J或K有一人参加，则剩下的两人出自G、H、M，显然，G或H中至少有一人参加。

17. 答案：D。

题干推理有可能会犯“合举的谬误”。所谓“合举的谬误”，就是指在论证中，由部分元素所具有的性质推断整体也具有同样的性质。

D项和题干的推理缺陷相似，其推理结构都是：既然可以分别制造出具有P和Q两种不同功能的机器，那么也就可以制造出同时具备这两种功能的机器。这样的推理不一定成立，因为这两种功能很可能是不兼容的。

注意，B项不能选，因为该项所说的两种情况是可以兼容的。

18. 答案：C。

既然所有科技大学的队员都反对余涌当队长，那么不表态的队员肯定都不是科技大学的学生，从而必然可推出：有的不表态的队员不是科技大学的学生。所以，选项 C 必定为真。

选项 A 不必定为真，因为可能所有的南方队员都是理工大学的学生。

选项 B 也不必定为真，因为理工大学的队员可能都是南方人。

科技大学队员有可能都是外籍学生，所以选项 D 不必定为真。

工业大学队员可能都不是南方人，也就可能都不表态，所以选项 E 不必定为真。

19. 答案：D。

由于所有南方队员都推选余涌当队长，而有的南方队员又是大学一年级学生，所以肯定有大学一年级队员推选余涌当队长，可知选项 D 必定为假。

选项 A 可能为真，有的南方队员是大学一年级学生，并不排斥其他队员包括科技大学队员也可能是大学一年级学生。同样的道理，选项 B、C 都可能为真。理工大学队员可能没有南方人，所以选项 E 可能为真。

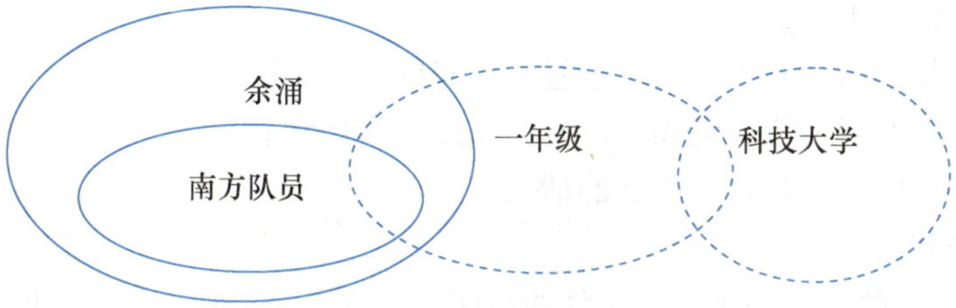

20. 答案：D。

从题干陈述可以发现，研究人员在得出其结论时，使用了对比测试，这是 C 项所描述的；也显然利用了测量结果去做归纳概括，这是 A 项所描述的；也使用了抑郁症状和感知黑白对比能力之间的共变关系，这就是 B 项所描述的。

题干没有使用的方法就是先提出假说，然后去证实或证伪。因此，D 项为正确答案。

21. 答案：D。

要寻找一个结论所依赖的假设，就要找使这个结论成立所需的必要条件。只有在雇员能享受到更多的有偿假期时，才能说明新政策比以前的政策更慷慨。而在新政策中，雇员能享受到更多的有偿假期的必要条件是他们得工作长达 1 200 小时，由此分析可知绝大多数雇员能够工作长达 1 200 小时是本题结论所依赖的假设，所以 D 项为本题答案；A、B、C、E 项都不可能作为题干结论的假设。

22. 答案：C。

首先确定矛盾，甲的断定为 E 判断，丙的断定为 I 判断，为矛盾命题，必为一真一假。然后绕开矛盾，由于只有一人断定属实，因此，乙、丁断定为假。从中推出，所有人都贪污了。进一步推知，丙说的是真话，张经理贪污了。

因此，C 为本题答案。

23. 答案：C。

本题为推论题。题干断定：

(1)（中国旅游者理智 ∧ 中国旅游者了解行情）→（在比利时出售的巧克力比在国内出售的同样的巧克力便宜←他们会购买）。

(2) 在比利时出售的巧克力不比在国内出售的同样的巧克力便宜。

从中显然可以推出：理智并了解行情的中国旅游者→不会在比利时购买巧克力。

这等价于：不理智或不了解行情的中国旅游者←在比利时购买巧克力。

也就是说，在比利时购买该国巧克力的中国旅游者，都不理智或不了解行情。进一步推出，在比利时购买该国巧克力的理智的中国旅游者，都不了解行情。因此，C 项正确。

从题干只能推出：理智并了解行情的中国旅游者不会在比利时购买巧克力，但推不出他们一定会在国内购买比利时的巧克力，A 项不对。

至于不了解行情的中国旅游者是否一定会在比利时购买该国的巧克力，题干并没有断定。B 项推不出。

从题干只能推出在比利时购买该国巧克力的中国旅游者，都不理智或不了解行情，推不出他们既不理智，也不了解行情，D 项推不出。

24. 答案：E。

矿工 2 和安全员的话矛盾。真话一定在二者之间。既然只有一个人的断定为真，因此，值班主任和矿工 1 的话都是假话。

根据值班主任的话为假，可知：不是操作问题。

再根据矿工 1 的话为假，可知：没有人违反安全规程。

所以，安全员的话为假，矿工 2 的话为真。

因此，正确答案为 E。

（注意，矿工 2 的话是一个充分条件的命题，当“不是操作问题”，也“没有违反安全规程”时，矿工 2 的话仍然是一句真话。）

25. 答案：B。

由于 B 车昨天限行，且周六、日不限行，所以今天不能是周日和周一。

由于 B 车昨天限行，E 车周四限行，所以今天不能是周五。

由于 E 车周四限行，E 车明天可以上路，所以今天不能是周三。

假设今天是周二，由“从今天算起，A、C 两车连续四天都能上路行驶”可知，A、C 两车只能在周一限行，不符合，排除。所以今天不能是周二。

假设今天是周六，则 A、C 两车周一、周二都能行使，B 车周五限行，E 车周四限行，由此推出 A、C 两车都周三限行，与题目所说的保证每天至少四辆车可以上路不符，排除。所以今天不能是周六。

假设今天是周四，则 B 车周三限行，由“A、C 两车连续四天都能上路行驶”可知，A、C 两车分别在周一和周二限行，则 D 车周五限行，满足题干所有条件。

因此，B 项为正确答案。

26. 答案：A。

该题利用了求因果关系方法中的求异法。

题干前提：大坝建成后，下游水温变化范围没有 50℃，鱼不能充分繁殖。

隐含前提：大坝修建前，下游水温变化范围有 50℃，鱼能充分繁殖。

推论：水温变化是影响鱼繁殖的原因。

A 指出，大坝建成后，支流水温变化范围有 50℃，鱼能充分繁殖（无因无果型支持）。

对于支持类题型也可以采用选项“加非”后选择削弱项的方法。

A 加非：土产鱼类“也不能”在年温度变化范围接近 50℃的大坝下游的支流中繁殖。

这意味着水温变化变窄很可能不是鱼类不能充分繁殖的原因，削弱了题干论述。因此 A 为正确选项。

B 指出另一个影响鱼类繁殖的条件被大坝改变，即存在他因，削弱了科学家推测，排除。

C 描述水温绝对值的变化，没有涉及变化范围，为无关选项，而且也有用存在他因来削弱科学家推测之意，排除。

D 与 B 类似，有用存在他因来削弱科学家推测之意，排除。

E 为明显无关选项，排除。

27. 答案：C。

题干论述：产品价格的上升通常会使其销量减少，但酒是个例外，价格提高后反而好销。

如果 C 项为真，即消费者常常以价格的高低作为判断酒的质量的参考依据，这就显然有助于解释上述反常现象，因此为正确答案。

28. 答案：D。

根据题干论述，有些未受过大学教育的人成了优秀作家，优秀作家都是敏感而富有想象力的人，由此推出，有些未受过大学教育的优秀作家是敏感而富有想象力的人。即，有些敏感而富有想象力的作家未受过大学教育。因此 D 项陈述一定为真。

其余选项均不一定为真。

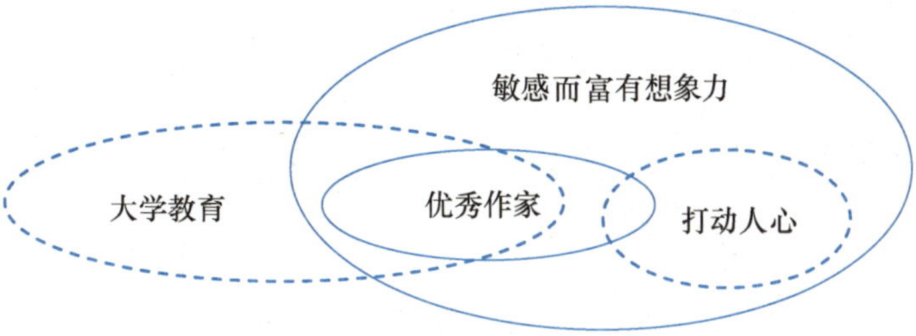

29. 答案：A。

研究者假设，一个原因是西方食品含盐量高，另一个原因是黑人遗传基因中对缺盐环境的适应机制，造成了西方化的黑人患高血压的概率比白人高两倍。也就是说，黑人由于长年生活在缺盐的环境里，在遗传基因中已形成了对缺盐环境的适应机制，当这些黑人到了食品含盐量高的西方国家去生活，他们遗传基因中的这种对缺盐环境的适应机制一时无法适应含盐量高的食品，因而患高血压的概率比白人高两倍。

结果：西方化黑人患高血压的概率高。

原因：一是内因，基因中对于缺盐的适应机制；二是外因，西方食品含盐高。

A 项是个无因无果的支持。

无果：当代西方化的非洲黑人塞内加尔人和冈比亚人后裔的血压通常不高。

无因：塞内加尔、冈比亚两国历史上不缺盐（意味着塞内加尔、冈比亚人基因中不存在缺盐的适应机制）。

D 项为干扰项，不能确定 D 项对研究者假设所起的作用，因为选项没有指出现代的约鲁巴人是否西方化即是否食用含盐量高的食物，所以，难以验证研究者假设的两个原因的相互作用。

30. 答案：C。

题干论述需要反对的解释是：因为海獭能够尝出蛤蜊中的毒素，所以海獭不吃有毒素的蛤蜊。

C项说明海獭有可能是因为海水变红才不吃蛤蜊，而不是尝出毒素，以存在他因的方式反对了原来的解释。

其余选项均不能反对题干。

模拟试题十参考答案及解析

1. 答案：A。

题干结论：贴花汽车失窃率低。

以下哪个问题对评价这一结论最重要？这类题型，要求考生找到一个最能影响题干结论的变量，就是寻找一个在肯定或否定状态下支持题干而相反状态下则削弱题干结论的选项。

A：在肯定状态下，参加该工程的足够细心的车主“采取了”其他防止汽车被盗的特殊措施，暗示贴花未必起了作用，可能存在其他原因导致车辆不易被盗——存在他因（削弱题干论证）；在否定状态下，参加该工程的足够细心的车主“没有采取”其他防止汽车被盗的特殊措施，意味着贴花汽车跟其他汽车的防盗措施基本相同——没有他因（意味着失窃率下降很可能是贴花工程的作用，支持题干论述）。故 A 为正确选项。

B：实施贴花工程的地区数量，跟失窃率无关，排除。

C：贴花在夜间起作用，跟白天无关，排除。

D：讨论车主夜间出车方便与否，而无论是否受到警察干扰都跟失窃率无关，排除。

E：无论汽车类型是否有代表性，只要贴花汽车的失窃率降低了，就说明贴花工程起了作用，排除。

2. 答案：D。

题干论证用了类比推理，诸选项中，只有 D 项用了类比推理。

3. 答案：D。

根据题意，写出以下条件关系：

(1) R←甲∧乙∧丙

(2) ¬甲→ ¬乙

(3) ¬乙→乙和丙是好友

(4) 丙不认识乙

(5) ¬R

根据给出的信息进行推理：由（4）丙不认识乙推出，乙和丙不是好友；再由（3）推出，乙是罪犯；再由（2）推出甲是罪犯。

由（1）得出，确认甲、乙、丙都是罪犯，则 R 破获。而（5）表明，R 未破案。根据这两个条件不能确定三人都是罪犯。

综上分析，得出结论：甲和乙是罪犯，丙不能确定。因此，D 项为正确答案。

4. 答案：C。

四人中三人是高个子，则只有一人是矮个子；乙和丙的个子一样高，说明乙和丙一定是高个子；丙和丁的个子不是一种类型，因此，丁一定是唯一的矮个子。又因为只有一个人同时具备“三高”，同时只有一个人是高学历，因此，丁一定没有高学历。

由于甲和乙的收入一样高，假设甲和乙是高收入，因为只有两个人是高收入，所以丙和丁就是低收入，这样，丁就既是矮个子，又是低收入，而且没有高学历，这和题干条件“每个人至少具备一高”相矛盾。因此，假设不成立，故甲和乙只能是低收入，这样，丙和丁是高收入。

由此可知，四人中同时具备高个子和高收入两个条件的只有丙一人；又因为只有一人同时具备“三高”，所以，丙一定具有高学历，即丙同时具有“三高”。详见下表：

	甲	乙	丙	丁
高个子（3人）	√	√	√	×
高收入（2人）	×	×	√	√
高学历（1人）	×	×	√	×

5. 答案：D。

题干断定：W大学2007年的学费降低了20%，收到的学费总额却比2006年增加了。

为使推理方便，列表如下：

	学费	招生数量	学费总额
2006年	X_1	Y_1	X_1Y_1
2007年	X_2	Y_2	X_2Y_2

根据题干断定，有：$X_2=(1-20\%)X_1$

$X_2Y_2>X_1Y_1$

由上两式可得：$0.8X_1Y_2>X_1Y_1$

即：$(Y_2-Y_1)/Y_1>25\%$

意味着与2006年相比，W大学在2007年招生增长的幅度超过了25%。

因此，D项可以从中必然推出。

A、C项与题干不一致，B项为无关项，均应排除。

6. 答案：A。

题干论证有误，根据90%的重度失眠者经常工作到凌晨2点，张宏经常工作到凌晨2点，是得不出“张宏很可能是一位重度失眠者”这一结论的。

如果A项为真，即经常工作到凌晨2点的大学教师有90%是重度失眠者，那么，由于张宏经常工作到凌晨2点，从而可以合乎逻辑地得出结论：张宏有90%可能是一位重度失眠者。

由“90%的重度失眠者经常工作到凌晨2点”得不出“10%的人经常工作到凌晨2点而没有患重度失眠症”，因此，B项不对。

题干并没有否认，除了经常工作到凌晨2点以外，还有其他导致大学教师重度失眠症的原因。因此，C项不对。

如果D项为真，即经常工作到凌晨2点是人们患重度失眠症的唯一原因，那么，由于张宏经常工作到凌晨2点，从而可以得出结论：张宏必然是一位重度失眠者。所以，D项也不对。

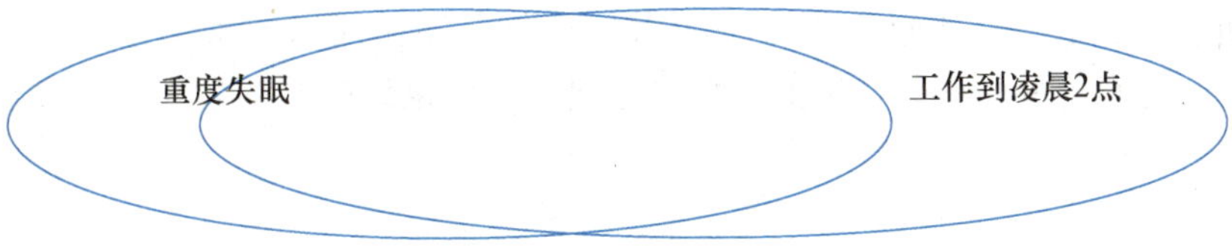

7. 答案：B。

题干断定：¬张→李

其负命题为：¬张∧ ¬李

即：李娟没有接到张凯的短信并且不在教室

因此，选B项。

8. 答案：C。

本题是由一个事实“暴力犯罪和毁坏公物行为的剧烈增加”而得出一个解释性结论“石油繁荣是原因”。C说明在无石油繁荣的挪威城镇，暴力犯罪和毁坏公物行为保持低水平，是个无因无果的假设。所以C为正确选项。

9. 答案：E。

论证涉及统计数据的比较及其相对变化。大学毕业生与高中毕业生平均收入水平的差距是相对的。假如高中毕业生的收入水平不变，大学毕业生收入水平的降低则会缩小二者之间的差距，大学毕业生收入水平的提高则会加大二者之间的差距。反之亦然。题干认为大学毕业生的过度供给导致其收入水平下降，缩小了与高中毕业生收入水平的差距。E则表明高中毕业生的过度供给也可能导致其收入水平的下降，并因此拉大了与大学毕业生收入水平的差距。这种解释方式与原论证有高度的一致性。

10. 答案：D。

题干陈述：橱柜制造商的技艺必须更关注产品的实际功用。

补充D项：如果一件物品的制造者关注它的实际功用，那它就不是一件艺术品。

得出结论：制造橱柜并非艺术。

可见，D项是题干论证的假设。

11. 答案：B。

本题由一个比例数据而得出一个外推与“数量”有关的结论，那么推理成立所隐含的假设是“逻辑器件与存贮器件的最初成本基本相似”。而评价大多针对隐含假设。B针对隐含假设，指出逻辑器件和存贮器件两者的实际价格是多少。若两者原来实际价格基本相同，那么就支持了题干推理；若存贮器件的实际价格要远远小于逻辑器件的实际价格，则反对了题干推理。所以B所提供的信息对评价题干推理最为有用。A与E中的“数量”与成本没有直接关系；C中的“兼容性”与D中的“耐用性”均与成本没有直接关系，因此A、C、D、E都不符合题意。

12. 答案：D。

题干论述：因为建筑工地上的受伤者绝大多数都是男性，所以“女工比男工一般更容易受伤”这一看法是一种偏见。

从绝对数中得到的结果往往是有缺陷的，必须要考虑相对比例，只有这个相对比例才能够说明问题。要比较男女工哪方更容易受伤，关键要比较男女工的受伤率，即男工受伤人数占男工总人数的比率与女工受伤人数占女工总人数的比率。

如果知道了女工在全体建筑工人中所占的比例，那么根据题干已知的男女工的受伤比，就能得到男女工的受伤率。因此，D 项指出了题干论证的漏洞。

13. 答案：B。

题干断定：

①要想维持国内粮食价格稳定，俄罗斯必须禁止粮食出口。

②如果政府禁止粮食出口，俄出口商将避免损失。

③如果俄政府禁止出口粮食，俄罗斯的国际市场将被美国和法国占有。

由①③连锁推理可得：如果今年俄罗斯维持国内粮食价格稳定，就会失去它的国际粮食市场。即 B 项正确。

其余选项并不必然为真。

14. 答案：C。

律师所回答的意思是，维护法律赋予（包括真正的罪犯在内的）被告的合法权利，是实施法律公正的必要条件。

显然，律师所隐含的意思是，被告即使是真正的罪犯，也拥有法律赋予的合法权利。因此，Ⅰ能从律师的断定中推出。

按照律师的意思，如果剥夺被告的权利，就不能保证实施法律的公正，因此，Ⅲ能从律师的断定中推出。

Ⅱ的意思是，维护法律赋予（包括真正的罪犯在内的）被告的合法权利，是实施法律公正的充分条件。这显然不符合律师的原意，因此不能从律师的断定中推出。

15. 答案：A。

题干论证的推理结构是：大多数情况下，P 和 Q 没有时间关联，仅仅因为 P 和 Q 偶尔存在时间关联，就断定 P 和 Q 有相关性是没有道理的。

A 项的论证可整理为：在多数场合，狗和猫焦躁不安之后并没有发生地震，仅仅因为狗和猫在地震前有时焦躁不安，就断定狗和猫有事先感知地震的能力是没有理由的。这一论证结构与题干最为类似。

C 项包含了“仅仅因为”这一说法，似乎在推理形式上与题干类似，所以容易误选。虽然这是个合理的推理，但其内容实质并不与题干的推理类似。

16. 答案：D。

诸选项中，只有 D 项符合题干条件，因此为正确答案。

其余选项均不符合题干条件。首先，从（1）可以排除 A 和 C。其次，由（5）己参加，加上（4），推出，戊不参加。最后由（3），推出，甲参加或丙不参加。这意味着，如果丙参加则甲参加，从而排除 B。由（4）可以直接排除 E。

17. 答案：A。

选项 A 符合题干的全部 4 个条件。

选项 B 所述“3 种植 Q”，不符合题干条件“3 号菜池子种植 Y 或 S”。

选项 C 所述“1 种植 H；2 种植 Q”，不符合题干条件“Q 在 H 左侧的某一块菜池中种植”。

选项 D、E 所述不符合题干条件“L 紧挨着 S 的右侧种植”。

18. 答案：E。

由于“3号菜池子种植Y或S”，S在偶数号，则3号是Y。

S种在偶数号的菜池中，可以为2号、4号或6号。因为“L紧挨着S的右侧”，说明S不可能在6号。若S在2号，由于“L紧挨着S的右侧”，L就应在3号，这与Y在3号矛盾，不可能。因此，S只能是4号。

所以，Y紧挨着S左侧种植，E项必然为真。

19. 答案：B。

题干是O判断，Ⅰ是E判断，Ⅱ是A判断，Ⅲ是I判断，Ⅳ是单称肯定判断。根据对当关系，由O判断为真，在各选项中只能推出A判断为假，其余都真假不定。故本题选B。

20. 答案：C。

题干论述：一方面，专家认为设置安全生产专职岗位能降低煤矿的事故发生率；另一方面，事实上设置安全生产专职岗位和没有设置安全生产专职岗位的煤矿事故发生率差不多。

原因何在？一定是别的因素所导致。C项表明，设置安全生产专职岗位的煤矿，因地质条件恶劣更容易发生事故。这就有力地解释了题干中的不一致。

21. 答案：C。

题干推理可简化如下：

$P \wedge Q \rightarrow R$　（如果所有的鸟都会飞，并且鸵鸟是鸟，则鸵鸟会飞）

$\neg R \wedge Q$　（鸵鸟不会飞，但鸵鸟是鸟）

$\neg P$　（并非所有的鸟都会飞）

从题干推出的结论是“有些鸟不会飞”，即O命题为真。根据对当关系，则：

Ⅰ为非A，即O命题，为真；

Ⅱ为I命题，不能确定真假；

Ⅲ为E命题，不能确定真假；

Ⅳ为O命题，为真；

Ⅴ为A命题，为假；

Ⅵ为单称否定命题，不能确定真假。

因此，正确的选项是C。

22. 答案：A。

题干论证如下：

前提一：顾颉刚认为，《周易》记载了商代到西周初叶的人物和事迹，故其著作年代在西周初叶。

前提二：《周易》记载的人物和事迹已被出土的资料证实。

结论：顾颉刚的推定是可靠的。

这一论证是不可靠的，即使《周易》记载的人物和事迹已被出土的文献资料证实，那只能推定《周易》的著作成书年代不会早于西周初叶（否则不会记载西周初叶的人物和事迹），却没法确定著作年代的下限。实际上，西周之后各个年代的著作都可以记载商代到西周初叶的人物和事迹，因此，这个论证是有缺陷的。A项描述了这个论证的缺陷。

23. 答案：B。

甲、丙和丁的断定分别是E、I和O判断（注意：不都没纳税＝有的纳了税）。乙的断定是单称肯定判断。甲和丙的断定互相矛盾，不能同假，必有一属实；又由条件，只有一人断定属实，所以乙和丁的断定失实，即事实上陈老板纳了税，并且由O判断假（丁断定失实）可推出A判断真，又由A判断真可推出I判断真，即丙的断定属实。故应选B。

24. 答案：D。

本题是使用求异法作出的论证。先行情况中的差异因素是“是否看具有暴力镜头的电视节目”，比较的现象是“暴力行为”，运用求异法得出的结论：差异因素（看具有暴力镜头的电视节目）是导致某种现象（暴力行为）产生的原因。要使这个论证成立，就必须指出除了“具有暴力镜头的电视节目”这个差异因素外，没有其他差异因素来影响论证。

D项是题干推理必须假设的，否则，如果导致两组孩子的行为差异的，有其他不同的原因，则意味着暴力行为未必是观看具有暴力镜头的电视节目引起的，题干论证就不成立了。

A、B项为明显无关选项，排除；C项与题干观点矛盾，排除；E项为无关选项，排除。

25. 答案：C。

补充假设后，本题论证如下：

前提之一：所有蚀刻工具要么是针嘴的，要么是平刃的。

前提之二：有些平刃的蚀刻工具用于雕刻，有些不是。

前提之三：所有针嘴的蚀刻工具都用于雕刻。

补充C项：针嘴的蚀刻工具与平刃的蚀刻工具一样多。

得出结论：用于雕刻的蚀刻工具比不用于雕刻的蚀刻工具多。

26. 答案：C。

有的优秀运动员不必然不失误＝有的优秀运动员可能失误。

并非所有的优秀运动员都可能失误＝有的优秀运动员不可能失误。

因此，C项为正确答案。

27. 答案：D。

首先要明晰问题目的，注意“最不能破坏”，说明本题属于不能削弱的题型，答案方向应为无关项或支持项。

题干论证：因为母亲分娩持续的时间与孩子在出生后第一个月中哭泣的时间呈正比关系，所以儿童的心理失调是由出生过程的压力造成的。

D只表明母亲分娩时间的计算依据于产科医生的估计，这与题干论证无关，因此不能起到削弱作用，所以D为正确选项。

A否定了儿童哭泣时间与心理失调的关系；B否定了心理失调与儿童出生后第一个月里哭泣时间之间的关系；C指出压力与分娩持续时间呈反比关系，否定了分娩持续时间与孩子出生后第一个月里哭泣的时间呈正比关系；E表明了分娩的压力与哭泣的反向关系，否定了原因，从而驳斥了结论。所以A、B、C、E都从某个方面对题干推理起到了削弱作用。

28. 答案：E。

题干论述：针对某项实验的结果，某科学家重复这项实验所得到的结果与原结果不同，科学家由此认为，最初实验的测量方法是错误的。

两次实验的结果不同，至少有一次实验的结果有问题。科学家要想推出第一次的实验结果是由错误的测量方法造成的，他必须假设第二次实验的测量方法是正确的，并且第二次实验的结果是没有问题的。可见，E 项是该科学家推理的假设，否则，如果重复实验的测量方法是错误的，那么，就不能断定：最初的实验结果是由错误的测量方法造成的。

A 项是个干扰项。因为即使一项实验的结果是正确的，而在相同条件下进行实验，如果测量方法不同，也不能得到相同的结果。

29. 答案：B。

李医生：癌症←接受化疗

赵经理：癌症 ∧ ¬接受化疗

赵经理的质疑对李医生的陈述并没有反驳作用，实际上，赵经理的质疑是下列命题的否命题：

癌症→接受化疗

即赵经理把李医生的话误解为：所有得了癌症的人都得接受化疗。

30. 答案：D。

题中的观点：鼓励推动兴办中小企业可以降低长期失业率。D 项认为小公司 3 年内会倒闭，证明此方法不可行，对政治家的论点提出最大质疑。

C 项也具有一定的削弱作用，但削弱能力不如 D 项强。B 项为支持，A 项和 E 项为无关选项。

模拟试题十一参考答案及解析

1. 答案：B。

题干提出了“北美祖先来自南美”的论点，而论据是 32 000 年前南美就有人居住了。要驳斥这个推理最好的办法是用事实来证明“北美祖先不是来自南美”。选项 B 正好做到了这一点。

2. 答案：B。

题干中为证明汽车工业收入的下降是言过其实的论点，列举了一大堆的统计数字，这些数字有些上升，有些下降，让人看后有点丈二和尚摸不着头脑的感觉。这些数字也很难为它们要支持的论点提供有力的证明。对这些数字进行简单的分析即可知道，尽管两年前与今天相比，汽车工业的收入在三个部门中有所变化，但是两年前这三个部门的收入份额总和（65%+15%+20%=100%）与今天的收入份额总和（50%+20%+30%=100%）仍是一样的。而不管汽车工业的收入经历了什么样的变化，所有这些收入的份额总和必须是 100%，所以 B 为本题答案。A 是容易误选的选项，若制造商的收入份额与其他统计数字具有不同的出处，这些统计数字确实不利于被用来支持论点，但是统计数字具有不同的出处只是一种可能性，另外即使这些数字具有不同的出处，它们仍有相一致的可能性，由前面的分析可知这些统计数字确实是相一致的，所以 A 是错误的。C、D、E 均为无关选项。

3. 答案：E。

题干断定：

（1）如果某一种口语非常有效，那么它的每一个基本音素的所有可能排列都能组成一个可被理解的单词。

（2）如果人类的听觉系统不是一个完善的声音接收器，那么一种口语的基本音素的每一个可能的排列不可能都能构成一个可被理解的单词。

从而可得出结论：如果人类的听觉系统不是一个完善的声音接收器，由（2）和（1）的逆否命题联立可以推出“那么口语就不可能非常有效”。E 项为正确答案。

其余选项都不能从题干的论证中合理地推出，比如，D 项是（2）的否命题，与题意不等价。

4. 答案：D。

并非所有出于良好愿望的行为必然会导致良好的结果

=可能并非所有出于良好愿望的行为会导致良好的结果

=可能有的出于良好愿望的行为不会导致良好的结果

=有的出于良好愿望的行为可能不会导致良好的结果

5. 答案：D。

“运动会将准时开始，除非天下雨”可表达为：

¬天下雨 → 运动会准时开始

其等价于：天下雨 ← ¬运动会准时开始

因此，只有Ⅲ项成立。

6. 答案：B。

题目条件是：¬天下雨 → 运动会准时开始

其负命题是：没下雨，并且运动会没有准时开始

可见，题干断定为假的只有Ⅱ项。

7. 答案：C。

题干断定：马太效应会造成各种社会资源向少数科学家集中。若C项为真，即在绝大多数情形下，对科学家所做的奖励是有充分根据的，合情合理，那么，就能合理地得出结论：这些少数科学家确实是出类拔萃的，他们作出的贡献比一般科学家大得多。

其余选项均为无关项

8. 答案：C。

A、E没有对题干中的结论提出质疑；由于题干中的结论是从平均体重的增长推出的，故B、D也未能构成对结论的质疑。只有C说明与被调查者年纪相仿的未婚者的体重也增长了，并且增长的幅度更大，才对“婚姻能使人变胖”的结论构成了强有力的质疑。

9. 答案：A。

根据题干条件，逐步进行推理：

①第一盘对局：由刘健和小萍搭伴，可知刘健的妹妹不是小萍；由张益和小英搭伴，可知张益的妹妹不是小英。

②第二盘对局：由张益和小红搭伴，可知张益的妹妹不是小红；由刘健和马明的妹妹搭伴，可知马明的妹妹不是小红。

可借助下表解题，其中，√和×分别表示是或不是兄妹关系，数字表示推断的步骤：

	小英	小红	小萍
刘健			× ①
马明		× ②	
张益	× ①	× ②	

③由张益的妹妹不是小英和小红，可知张益的妹妹是小萍；由小红不是张益和马明的妹妹，可知小红是刘健的妹妹。

	小英	小红	小萍
刘健		√ ③	× ①
马明		× ②	
张益	× ①	× ②	√ ③

④由小红是刘健的妹妹，可知小英不是刘健的妹妹。由小萍是张益的妹妹，可知小萍

不是马明的妹妹。

⑤由小英不是张益和刘健的妹妹，可知小英是马明的妹妹。

	小英	小红	小萍
刘健	× ④	√ ③	× ①
马明	√ ⑤	× ②	× ④
张益	× ①	× ②	√ ③

10. 答案：D。

题干对没有新的严重的世界战争发生这一现象提出一个解释：人们对世界大战的破坏力感到恐惧。

因：对第二次世界大战巨大破坏力的恐惧。

果：没有新的严重的世界战争发生。

选项D提出了一个反例，说明恐惧并没有威慑作用，要不然第二次世界大战也不会发生。

有因：对第一次世界大战破坏力的恐惧。

却无果：有严重的世界战争发生（第二次世界大战）。

所以，选项D是个有因无果的削弱，为正确答案。

11. 答案：A。

根据题干中的已知条件，可以得到：老张＞教授＞医生，老王＞老李，工人＞司机。可以列表如下：

	司机	教授	医生	工人
老张	√	×	×	×
老王				×
老李				
老赵				

根据上表可知：老张是司机。再考虑工人＞司机，可知：工人＞老张。

现在令工人是老李，则老王是教授或者医生，则老王都比老李矮，这样就与已知条件老王＞老李发生矛盾。所以，老李不是工人，老赵是工人。再考虑老王＞老李，教授＞医生，所以，老王是教授，老李是医生。

12. 答案：D。

医生的结论是：脸上一侧长的皮疹是由于与电话接触而产生的。

理由是，每个这类病例的皮疹都发生在经常与电话接触的那半边脸上。

A项提供了旁证，说明生产电话的塑料会使人过敏，支持了医生的诊断。

B项是个没有他因的支持，其他装置在脸部的两边接触的机会大致相等，而电话常常是一边接触，支持了医生的诊断。

C、E项所述病人都是频繁使用电话的，直接支持了医生的诊断。

只有D项是不能支持医生的，为正确答案。

13. 答案：A。

对“你是富有的骑士吗”这个问题，无赖由于说的是假话，所以他只能回答“是”；

富有的骑士由于说的是真话，所以他也只能回答“是”，只有贫穷的骑士的回答是“不是”。姑娘可根据对这个问题的回答来确定谁是贫穷的骑士。

选项 A 的问题能确定他是否为贫穷的骑士，其他都不能，见下表：

	富有的骑士的回答	贫穷的骑士的回答	无赖的回答
A. 你是富有的骑士吗？	是	不是	是
B. 你是无赖吗？	不是	不是	不是
C. 你是贫穷的骑士吗？	不是	是	是
D. 你说真话吗？	是	是	是
E. 你说假话吗？	不是	不是	不是

14. 答案：C。

分析“我不是富有的骑士”这句回答。因为无赖不是富有的骑士，所以不可能是这样回答的，否则他就讲真话了；也不可能是富有的骑士讲的，否则他就讲假话了。而只可能是贫穷的骑士讲的。因此，C 项是正确答案。

A 项中“我不是无赖”这句话，无赖、富有的骑士和贫穷的骑士都可以这样回答。

B、D、E 项中，“我是贫穷的骑士”“我很穷但我不说假话”“我正是你所喜欢的人”这几句话无赖也可以讲。

15. 答案：C。

专家断言：转基因食品是安全的，可放心食用。

C 项所述，害虫食用转基因水稻后会中毒，这意味着，转基因食品是有毒的，对人可能也有害。这就削弱了题干，当然不能支持专家的断言，为正确答案。

其余各项都支持了专家的断言。其中：A 项，转基因农作物无须使用含有致癌物质的除草剂；B 项，转基因作物从未发生过安全性事故；D 项，传统的杂交选育是安全的，也是转基因；E 项，转基因食品对人无害。这都有利于说明转基因食品是安全的。

16. 答案：B。

题干论述：两种疾病的症状相同，所以引发疾病的病毒相似。

这是一则较典型的类比论证。它依据两种疾病在症状上的一系列相似点，来类推导致这两种疾病的病毒也相似（因果类比）。选项 B 为此提供了一个可类推的一般原则，是题干推理必需的假设，否则，如果具有类似症状的疾病“未必”会有类似的病因，意味着症状类似未必病毒类似，那么，题干论证就不成立了。

A、C、D、E 都是明显无关选项。

17. 答案：D。

由题干条件可知，F、G、H、I 都不可能担任三个分委会的委员，只有 M 和 P 中有一位担任三个分委会的委员。

若 F 在三个分委会任委员，由于 F 不和 G 在同一个分委会任委员，这样 G 就不能在任何一个分委会任职，与题干条件矛盾。选项 A 排除。

若 H 在三个分委会任委员，这样 I 就没法安排，选项 B 排除。

若 G 在三个分委会任委员，这样 F 就没法安排，选项 C 排除。

只有选项 D 不与题干条件矛盾。

18. 答案：C。

因为M和P中有一位担任三个分委会的委员，而“F不和M在同一个分委会任委员”，这样，M就不可能担任三个分委会的委员。因此，只能是P担任三个分委会的委员，六名委员至少要担任一个分委会的委员，当然P和剩下的五个委员都在同一个分委会任委员。所以，C项必然为真。

19. 答案：C。

题干中“有些职工偷税漏税”是一个特称肯定命题（SIP）。

Ⅰ（“没有职工不偷税漏税”）等值于“所有职工都偷税漏税”，即全称肯定命题（SAP）；

Ⅱ（“有些职工没有偷税漏税”）是一个特称否定命题（SOP）；

Ⅲ“所有职工都没有偷税漏税”是一个全称否定命题（SEP）。

当SIP为真时，SAP、SOP真假不定，SEP则为假。因此，不能确定Ⅰ和Ⅱ的真假，能确定Ⅲ为假。

20. 答案：A。

题干断定，在化妆品中：

(1) 灵芝玉液←同时具有防晒、增白、祛斑、抗过敏和护肤的功能。

(2) 灵芝玉液←有白玉兰香味。

Ⅰ不可能是真的。因为题干断定，在化妆品中，同时具有防晒、增白、祛斑、抗过敏和护肤功能的只有灵芝玉液，瑶池秋露也同时具有防晒、增白、祛斑、抗过敏和护肤的功能，这和题干的断定矛盾。

Ⅱ可能是真的。因为美白护肤霜同时具有的，只是只有灵芝玉液才同时具有的五种功能中的两种。

Ⅲ可能是真的。因为大漠空气清新剂不是化妆品，它具有白玉兰香味和题干断定的条件不矛盾。

21. 答案：A。

分析题干可知，近几年两极地区的空气，不适合大量的降雪，而极地冰是由降雪形成的，可推出近几年极地的冰即使增加也不会非常迅速，故A正确。

B的论述也许是事实，但是跟题干无关，排除；

C的内容题干没有提到，也不能由已知信息推出，排除；

D为明显无关选项，排除；

E的内容题干没有提到，并且与题干关系不大，排除。

22. 答案：C。

根据篮球队教练的规定，得到如下条件关系式：1且非3→5或7。其等价于：非1或3←非5且非7。

根据其等价的逆否命题可知道：如果“五号与七号队员都不上场”，那么“一号不上场或三号上场”。因此，在“五号与七号队员都不上场”并且“三号不上场”时，必然能推出“一号不上场”。所以，C项正确。

23. 答案：C。

本题推理关系为：因为电视以过快的速度释放信息（声音和图像），所以孩子的想象力被打击。那么根据无此因就无此果结构，假设应为“如果电视释放信息（声音和图像）

速度不那么快时，孩子的想象力被提高”。这正是 C 所说明的内容，所以 C 为正确选项。A 中的比较与题干推理无关。B 易误选，但本题并非找出一个激发想象力的正确方法。D、E 都不能起到作为题干假设的作用。

24. 答案：D。

题干指出只有一个人说了谎，解这类真假话问题首先要“找矛盾”。何捷和小马的说法矛盾，因此必有一真一假。那么剩下的丹丹和小珍说的都是真话，即：“丹丹来了”为真，而“如果丹丹来了那么小珍就没来”也为真。由此可以得出小珍没来。D 项正确。

25. 答案：B。

本题是使用求异法作出的论证，先行情况中的差异因素是“是否参加研讨班”，比较的现象是“微积分成绩的高低”。使用求异法得出结论：差异因素（参加研讨班）是导致某种现象（微积分优异成绩）产生的原因。要使这个论证成立，就必须指出除了“是否参加研讨班”这个差异因素外，没有其他差异因素。

B 项是题干推理必须假设的，否则，如果参加研讨班的学生本来“就比”那些未参加研讨班的学生有更好的基础或者更大的学习动力，就意味着即使不参加研讨班，这些学生也很可能取得较好的微积分成绩，这样题干论证就不成立了。

A 项讨论上大课教师的情况，与是否参加研讨班无关；C 项讨论其他课程，与题干推理无关；D 项也为明显无关项，均应排除；E 项也显然不是题干推理所需要假设的。

26. 答案：C。

张竞认为：正式代表←发言。

刘强质疑：正式代表 ∧ ¬发言。

刘强的质疑实际上没有针对张竞的说法，刘强的说法实际上是下列推理的负命题：正式代表→发言。可见，实际上是刘强把张竞的陈述理解为正式代表是发言的充分条件。

因此，C 项为本题答案。

27. 答案：D。

如果不同的学生根据专业的不同对排行榜的标准要求也不同，那么，这个排行榜的总分不能被学生作为报考大学的基础。D 项直接支持了这个咨询师的观点，为正确答案。

B 项是干扰项，即使那些排名在前的大学用此做广告来吸引更多的学生，也不能说明该排行榜不能被学生作为报考大学的基础。

28. 答案：E。

题干中所述之实验为差异法（求异法）实验，其特点是同中求异，也就是其他先行条件相同，只有一点不同，即实验组食用大量味精，对照组不食用。所以，本题答案是 E。因为只有满足了 E 所说的条件，该实验才可靠。

29. 答案：B。

本题题干的逻辑关系为：

前提：改换供货商→没有利润；

结论：没有利润→改换供货商。

要使题干的结论成立，就必须证明改换供货商是这一年不会有利润的充要条件。由此分析可知选项 B 是本题答案，其余四个选项都不合适。

某一个现象出现的某一个条件（改换供货商）是这个现象（没有利润）出现的仅有的

条件，这时改换供货商是这一年不会有利润的充要条件。

30. 答案：B。

该研究得出的论证关系为：

结论：基因在决定个性方面确实起重要作用。

论据：一起成长起来的同卵双胞胎的个性相似之处比一起成长起来的非同卵双胞胎多。

B项表明，同卵双胞胎个性相似的特征可能是由父母抚养孩子时对待他们的方式造成的，而未必是由遗传基因造成的。这就从另有他因的角度质疑了该研究的结论。

模拟试题十二参考答案及解析

1. 答案：A。

油价上涨，导致出租车运营成本增加，司机收入减少。这带来了出租车司机的矛盾的态度，即：一方面，绝大多数出租车司机还是反对出租车价上涨（因为涨价将导致乘客减少）的；另一方面，出租车司机并不愿意降低收入。

既然油价上涨导致出租车运营成本增加，出租车价不上涨，但不降低收入，怎么办呢？就得降低其他方面的运营成本。

A 项所述司机希望减少向出租车公司缴纳的月租金来消除油价上涨的影响，减少月租金可以使司机在不提高出租车价的情况下保持原来的收入，这是一个另有他因的解释。

其余选项均无助于解释矛盾。比如，B 项只能说明涨价将导致乘客减少，但不能解释出租车司机的矛盾的态度。C 所述的公交车与题干无关。D 项是涨价的结果。

2. 答案：C。

题干根据太阳能具备传统能源不具备的一些优点，得出结论：应该鼓励人们使用太阳能。

C 项表明，收集并且长期保存太阳能的有效方法还没有找到。这说明利用太阳能目前在技术上根本不可行，这是对题干最强的削弱。

其余选项不妥。A 项，很少有人研究过并不能说明没有人研究过，也许很少的人就研究成功了呢，也就不能意味着太阳能不能在家庭应用。B 项是干扰项，也能削弱题干，但削弱力度不大，该项表明利用太阳能的成本比较高，但如果那套设备可以使用很多年，那太阳能的利用在经济上仍然可能是划算的。D 项是无关项。E 项，即使煤作为能源足够多，但由于太阳能具有更多的优点，不影响鼓励人们使用太阳能。

3. 答案：C。

伦理学家陈述，在紧急救治的情况下，有时候只有越过患者对试验性治疗的同意权，才能知道如何对紧急患者进行最好的医疗处置。这一陈述是伦理学家论证的前提。

题干前提：在某些紧急救治的情况下，未经患者同意而进行的试验性治疗可能带来最好的医疗处置。

补充 C 项：至少在某些紧急救治的情况下，未经患者同意而进行的试验性治疗可能带来的好处比患者的同意权更重要。

得出结论：因此，应当允许某些受到限制的未经患者同意的试验性治疗。

4. 答案：D。

“不可能 p”相当于“必然非 p”，于是“世界上不可能有某种原则适用于所有不同的国度”就相当于“世界上必然并非有某种原则适用于所有不同的国度”。“并非有某种原则适用于所有的国度”相当于“所有的原则都有它不适用的国度”。因此，“世界上不可能有某种原则适用于所有不同的国度”相当于“任何原则都必然有它不适用的国度”，即选项 D。

5. 答案：A。

由于乡镇小医院每周只有少量婴儿出生，而城市大医院每周有许多婴儿出生，因此，一周出生的婴儿中女婴或男婴的比率，乡镇小医院比城市大医院偏离正常比率的可能性要高得多，即非正常周出现的次数在乡镇小医院比在城市大医院多。因此，A 项正确。

6. 答案：D。

对周来说，要么说真话，要么说假话。

如果周说真话，则郑说假话。因为只有一人说假话，因此，吴和王都说真话，由此推出：郑和王登顶了。

如果周说假话，因为只有一人说假话，因此，郑、吴和王都说真话，由此推出：王登顶了。

因此，必然推出王登顶了，即 D 项正确。

7. 答案：C。

本题推理为对比推理：因为玩计算机游戏导致儿童交流技巧发展水平低，所以把所有闲暇时间都用来玩游戏的儿童比其他儿童缺少人际交流经验。论据当中并未涉及其他儿童，而论点中涉及其他儿童时，一定要对论据中未涉及的对象做一个假设。C 指出其他儿童至少花费了一部分时间交流，做了一个很好的假设，因此 C 正确。A 易误选，但 A 要想成为一个假设，结论（论点）必须变为“玩游戏阻碍人际交流技巧的发展”，所以 A 为无关选项。

8. 答案：D。

题干中专家认为，本应退休的老年人晚退休不会挤压年轻人的就业空间，其理由是，晚退休人群的消费可以创造新的就业岗位。

可见，专家的解释必须依赖于这样一个假设：在职老年人的消费能力明显高于退休的同龄人。而这一假设是未经证实的，这是其论证的缺陷所在。选项 D 指出了这一点，强烈质疑了专家的解释。

9. 答案：C。

既然丁说的是实话，结合丁的话和题干的假设，丁的车不是蓝色的，则其颜色可能是白、黑、红。

甲、乙、丙三人中只有一人的话是真的且其车是蓝色的，假定乙的话为真，则丙的车是蓝色的，而说真话的人的车是蓝色的，这就出现了矛盾，因此，乙的话是假的。

乙的话是假的，则丙的车不是蓝色的，说明丙的话也是假的。那么，丁的车是红色的，因此，只有甲的话是真的，则乙的车不是白色的。

由于甲的话是真的，则甲的车是蓝色的，丁的车是红色的，则乙的车是黑色的，丙的车是白色的。因此，C 项正确。

10. 答案：A。

罗宾逊论述的结论是陨石碰撞坑不是引起大灭绝的罪魁祸首。因此，A 明显与罗宾逊的结论相抵触，其他几个选项仔细分析后可发现它们都是罗宾逊教授的论述所依赖的假设。

11. 答案：B。

B项表明，婴儿盯着一个物体的时间长短与他对那个物体感兴趣的程度有关，结合题干“婴儿盯着画有人脸的画的时间，要比他们盯着无表情的椭圆形的画的时间要长”，可知婴儿对人脸更感兴趣，进而有助于解释，婴儿可以从其他的影像中分辨出人的脸形来。

12. 答案：D。

由（3）知，乙无犯罪时间，不是罪犯。再结合（2），可推出，甲不是罪犯。

又由（1），甲、乙、丙三人至少有一个人是罪犯，可知丙是罪犯。故D为正确答案。

13. 答案：B。

第一步，抓住结论，识别推理类型。该论证的结论是：如果17世纪的炼金术士们将他们的实验结果都发表出来，那么18世纪的化学研究就会取得更加长足的进展。

第二步，揭示论证假设。要使该论证的主张成立，必须进一步假设：无论实验是否成功，其结果公布都会促进科学的发展。

第三步，对所揭示的假设进行检验。显然，如果将上述假设作为前提之一加入原论证，那么这个论证是有效的。由此也说明所揭示的假设是正确的。

可以用“否定代入法”验证：无论实验是否成功，可供其他科学家评阅的实验公布后都不会促进科学的进步，这样题干论述就不成立。可见，B正确。

历史学家的观点如何题干没有讨论，A为无关选项，排除。

C、D为明显无关选项，排除。

E讨论17世纪炼金术士的目标，与题干关系不大，排除。

14. 答案：D。

题干论述：因为雌孔雀更愿意找羽毛漂亮的雄孔雀，所以羽毛漂亮的雄孔雀在择偶时有竞争优势。

题干根本没有提到人类，A为明显无关选项，排除；

题干一直在讨论一个普遍性的问题，没有涉及任何个别种类，B应排除；

仔细分析题干可以知道，题干已经假设了论据的真实性，并且没有提供任何能够质疑论据的信息，C应排除；

用“雌孔雀更愿意与拥有漂亮羽毛的雄孔雀为偶”来解释为什么“漂亮的羽毛能在求偶时具有竞争优势”，实际上等于什么理由也没有给出，犯了循环论证的逻辑错误，与“因为小明比较爱吃糖，所以糖是小明比较爱吃的”类似，故D正确。

15. 答案：B。

设P为“没有读过此份报告”，Q为“对报告的主题不感兴趣”，R为“对报告的结论持反对态度”。

题干推理结构可表示为：如果P，那么Q或者R。

从题干结构不能推出“如果非P，那么非Q并且非R”。因此，Ⅰ不一定是真的。

从题干结构能推出“如果非Q并且非R，那么非P”。因此，Ⅱ一定是真的。

从题干结构不能推出“如果Q并且R，那么P”。因此，Ⅲ不一定是真的。

因此，B项为正确答案。

16. 答案：A。

题干论述：给不同年龄的老鼠注射某种蛋白造成的反应，跟老鼠受到威胁时形成的反应类似。

A暗示：因为老鼠受到威胁时体内产生的物质，跟被注射的物质相似，所以导致了相似的反应，符合题干论述，正确。

B、C、D为明显无关选项，排除；非常小的老鼠在遇到突然威胁时也能产生相应的反应，所以很可能有应付常见威胁的激素，E不被题干支持，排除。

17. 答案：C。

张强认为，电子订单程序可快速而精确地处理订单，有助于交易，从而增加利润。

李明认为，电子订单程序会使交易显得冷漠而且非人性化，这会使顾客减少，导致收入减少。

可见，张强和李明争论的焦点不在于是否采用电子订单程序，而是采用该程序会对收入或利润带来什么影响。因此，C项准确地描述了他们的意见分歧。

18. 答案：E。

题干观点是，取消高等教育学历文凭考试，民办教育很可能会因此陷入困境。

E项所述“学生进入民办学校的目的主要是获得文凭”，有力地支持了题干的观点。

19. 答案：D。

本题是一道分组题。题目条件表达如下：

(1)（HY）

(2) F/G

(3) X=运输兵→W=工程兵

(4) F=工程兵

根据条件(1)，H、Y只能是工程兵或运输兵。

根据条件(2)和(4)，G只能是通信兵或运输兵。

这样，可列表如下：

		通信兵1人	工程兵3人	运输兵3人	
1	HY=工程兵，G=通信兵	G	FHY		此时X只能是运输兵，W就应是工程兵，与只有3个工程兵矛盾，不可能。
2	HY=工程兵，G=运输兵	X	FHY	GIW	X不可能是运输兵，否则矛盾。
3	HY=运输兵，G=通信兵	G	F	HY	
4	HY=运输兵，G=运输兵		F	HYG	

根据条件(2)和(4)，即F与G不能分配在同一个兵种，F当工程兵，由此可得G不可能当工程兵。

20. 答案：C。

如果I和W分配为运输兵，就是表格中第2种情况，此时，完全确定了七名新兵所属的兵种。

21. 答案：C。

题干断定：

①甲退出投标↔乙报一个较高的价位∧我方不会在第一轮就被淘汰

②我方在第一轮竞争中就被淘汰之后↔第一轮轮空的强有力对手丙才会在第二轮报价

③丙报价←丁不战退出∨戊报一个相当高的价位

丁退出了第二轮竞争，由③得，丙第二轮报价；

再由②得，我方在第一轮竞争中就被淘汰；

再由①得，甲没有退出投标。因此，C项为正确答案。

22. 答案：D。

题干陈述：精工细作的家具还是家具，家具一定要有实用性。

由此推出：精工细作的家具有实用性。

补充D项：实用性的物品一定不是艺术品。

得出结论：精工细作的家具不是艺术品。

可见，D项是题干论证的假设。其余选项均为无关项。

23. 答案：D。

如果题干是A→B，那么选项中的非A→B就是求异，是对题干的削弱。

本题题干推理为“无经验→事故率增加”，那么“有经验→事故率增加”就是对题干的削弱。

题干认为事故率增加的原因是无经验工人的高事故率。其反对形式为：有其他的原因来解释为什么事故率增加。

D项就是表示必然有其他的原因来解释题干所说的现象。

24. 答案：D。

如果全班同学都在承诺书上签字，并且全班有一人作弊，那么，全班同学的考试成绩都以不及格计。用公式表示如下：

$$\frac{\begin{array}{l}SAP\to(q\to r)\\ q\wedge\neg r\end{array}}{\neg SAP}$$

前提一：全班都签字→（一人作弊→全班不及格）。

前提二：班上还是有人作弊；而且班长的考试成绩是优秀。

从而推出：全班有人没有在承诺书上签字，即D项。

25. 答案：D。

题干断定：凡是不称职的人或者愚蠢的人都看不见这衣服。其意思有二：

①凡是不称职的人都看不见这衣服。

②凡是愚蠢的人都看不见这衣服。

显然A项是①的意思，E项是②的意思。

由①可知，凡是能看见这衣服的人都是称职的人，可推出：有些称职的人能够看见这衣服。因此，B项可推出。

凡是能看见这衣服的人都是称职的人；又由②可知，凡是能看见这衣服的人都是不愚蠢的人。因此，C项也可由题干推出。

只有D项不能从断言中推出，其错误类似于从“所有教师都是知识分子”推出了“所有知识分子都是教师”。

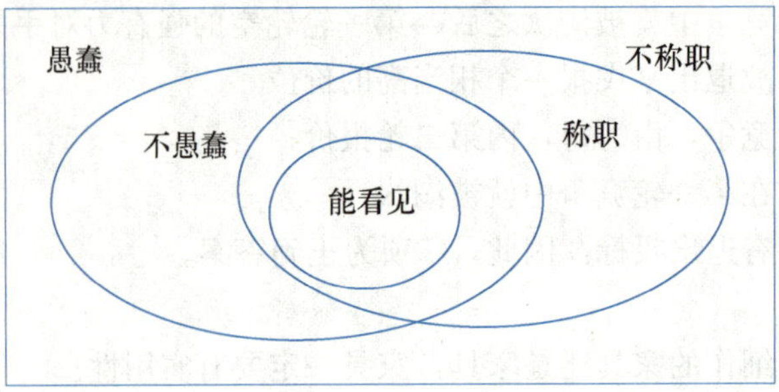

26. 答案：A。

审计员认为：由于夜间检查出来有问题的面包更多，所以夜间的质检员比白天的质检员警觉。

这则论证用的是求异法。用求异法做论证要求，除差异点之外，其他情况必须相同，因而可以把求异法的特征概括为“同中求异”。本题从与关键性因素（与差异点的可比较性直接相关的因素）相同的角度指出了论证依赖的假设。

对于假设、前提、条件类题目，可以首先排除明显无关选项，然后在剩余的选项上“加非”寻找能削弱题干的一项。

A加非：上周在阿克姆面包厂的白班中，没有面包烤制得有问题。那么白天的质检员当然检查不出有问题的面包，削弱题干，故A正确。

是否“所有的被夜班质检员判定为有问题的面包实际上都有问题”对题干论述影响不大，只要有部分有问题，就说明质检员比较警觉，B应排除。

接受了更多训练也许就能够更多地检查出有问题的面包，暗示并非白天的质检员不警觉，只是能力不足而已，有削弱题干的味道，C应排除。

D、E都为明显无关选项，排除。

27. 答案：B。

由题干，可知以下推理关系：

① $1 \rightarrow 2 \wedge \neg 5$

② $2 \vee 5 \rightarrow \neg 4$

③ $\neg(3 \wedge 4)$

联立以上条件，已知打开1号阀，则：

由①可得：$1 \rightarrow 2 \wedge \neg 5$

由②可得：$2 \rightarrow \neg 4$

由③可得：$\neg 4 \rightarrow 3$

因此，同时要打开的阀门是2号阀和3号阀，B正确。

28. 答案：B。

确定矛盾：奶奶和妈妈的话互相矛盾，必然为一真一假。

绕开矛盾：由于三人说的只有一句真话，所以，爸爸的话必为假话。

推出结论：爸爸的话为假。得出：咪咪在黄色小屋里。

29. 答案：A。

题干所述不一致为：一方面，20亿年前太阳较暗，如果现在的太阳也那么暗，地球上的海洋就会冻成冰；另一方面，那时的地球上有液态水存在。

要解决这一矛盾，就需要说明那时还有其他原因使地球保持较高温度。A 项说明虽然太阳光产生的热量较少，但是地球的大气层将热量保持得比较好，这就有力地解释了该矛盾。

其余选项无助于解释矛盾。

30. 答案：C。

题干论述：因为多人合作进行快速翻译会导致译文风格不协调，所以应该用计算机程序进行快速翻译。

评价类题型，要求找能影响题干结论的变量，就是寻找一个在肯定或否定状态下支持题干而相反状态下则削弱题干结论的选项。

如果对 A 的回答为肯定，则人工翻译的缺陷可以解决，而计算机程序翻译的准确率只达到 80%的严重缺陷就暴露得非常明显，这就削弱了题干；如果对 A 的回答为否定，则支持题干。故 A 应排除。

B 也很重要，如果不可比较的话，80%的准确率就会成为虚假论据；D 和 E 都涉及文献翻译的质量方面的问题，其重要性也是很明显的。

相比之下，C 最不重要。题干已经说明计算机程序的译文风格统一，C 的问题已经得到回答，不影响题干论述，故 C 为正确选项。

模拟试题十三参考答案及解析

1. 答案：A。

专家认为，独立董事由公司董事会聘请并支付报酬，使得独立董事很难站在小股东立场上行使独立董事的权力。

A 项说明维护小股东利益的独立董事会被解聘，进一步说明了独立董事很难维护小股东的利益，与专家观点一致，有力地支持了专家的结论。

其余选项均起不到支持作用。比如，B 项会对专家观点造成质疑，C、D、E 项均为无关选项。

2. 答案：C。

本题的要求是质疑结论。而本题是由一个实验的结果而得出了一个结论，故可以质疑其前提。C 表明氦-4 的量并没有超过普通空气里的氦气量，从而质疑了题干暗含的前提。A、B 均与题干中“副产品之一是氦气”吻合，不可能为反对选项。D、E 均为无关选项。

3. 答案：E。

题干条件关系为：

(1) 不能提高 10%的生产率→破产

(绿岛公司必须在以后两年的时间里提高 10%的生产率，否则它就会破产。)

(2) 能提高 10%的生产率→能提高 20%的生产率

(如果能提高 10%的生产率，那么它就能实现提高 20%的生产率的目标。)

对条件 (2) 作等价的逆否命题，得：

(3) 不能提高 20%的生产率→不能提高 10%的生产率

联立 (1) (3)，可推得：

如果绿岛公司不能达到提高 20%的生产率的目标，它就会破产。

因此 E 项为正确答案。

4. 答案：B。

要比较高速行驶与中速行驶的安全性，必须比较“高速行驶的交通事故率”和“中速行驶的交通事故率”，其中：

高速行驶的交通事故率=高速行驶的交通事故数/高速行驶的车辆数

中速行驶的交通事故率=中速行驶的交通事故数/中速行驶的车辆数

而不能仅仅根据大多数汽车的交通事故发生在中速行驶中，就得出“高速行驶比较安全”的结论。

若 B 项为真，即事实上人们通常用中速驾驶汽车，则表明：即使中速行驶的交通事故数多，中速行驶的交通事故率实际上还是很可能比高速行驶的交通事故率低，这样就严重削弱了题干论证。

5. 答案：C。

李娜要求的全部条件是：高个子、英俊、博士。

由条件（2）王威和吴刚都是博士，再由条件（1）只有2名博士，可知李强、刘大伟不是博士，不符合要求。

由条件（3）刘大伟和李强身高相同，加上条件（1），4位男士中有3位高个子，可知刘大伟和李强不可能是矮个子，那他俩都是高个子。

再由条件（4）李强和王威并非都是高个子，既然李强是高个子，那王威一定是矮个子，不符合要求。

这样，李强、刘大伟、王威都不符合要求，只有吴刚符合要求，故只能选C项。

6. 答案：C。

要支持本题"患特滋的倾向可能是一项遗传特性"的结论，就要排除他因，说明患特滋病不是由后天的环境因素造成的。C说明亲生父母患有特滋的孩子不管由谁抚养，得特滋病的可能性是一样的，所以C排除了环境因素，对题干结论构成了支持，为本题答案。A、B均说明了孩子们患特滋起因于环境因素，所以均起到了反对题干结论的作用。D和E都与本题的推理无关。

7. 答案：A。

为使题干论证成立，A项是必须假设的，否则，如果私立学校可以降低其他方面的成本来抵消多缴的税，那么，即使不允许私立学校在其营利性培训收入中扣除广告费，私立学校也不会缴更高的税，从而也就没必要提高培训收费标准。

8. 答案：B。

如果"在非师范类毕业生中也有成功的中学教师代表"，那么，即使用非师范类院校的毕业生来取代师范院校毕业生，也不会导致教学质量的下滑。因此，B项有力地削弱了题干观点。

A项与"教学质量"无关；C项与题干结论无关；D项，"师范类院校毕业生来自所在学校的非师范类专业"还是说明这些毕业生是"师范院校毕业生"，不能质疑题干；E项为明显无关项。

9. 答案：A。

题干论述：因为金属具有颗粒状的微观结构，所以在压力下易断裂，而玻璃则不会，因为可以将玻璃视为液体。

题干论证用的是求异法，其结论从否定的角度给出。既然玻璃不具有金属易断裂的缺点（结果——表面的差异点），它就不应有导致金属易断裂的微观颗粒结构这种内在因素（原因——深层的差异点）。

有颗粒状的微观结构导致断裂，被视为液体的玻璃不会断裂，意味着玻璃没有颗粒状的微观结构，也就是说液体没有颗粒状的微观结构。故A正确。

B、C的描述在题干中都没有提供相应信息，排除。

玻璃做电缆外皮优于金属，但是在其他方面未必优于金属，D、E都应排除。

10. 答案：C。

若C项成立，即小周教英语，

由（4）推出：小赵教法语；

再由（3）的逆否命题推出：小孙教俄语；

又由（1）的逆否命题推出：小钱不教德语；

再由（2）推出：小李教德语。

11. 答案：D。

题干提出：引入天敌对付火蚁。

由本题的论述可以推知，要想使从巴西引进的昆虫能对美国南部地区的环境有益，首先得保证这种昆虫在该地区能够存活，其次是这种昆虫给这个地区的环境带来的益处要大于害处。另外，要想使这种昆虫抑制住火蚁数量的增加，首先就要求这种昆虫吃掉了火蚁，而不是火蚁吃掉了这种昆虫，其次要求这种昆虫杀死火蚁的速度要超过火蚁数量增加的速度。根据此分析可知A、B、C、E都是题干论述依赖的假设；D为无关选项，不是题干论述依赖的假设。

A属于防止间接的反例产生一类的假设。A加非：在美国引进火蚁的天敌将会造成比火蚁本身所导致的环境灾难更可怕的后果。从而指出引入天敌不可行。

B属于提供可比性前提一类的假设。B加非：巴西火蚁的天敌不能够适应美国的环境并生存下来。从而指出引入天敌不可行。

C和E属于防止在可类比的关键性因素上可能出现反例（直接的反例）一类的假设。C加非：异常凶猛的双蚁后火蚁能杀死它们在巴西的远亲的天敌。从而指出引入天敌不可行。E加非：火蚁本身繁殖的速度会超过其天敌杀死它们的速度。从而指出引入天敌不可行。

12. 答案：A。

根据题干中的已知条件，可以列表如下：

	小赵	小钱	小孙	小李
老赵	×（2）			
老钱		×（2）		
老孙			×（2）	
老李	×（4）			×（2）

如果选项A成立，即老钱和小孙住一个房间，再考虑题干中的已知条件（3），可知老孙和小李住一个房间。这样就会导致谁都不和小赵住一个房间。根据题干列表如下：

	小赵	小钱	小孙	小李
老赵	×（2）		×	
老钱	×	×（2）	√	×
老孙	×	×	×（2）	√
老李	×（4）		×	×（2）

其他选项都符合条件。

13. 答案：D。

题干中科学家的观点是通过研究发现，提出一种可能的结论，这种结论不需要普遍适用。

所以批评家不应该以不能普遍适用作为理由进行反驳。因此，D 项正确。

14. 答案：E。

题干逻辑关系为：花大价钱←进中超

即，肯花大价钱是进入中超的必要条件，而未必是充分条件。也就是说，花了大价钱进入或不进入中超都是有可能的，Ⅰ、Ⅳ有可能出现。

没有花大价钱，那就一定进不了中超，Ⅱ必然错误，Ⅲ必定正确。

15. 答案：D。

题干结论：如果人们试图欺骗他，某海关检查员总是能够辨别出。其论据是：在某海关检查员怀疑的案例中，该海关检查员总是正确的。

D 项说明，旅客有意携带违禁品，但是某海关检查员不检查旅客，说明旅客有意欺骗了该海关检查员，而该海关检查员没有辨别出来。因此检查员推理中的逻辑缺陷在于其论据不充分。也就是说，检查员只考虑了他所怀疑的，而没有考虑他没有怀疑的。

E 项中的“无意地携带”，说明并不是有意欺骗，与结论无关。

16. 答案：C。

C 项是题干论证所必需的假设，否则，如果十年前癌症诊断技术水平远远不如现在高，那么，很有可能十年前经诊断发现的癌症病人大多已到了中晚期，而现在由于诊断水平提高，很可能癌症病人早期就被发现，所以，癌症病人在发现疾病后平均生存时间变长，这并不能说明现在的医疗水平提高了。

17. 答案：E。

因为四个猜测的原命题为一真三假，则其负命题为三真一假，列表如下：

	原命题	负命题
(1) 甲没有作案，并且乙作案	(1) ¬甲∧乙	①甲∨ ¬乙
(2) 甲作案，则乙作案	(2) 甲→ 乙	②甲∧ ¬乙
(3) 乙作案，则丙也作案	(3) 乙→丙	③乙∧ ¬丙
(4) 丙作案	(4) 丙	④ ¬丙

可以看出，四个负命题中②③不能同时为真，则必为一真一假。按两种情况分析：

第一种情况，如果只有②为假，其余三个命题为真，则满足如下四个条件：

甲∨ ¬乙

¬(甲∧ ¬乙) = ¬甲∨乙

乙∧ ¬丙

¬丙

推出的结果是：甲作案，乙作案，丙没有作案。

第二种情况，如果只有③为假，其余三个命题为真，则满足如下四个条件：

甲∨ ¬乙

甲∧ ¬乙

¬(乙∧ ¬丙) = ¬乙∨丙

¬丙

推出的结果是：甲作案，乙没有作案，丙没有作案。

综合以上两种情况，得出结论：甲一定作案，乙不确定，丙一定没有作案。

到选项中去寻找答案。显然，只有E项是正确的。

18. 答案：D。

本题是一道分组题，条件表达如下：

（1）印刷组≥3，装订组≥3

（2）F/K

（3）K→J

（4）M

（5）（印刷组，装订组）≥1

如果印刷组只有G、H和L三个成员，而在条件充裕的情况下，两个组有尽可能多的共同成员，那么，装订组可以包含G、H和L三个成员，由条件（4），装订组还应包含M。这样装订组至少有四个成员。所以D项正确。

19. 答案：D。

如果K和L都身兼两组的成员，由条件（3），两组还都应包含J，而印刷组正好有三个成员，加上条件（4），M不能在印刷组，只能在装订组。

20. 答案：C。

题干的论证结构为：非P。P→ ¬Q。Q→ ¬R

选项C的论证结构和题干的论证结构相同。

选项A为选言证明。选项B的论点与题干不一样。

选项D的结构为反证法，与题干结构不一样。

选项E的结构和题干也不一致。

21. 答案：C。

题干论述：只有在文档中签名的人才能进入计算机，而这种签名是不可能被复制的。

可见，签名是进入计算机的必要条件，而题干排除了他人复制签名的可能性，因此，显然可以得出：没有人可以只通过伪造签名的技巧而进入安装了这种软件的计算机。C为正确答案。

22. 答案：E。

题干断定：

①季节性促销∨节日促销

②清仓→季节性促销

③节日∧剩余商品→节日促销

④11月：没有节日∧没有剩余商品

E项，没有季节性促销，根据条件①，则这个月一定有节日促销。因此，E项为正确答案。

其余选项都推不出。

23. 答案：C。

题干通过对照实验，来比较药物戒烟和减少吸烟数量戒烟这两种戒烟方式，表明戒烟的效果后者与前者相近，因此，可以得出结论：逐步减少吸烟数量的戒烟办法也是有效和可行的。

D、E 项似乎有道理，但都是在 C 项基础上的进一步递推，不是最好的选项。

A、B 项超出了题干断定的范围。

24. 答案：E。

本题是使用求异法作出的论证，先行情况中的差异因素是“是否离婚”，比较的现象是“寿命”，求异法的结论：差异因素（离婚）是导致某种现象（寿命短）产生的原因。即题干推理为：

（原因）离婚相关的压力→（结果）寿命短（对人体健康产生不利影响）

E 项是个无因有果的削弱：

无因：没有离婚相关的压力（因为没有结婚）。

有果：对人体健康产生不利影响（寿命短）。

从来没有结婚的成年人当然就没有与离婚相关的压力，但是寿命也短，这说明并不是离婚导致寿命短，而是单身生活使人的寿命短，没有这个原因，也有这个结果，因此，E 为本题答案。

D 项的“许多种压力”中也许就有与离婚相关的压力，应排除。

25. 答案：E。

题干断定，对地方政府来说，

第一，要提高 GDP，需要大量资金。这就需要高价拍卖土地，就会造成高房价。

第二，如果推高房价，则可能受到中央政府的责罚。

因此，要提高 GDP，就可能受到中央政府的责罚。

这等价于：或者无法提高 GDP，或者可能受到中央政府的责罚。

因此，E 项为正确答案。

26. 答案：C。

本题的问题是：“除非以下哪项为真，否则上面所说的恶性循环不会发生？”首先要明确问的到底是什么。实际上问的是：“上面所说的恶性循环发生的必要条件是什么”（因为“除非 P，否则不 Q”就是指 P 是 Q 的必要条件）。而选项 C 就是恶性循环发生的必要条件。因为，如果当立法者制定税率时考虑到会有纳税人逃税而对税率进行适当调整，那么，上述的恶性循环就不会发生。

27. 答案：D。

令：P＝某大学对全体新生进行了体检；Q＝没有发现乙肝患者。

则题干的意思就是 $P \wedge Q$。

题干陈述为假，也就是 $\neg P \vee \neg Q$。

等价于：或者有的新生没有体检，或者在新生中发现了乙肝患者。因此，选项Ⅰ正确。

选项Ⅱ的逻辑意义是 $\neg P \wedge \neg Q$，与选项Ⅰ不一致，显然不一定为真。

选项Ⅲ一定是真的，在 $\neg P \vee \neg Q$ 成立的情况下，那么，如果 P 成立，$\neg Q$ 就一定成立。

28. 答案：E。

题干赵主任的推论结构是：非 P，所以，不 Q。

要使赵主任的推论成立，就需要补充一个 P 是 Q 的必要条件的句子作为大前提。

显然，E项是正确答案。

29. 答案：C。

题干论述：针对某学科不及格中八成是中国留学生，悉尼大学认为，中国学生英语水平欠佳。对此，学生代表L申诉说："学校录取的学生，英语水平都是通过学校认可的。"

可见，学生代表的论证过程是：

论证前提：学校录取的学生，英语水平都是通过学校认可的。

补充C项：学校对学生入学英语水平的要求与入学后各科学习结业时的要求相同。

隐含结论：不能认为中国学生英语水平欠佳。

30. 答案：E。

假设、前提、条件类题目，我们可以首先排除明显无关的选项，然后在剩余的选项上"加非"寻找最能削弱题干的一项，就是最佳答案。

Ⅰ的意思是"不学哲学就会接受任何观点"，将题干的"某些传统价值观"的概念扩大到"任何观点"，过于绝对，排除。

Ⅱ加非：在很小的年龄，学生不具有理解某些哲学概念和理论的能力。意味着从小学哲学的方法不可行，削弱题干论述，正确。

Ⅲ加非：学生能对传统价值观提出质疑不是件好事。质疑了方案的后果，正确。

因此，正确答案为E。

模拟试题十四参考答案及解析

1. 答案：A。

题干通过调查发现经常踢足球的学生学习成绩比不经常踢足球的学生好，从而得出结论：经常踢足球是这些学生学习好的原因。

要削弱该结论，只要指出题干出现了因果倒置的错误即可。选项 A 意味着，不是经常踢足球的学生才学习成绩好，而是因为学习成绩好的学生才被允许经常踢足球，因此为正确答案。

选项 E 对题干也有所削弱，但不足以使题干为假。

2. 答案：E。

日本人比丁高，说明日本人不是最矮。

英国人比俄罗斯人高，法国人最高，说明俄罗斯人最矮。

丙最矮，说明丙是俄罗斯人。

日本人比丁高，法国人最高，说明日本人是第二高，丁是第三高。

由于法国人最高，因此，英国人只能是第三高。

乙比甲高，说明乙最高，甲第二高。

因此，正确答案为 E。列表如下：

1	2	3	4
乙	甲	丁	丙
法	日	英	俄

3. 答案：D。

题干断定：参加奥运会的中国女子射箭代表队在比赛结束后喝酒的运动员，喝的酒或者是五粮液，或者是张裕干红。

题干并没有断定是否有运动员不喝酒，因此，Ⅰ、Ⅱ项不能确定为真。

既然喝酒的运动员或者喝五粮液，或者喝张裕干红，那么，就不可能喝茅台。Ⅲ项为真。

因此，答案为 D。

4. 答案：E。

题干的推理结构是：只有 p 并且 q，才 r；非 r；所以，非 p 并且非 q。

这是错误的推理结构。选项 E 与题干的逻辑结构相似，发生了同样的逻辑错误。

容易误选选项 C，注意该项的大前提是“只要 p 并且 q，就 r”，与题干不一致。

5. 答案：C。

根据题干中的第二个命题“酒后开车的司机都不开灯”和第四个命题“晚上8点以后路上行驶的车都开着车灯”，可以推出结论：酒后开车的司机都不会在晚上8点以后在路上行驶。

再考虑题干中的第一个命题“卡车只在晚上8点以后才上路行驶”，可以得出结论：司机酒后开车不可能撞了卡车。

6. 答案：E。

题干观点：由于阿司匹林和退热净合计的市场份额从100%下降了15%，所以二者的销售量下降15%。

本题涉及绝对值、百分比、基数三者的关系问题。只有在基数（总销量）不变或减少的情况下，随着百分比的降低（阿司匹林和退热净合计的百分比由原来的100%下降到85%），绝对值才会减少（二者合计的总销售量将下降15%）。E排除了基数增加的可能性。E加非：布洛芬的投入会增加非处方止痛药市场的总销量。这意味着即使阿司匹林和退热净合计的市场份额下降了，但是由于止痛药市场的总销量上升，还是能让阿司匹林和退热净合计的销售量只略微下降、保持不变或上升，从而削弱题干论证。因此E为正确选项。

阿司匹林和退热净合计的市场份额还占85%，当然说明大多数消费者依然倾向于阿司匹林和退热净，A明显错误，排除；B引入无关比较，讨论药效，为明显无关选项，排除；C、D为明显无关选项，排除。

7. 答案：B。

题干断定：如果宅基地的使用权被别人买走，则会损害农民的生存权益。但如果不允许农民出售自己的房屋，则侵害了农民的资产权益。

宅基地的使用权或者允许出售，或者不允许出售。

那么可得出：或者损害农民的生存权益，或者侵害农民的资产权益。

进一步推出：如果不损害农民的生存权益，则会侵害农民的资产权益。

因此，B项为正确答案。

8. 答案：D。

题干对“同姓不婚”的解释是，我国古人早就懂得现代遗传学中优生优育的原理，否则就不会意识到近亲结婚的危害性。

D项表明，同姓不婚不是因为古人懂得优生优育，而是鼓励异族通婚，促进各族之间的融合，这以另有他因的方式削弱了题干的解释。

其余选项不妥。其中B项支持了古人意识到了近亲结婚的危害性这一说法。

9. 答案：A。

“不能支持”题的答案方向为无关选项或反对选项。

题干的判断为奥驳匹克蚊子对公众健康危害更大，A强调的是奥驳匹克蚊子被发现的时间，与“是否对公众健康危害更大”无关，所以为无关项，必为本题答案；B、C、E说明奥驳匹克蚊子更可能与人类接触，所以起到支持作用；D的支持作用更为明显。

10. 答案：B。

根据（1）和（2），如果甲要的是啤酒，那么乙要的就是白酒，丙要的也是白酒。这种情况与（3）矛盾。因此，甲要的只能是白酒。于是，根据（2），丙要的只能是啤酒。因此，只有乙才能昨天要啤酒，今天要白酒。

11. 答案：B。

从贷款人的角度来看，由于无担保贷款比有抵押品担保的贷款风险更大，贷款人对无担保贷款收取更高的利率这一事实是贯穿该短文的原则的具体说明，因此，选项 B 是本题答案。其他选项没有给出一个例子说明风险增加由潜在收益的提高来弥补。选项 A 根本没有关注投资的回报；选项 C 是一个与风险无关的低回报的例子；选项 D 中，与该原则相反，尽管风险可能发生变化，但收益率保持不变；如果对地位稳固的公司投资风险较小的话，则选项 E 也违背了该原则。

12. 答案：B。

题干只是断定：中国围棋队的选手在比赛时，如果抽烟，那么抽的或者是中华，或者是熊猫。

Ⅰ不一定是真的，因为一个比赛时不抽中华烟的中国围棋队选手，有可能不抽烟。

Ⅱ显然一定是真的。如果中国围棋队的选手在比赛时抽烟，那么只能抽中华或熊猫，是不可能抽外烟的。

Ⅲ也不一定是真的，因为中国围棋队选手比赛时是否都抽烟，题干没有断定。

13. 答案：E。

根据条件（1）和（2），由 NEC 快棋赛中没有中国围棋队的选手手持折扇，可推出 NEC 快棋赛中，中国围棋队的选手或者没人抽烟，或者有人抽烟但不抽中华烟。又由题干条件“中国围棋队在比赛时抽烟的选手，抽的或者是中华，或者是熊猫”，可推出“NEC 快棋赛中，中国围棋队选手比赛时如果抽烟，那么一定抽熊猫烟”。

14. 答案：C。

题干给出了得隐球菌性肺炎的三种途径：鸽粪传播、空气传播或接触隐球菌携带者。

C 项指出了小张得隐球菌性肺炎不会是第三种途径，当然就只能是前两种途径中的任何一种了。因此为正确答案。

注意 B 项不一定为真，因为不和病人接触，但有可能与有隐球菌健康携带者接触或小张本人就是隐球菌携带者。

15. 答案：A。

p 表示“不下大雨”，q 表示“看足球比赛”，则题干可表示为 $p \rightarrow q$

小张没有兑现承诺，也就是 $\neg(p \rightarrow q) = p \wedge \neg q$

Ⅰ可表示为 $p \wedge \neg q$

Ⅱ可表示为 $\neg p \wedge q$

Ⅲ可表示为 $\neg p \wedge \neg q$

若Ⅰ为真，说明小张没有兑现承诺。故选 A。

16. 答案：D。

条件表达：

（1）（G→G 前）或（H→H 前）

（2）K→K 中

（3）L→L1

（4）P/N；K/N

（5）P/Q

（6）H=2→Q=1 中

本题可以用排除法解决。选项 A 违反了条件（2），选项 B 违反了条件（3），选项 C 违反了条件（5），选项 E 违反了条件（3）。

17. 答案：A。

用排除法。如果 H 在 2 队，由条件（6），则 Q 在 1 队的中位，排除了 B、D 项。

而选项 C 违反了条件（1）。

18. 答案：A。

本题问的是"不可能为假"，实际上等于问"必然为真"

题干断定：

（1）分红→不需要融资

（2）需要融资→不分红

这是两个等价的命题。由于 P→Q = ¬P∨Q，因此，上述两式等价于：（3）一个上市公司不需要融资，或者不是有分红的企业。

所以，A 项为正确答案。其余选项都不是必然正确的。

19. 答案：D。

本题问的是"不可能为真"，实际上等于问"必然为假"。

根据题干断定：P（需要融资）→Q（不分红）。

选项 A：融资且不分红，即 P∧Q，可能为真。

选项 B：不融资则不分红，即 ¬P→Q，可能为真。

选项 C：不融资则分红，即 ¬P→ ¬Q，可能为真。

选项 D：融资且分红，即 P∧ ¬Q，这是条件关系（3）的负命题，因此必然为假。

20. 答案：D。

读明白问题永远是最重要的。本题问题等同于：（1）上面题干驳斥下面哪一项？（2）下面哪一个信息直接和题干推理相违背？

题干暗示服务质量也是潜在的需要考虑的相关方面。因此，选项 D 是本题答案。

21. 答案：C。

法官首先询问甲，若甲是小偷，说假话，他应该回答"我是君子"，若甲是君子，说真话，他的回答也是"我是君子"。可见，不管甲是小偷还是君子，他的回答总是"我是君子"。

接着，法官又向乙、丙询问甲的回答是什么，乙回答的是"甲说他是君子"，显然，乙如实地反映了甲的回答，他说的是真的，由此断定乙是君子；丙回答的是"甲说他是小偷"，显然，丙未如实地反映甲的回答，他说的是假话，由此断定，丙是小偷。

因此，C 项为正确答案。

22. 答案：D。

选项 A、B、C、E 显然都是法官做出判断时所依据的。

法官最不可能依据的是 D 项，因为某个村民的说法是未经证实的。

23. 答案：B。

本题考查存在他因的削弱。这则论证用的是求异法，其明显的缺陷是只强调表面上存在的差异点而忽视了可能存在的实质性差异点。削弱方式是指出其他的实质性差异点的存在。

题干观点：各个医院的每个病人所能得到的医疗资源基本上都是相同的，所以服务质量上的差别可能是造成死亡率不同的原因。

医务人员也是医疗资源的一部分，即使不属于医疗资源，也很有可能因为学历差距导致服务质量不同，A 应排除。

B 指出也许死亡率高的医院服务质量并不低，甚至有可能更好，只是危重病人较多，导致死亡率高，削弱题干，正确。

工作时间不同也能导致服务质量下降，C 应排除。

D 说两种医院的部分属性相同，有支持题干论述的意思，应排除。

E 排除了地区因素对死亡率的影响，有支持题干论述的作用，应排除。

24. 答案：E。

题干断定，某市的计划有二：

一是危旧房改造，目的是缓解本市居民住房的紧张状况；

二是提高普通住宅售价，以贴补上述房改的费用，理由是，本市居民是上述改造的直接受益者，应当承担部分开支。

事实上，如果 E 项为真，则意味着市政府计划适当提高普通住宅的市场售价的计划不可行，通过危旧房改造以缓解本市居民住房的紧张状况的目的也就达不到。

B 项，即使外地居民也是上述改造的受益者，并不能否定该计划能缓解本市居民住房的紧张状况，因此，削弱力度不足，难以质疑上述计划的合理性。

25. 答案：D。

如果 D 项为真，即事实上绝大多数本市原危旧住房的住户都购买了改造后的普通住宅，那么意味着题干中的计划可行，目的可以达到，最有助于说明上述计划的合理性。

26. 答案：D。

前提：$\neg$尽职→$\neg$良好的司法体系。

结论：尽职→良好的司法体系。

由前提得不到结论，直接找能使结论成立的选项。如果“警察尽职”是“拥有良好司法体系”的充分条件，题干结论就能成立。D 正确。

其余选项均不能保证题干结论的成立。

27. 答案：A。

题干论述：大部分正常人都能顺利地排出超量的钠，而不会使血压明显地升高。因此，那些血压正常的人或者那些自己的身体能安全地处理过量的钠的人，不需要限制钠的摄入量。

A 项表明，摄入超量的钠有时会损坏人体处理超量的钠的能力，这就作为一个论据，有力地削弱了题干论证。

其余选项都起不到有效的削弱作用。

28. 答案：C。

“除非 P，否则 Q”可表示为“$\neg$P→Q”。

否定“除非 P，否则 Q”可表示为“$\neg$P∧$\neg$Q”。

乙不同意甲的意见，也就是否定“除非所有的疾病都必然有确定的诱因，否则有些疾病可能难以预防”，这等于肯定“并非所有的疾病都必然有确定的诱因，并且并非有些疾病可能难以预防”。

并非“所有的疾病都必然有确定的诱因”＝“有些疾病可能没有确定的诱因”；并非“有些疾病可能难以预防”＝“所有疾病都必然可以预防”。

因此，选项C准确地表达了乙的看法。

29. 答案：B。

首先关注矛盾关系，(2) 并非甲必然考上大学＝甲可能没考上大学，这与 (4) 为模态的矛盾事件。因此，(2) 和 (4) 必为一真一假。剩下的 (1) 和 (3) 也必有一真一假。

如果 (3) 是真的，那么 (1) 肯定也是真的，这与 (1) 和 (3) 一真一假的要求矛盾。所以 (3) 必然是假的，(1) 必然是真的。

由 (3) 为假，推出：乙考不上大学。再由 (1) 为真，推出：甲考上大学。

所以，B项为正确答案。

30. 答案：A。

本题推理可提炼为：规则对大企业更加不利，因为大企业大、复杂、花钱多。当题干推理把原因放在后半部分时，大多是强调原因，因此对这类推理的反对应着重反对其原因。通过对比推理，可以把上述推理表示为：规则对小企业更有利，因为小企业花钱少。若小企业根本不可能有用以改进的资金储备，如A所说，那么小企业若必须符合政府安全管制规则，就必定破产，而大企业虽然花钱多，但它毕竟还能够有钱来改进而继续生存，A直接反驳了原因，因此A正确。B中的“相同的技术”起到了支持作用，并且，“技术”与“操作”不能等价；C只能表明规则对大企业与小企业来讲都是公正的，但与题干推理的结论“严重困难”无关；D、E明显都是在做无关比较，且与“严重困难”无直接关系，所以D、E都不正确。

模拟试题十五参考答案及解析

1. 答案：D。

题干观点：在固定预算的情况下，公共图书馆应该把所有的资金都用来采购平装书，以增加图书馆的新书藏量，更好地服务读者。

D指出有些书不出平装书，所以只买平装书会使部分读者得不到需要的服务，削弱题干论证，正确。

A为明显无关选项，排除；B说平装书也能保存得很好，加强了题干论述，排除；C也有加强题干论述的作用，排除；E为无关选项，排除。

2. 答案：D。

题干论述：一方面，中国人越来越多地食用高热量、高脂肪的食品，导致心脏病和糖尿病的发病率提高；另一方面，中国人的平均预期寿命却在不断提高。

D项所述的事实，说明在中国，其他致人死亡的疾病数量大大减少了，而且减少的量大于心脏病例和糖尿病例增加的数量，这显然有助于解释平均预期寿命的不断提高。因此为正确答案。

3. 答案：C。

先写条件：

(1) (王、X)=(赵、白)+2

(2) (张)= 刘−3=周−2

(3) 马=(赵、白)−1

(4) (孙)(杨)=李−3

(5) (郑)(陈)=马−2

由条件 (1) (3) (5) 可得：(王、X)=(赵、白)+2 = 马+3 =(郑)(陈)+5。

从而可知：郑、陈住第一层，马住第三层，赵、白住第四层，王住第六层。

再由题干：每层有两个公寓，每个公寓最多住两个人；加上条件 (4) 可知，孙、杨住第二层；再加上条件 (2)，进一步推知，张在第三层，李、周在第五层，刘在第六层。

因此，只有C项为正确答案。

4. 答案：D。

题干观点：光电厂的成本下降到20年前的1/10，而传统电厂的成本在上升，所以光电厂生产的电比较廉价。

本题属于误用统计数据的一种类型：数据不可比。文中没提供光电厂和传统电厂在20年前发电的成本（基数），尽管今天光电厂的成本费用降低了，传统电厂的成本费用上升了，但今天的光电厂的成本费用（绝对值）不一定比传统工厂的成本费用（绝对值）低。

D加非：20年前，光电厂的电力生产成本超过传统工厂电力生产成本的10倍。意味着即使目前光电厂的成本变成了20年前的1/10，也有可能依然比传统电厂的成本高，削弱题干。因此，D正确。

A只说大大超过过去的费用，没有提超过多少，并且也没有跟光电厂做对比，为无关比较，排除；B比较发电量，为明显无关选项，排除；C为明显无关选项，直接排除；E讨论未来的情况，与题干无关，排除。

5. 答案：B。

对充分条件假言命题来说，在后件为真的情况下，不管前件的真假如何，此命题一定是真的。因此，如果（3）是真的，那么（2）就是真的，与只有一真矛盾，所以（3）不能为真，一定为假。从而推知，甲未被录取。

对充分条件假言命题来说，在前件为假的情况下，不管后件的真假如何，此命题一定是真的。既然甲未被录取，那么（1）肯定是真的。

由三个判断一真两假可知，既然（1）是真的，那么（2）肯定是假的。既然（2）是假的，那么实际情况就是：甲和乙都没有被录取。

6. 答案：A。

一组孩子用“小兔读书”软件，创造力下降；另一组孩子不用“小兔读书”软件，创造力不下降。这说明不用“小兔读书”软件，即不用电脑，而用蜡笔和纸这样的原始学习工具，创造力不会下降。因此，电脑不能取代蜡笔和纸这样最原始的学习工具。A项正确。

7. 答案：D。

题干论述：作为禽鸟类筑巢和孵化的场所，湿地在不断萎缩，但该地区赤麻鸭数量却远低于天鹅数量下降的速度。

D项表明，除湿地外，赤麻鸭逐渐学会在树洞和崖洞筑巢孵化，天鹅则未能如此。这就从另一个角度有力地解释了上述现象的不一致。

8. 答案：B。

统计调查要得出可靠的结论，必须保证抽样是科学的，即样本是同质的。

若B项为真，即第一组学生来自法律系，则其《知识产权法》测试的优秀率高于其他系的学生是可以理解的，不能由此得出“该校大学生在对《知识产权法》的了解和掌握程度上存在很大的差异”这一结论，因为完全可能除法律系外其他系的大学生对《知识产权法》的了解和掌握程度基本相同。

9. 答案：D。

条件Ⅳ是必须满足的，否则就无法推选出一位学生会主席。除此之外，条件Ⅰ是可以不满足的，因为不满足这一条件，并不影响“是足球爱好者或是围棋爱好者”这一要求的实现；条件Ⅱ是可以不满足的，因为不满足这一要求，仍不排除有的学生各门课程都优秀并在数学比赛中得过名次；条件Ⅲ也是可以不满足的，因为不满足这一条件，并不排斥有的学生在数学比赛中得过名次，有的学生是足球爱好者。

10. 答案：D。

副会长认为，有些未加添加剂的企业强调自己未加添加剂，这对按正常标准加添加剂的企业来说是不公平的。

意味着，为了保证公平性，就应该或者加添加剂，或者不强调自己未加添加剂。

也即：为了保证公平性，企业或者不应该生产高于国家标准的产品，或者要对产品质量高于国家标准的事实秘而不宣。

11. 答案：B。

要比较男女生的学习好坏，不能光看考上大学的学生中男女生的比例，而要看考录比。即：

女生考录比=考上大学的女生数/考生中的女生数

男生考录比=考上大学的男生数/考生中的男生数

如果B项为真，即考生中男生的比例比女生低，就不能保证女生考录比高于男生考录比，因此，削弱了结论——女生学习比男生好。

12. 答案：A。

题干断定：

①苹果是绿色的∧辣椒是红色的↔浆果不是蓝色的

②浆果是蓝色的↔樱桃是不成熟的

③樱桃不成熟↔草是褐色的∨叶子是小的

草是褐色的，由③推出，樱桃不成熟。

结合②推出，浆果是蓝色的。

再由①推出，苹果不是绿色的，或者辣椒不是红色的。

13. 答案：D。

题干根据“当选符合相关程序”就得出结论“公选没有问题”。

其漏洞在于，事实上“当选符合相关程序”只能是“公选没有问题”的必要条件，而不能认为是充分条件。因此，D项对题干论证的评价最为恰当。

14. 答案：D。

题干的断定为：

（1）红焖∧什锦→烤

（2）星期二→ ¬烤

（3）红焖←贾女士

其中（1）的逆否命题为：

（4）¬红焖∨ ¬什锦← ¬烤

由（2）（4）可得：星期二“新龙门”餐馆或者不供应红焖羊肉或者不供应什锦火锅，即：如果“新龙门”在星期二供应红焖羊肉，那么这天它一定不供应什锦火锅。这正是D项所断定的。

其余各项均不能从题干推出。例如，A项不一定为真，因为星期二“新龙门”餐馆可能供应红焖羊肉但不供应什锦火锅。

15. 答案：A。

由（3），如果贾女士星期二去“新龙门”餐馆吃了饭，说明一定有红焖羊肉供应。

再由上题结论，如果“新龙门”在星期二供应红焖羊肉，那么这天它一定不供应什锦火锅。

因此，一定不供应什锦火锅。

16. 答案：C。

题干陈述：爱心社中有社员参加了去年所有的社会服务型志愿活动，也有社员参加了所有的科学普及型志愿活动。

由此可必然推出结论：去年北京大学的志愿活动都有爱心社的社员参加。

17. 答案：D。

题干的结论是“削减社会福利费不会损害穷人的利益”。

Ⅰ偏离了题干的论证，无所谓加强或削弱题干的论证。

Ⅱ是从削减税收的角度，说明税收削减对穷人没有多大好处，因为穷人本来几乎不纳税或者纳很少的税，这样，削减社会福利费，对社会福利费的主要受益者穷人来说，当然就损害了他们的利益。题干认为削减社会福利费不会损害穷人的利益，是建立在穷人因税收削减而得到的好处完全可以补偿福利费削减所带来的损失的基础上的。

Ⅲ则表明，这两者是不相等的，穷人因税收削减而得到的好处，补偿不了福利费削减所带来的损失，因此，削减社会福利费会损害穷人的利益。

18. 答案：B。

由于黑龙江人从属于北方人，因此，按地域分，4 个是北方人，1 个是贵州人，共 5 人。

而职业身份和地域身份可以重合，所以，最少可能就是 5 人。

最多就是职业身份和地域身份都不重合，可能人数为 5＋3＋2＋1＝11 人。

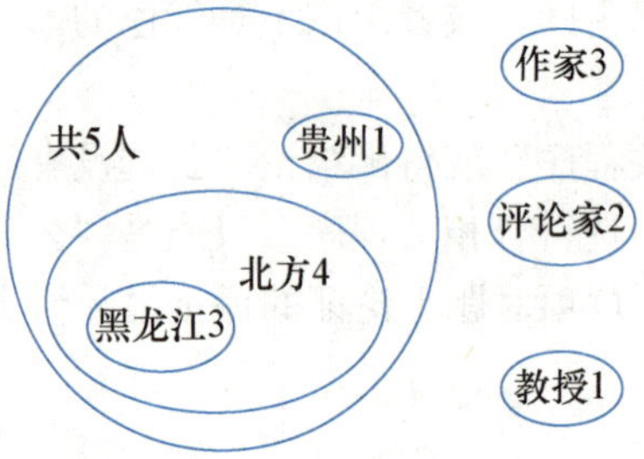

19. 答案：E。

题干推理结构：¬临时工作∧ ¬官方背景∧肄业→失业

其逆否命题是：临时工作∨官方背景∨ ¬肄业← ¬失业

A、B、C、D 项都符合题干推理，只有 E 项不能从题干推出。

20. 答案：B。

题干是由很多科学家的职业行为的特点，来推出科学家共同体的行为的特点。

这是一个不合理的推理，因为即使多数科学家追逐名利，也仍有少数科学家反对这样做，利用各种机会和场合去批判与揭发，那多数人也达不到目的。

这个论证是由部分所具有的属性推断整体也具有这种属性，属于合成的谬误。B 项准确地指出了这一谬误。

21. 答案：D。

题干论述，PPP 模式的风险在于，政府违约或投资人违约而给对方造成经济损失，尽管政府违约的现象屡见不鲜，但投资人还是积极地投资于 PPP 项目。

其原因何在呢？若 D 项为真，为防止地方政府违约带来的经济损失，投资人设法将其他方面的利益转移到自己的企业。这就从另一个角度很好地解释了上述看似矛盾的现象。

其余选项均为无关项。

22. 答案：D。

如果D项为真，即事实上在可能与古蜀国有交流的文明中，只有埃及文明有类似的青铜面具，那么，根据在三星堆的考古发掘中发现了大量的青铜面具，同时代的埃及文明中也存在类似的青铜面具，就可以合理地得出结论：三星堆所体现的古蜀国文明来源于埃及文明或至少与埃及文明有过密切的接触。

其余选项均不能起到有效的支持作用。

23. 答案：B。

“通信部队的士兵学习了不少步兵战术”是有歧义的，可理解为“通信部队的所有士兵学习了不少步兵战术”，也可理解为“通信部队的有些士兵学习了不少步兵战术”。

因此，B项与题干论述最为类似。其中“一个工厂的工人参加了不少科普讲座”可理解为“一个工厂的所有工人参加了不少科普讲座”，也可理解为“一个工厂的有些工人参加了不少科普讲座”。

A项，“哲学系的学生都学微积分这门课程”这句话的意思是明确的，无歧义。

其余选项与题干不类似。

24. 答案：A。

本题是使用求异法作出的论证，先行情况中的差异因素是“是否参加集体鼓励活动”，比较的现象是“寿命”，由于10年后每一组都有41位病人去世，从中得出结论：集体鼓励活动并不能使患有T型疾病的患者活得更长。

如果A项为真，即事实上每周参加一次集体鼓励活动的那组成员平均要比另外一组多活两年的时间，就有利于说明差异因素（参加集体鼓励活动）是导致某种现象（寿命增加）产生的原因，这样，就有力地削弱了上述论证，为正确答案。

B项只是说其中的两位，不具有统计意义。C项支持了题干。D项和E项对题干有所削弱，但并没有与寿命直接关联，削弱力度不足。

25. 答案：B。

根据题目条件，委员会由法官中的2位和科学家中的2位构成。

法官　2人	科学家　2人
F，G，H，I	V，Y，Z

(1) $G\rightarrow \neg V$

(2) $H\rightarrow \neg Y$

(3) I/V

	法官　2人				科学家　2人		
	F	G	H	I	V	Y	Z
第一年					√		
第二年				√	×	√	√

V在第一年做主席，第二年就必须退出，所以另两位科学家Y、Z必须是第二年的委员；又由条件（3），没V就得有I。

26. 答案：C。

	法官 2人				科学家 2人		
	F	G	H	I	V	Y	Z
第一年	√	×	√	×	√	×	√

H在第一年做主席，那么在第一年，其他人的情况是，由条件（2）有H则无Y，这样另两位科学家V、Z必须做委员；由条件（1），有V则无G；再由条件（3），有V则无I。这样还剩一位法官F必须做委员。

而在第二年做主席的人在第一年必须是该委员会的成员。在四个选项里面，只有C项中的F在第一年是委员，因此，答案为C。

27. 答案：A。

根据题干陈述：

（1）S市公共设施不更新，会引起市民的不满。

（2）S市仅靠自己的力量更新设施，只能靠提高市民的税收，这也会引起市民的不满。

所以，S市无法依靠自己的力量使市民满意。

28. 答案：D。

由于“所有校三好学生都递交了入团申请，所有区三好学生都没有写入团申请”，可推出“所有区三好学生都不是校三好学生”，因此，“有些学生不是校三好学生”必然正确。所以，D为本题答案。

A、B、C、E项都不一定为真。

29. 答案：A。

由于“所有校三好学生都递交了入团申请，所有区三好学生都没有写入团申请”，可推出“所有区三好学生都不是校三好学生”，再加上“所有学生干部都当上了区三好学生”，当然可以得到“所有学生干部都不是校三好学生”。

因此，A项必然是假的，如下图所示。其余选项都有可能为真。

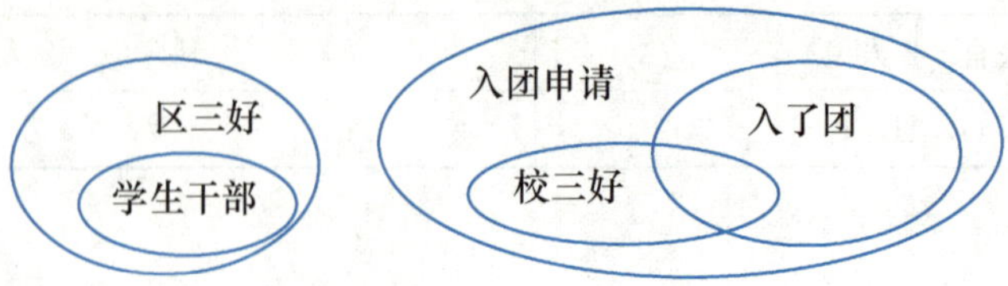

30. 答案：A。

选项B可能是造成这种现象的原因，因为本地人对工种过于挑剔，不愿干那些脏活、苦活、累活，导致了这些工种只能让外来人口去做。

选项C和E可能是造成这种现象的原因，生产厂家为了降低生产成本，会大量使用价格比较低廉的外地的劳动力，而不使用对劳动报酬要求比较高的本地人。

选项D也可能是造成这种现象的原因，既然外来劳动力比较能吃苦耐劳，那些本地人难以承受的工种自然就会由外来劳动力去做。

由于假设了各城市的就业条件是一样的，那么，别的城市的就业人员的要求就和这个城市的就业人员的要求一样，该城市劳动力不愿意做的，其他城市的劳动力就更不会离开自己的城市来这里做他不愿意做的事情了，所以，选项 A 不可能是造成这一现象的原因。

模拟试题十六参考答案及解析

1. 答案：D。

题干论述："政府知道需要"是"满足群众需要"（即实现政府功能）的必要条件，"言论自由"能确保"政府知道需要"，因此，言论自由是一个国家健康发展的一个必要条件。

D项说明言论自由不是一个国家健康发展的充分条件，题干论述本来就没有表明"言论自由对满足群众的需要是充分的"，因此，D项不能削弱题干，为正确答案。

其余选项都能削弱题干。

2. 答案：C。

本题题干论证属于在不具有因果关系的现象之间强加因果，C项也犯了同样的错误。

3. 答案：B。

根据条件（3）和（5）推出，乙的供述不属实。

这样从条件（4）可以得出，作案时间在零点之前。

再由条件（2）推出，甲不是盗窃者。

再结合条件（1）推出，只有乙是盗窃者了。

由此可以得出B为正确答案。

4. 答案：C。

题干论述：雄性棕熊通常会攻击并杀死不是由与它交配的雌性棕熊产下的幼崽。然而，在鲑鱼洄游的季节里，虽然雌性棕熊与雄性棕熊相遇机会最多，幼崽被击杀的概率却最低。

C项表明，这个时期棕熊为熬过即将到来的严冬而奋力捕鱼以增加体重，就顾不上击杀幼崽了，这就以另有他因的方式解释了雄性棕熊的反常行为。

其余选项不能起到很好的解释作用。

5. 答案：C。

营养专家指出，"节食族"的做法既不科学也不合乎情理。

C项表明，限制卡路里的摄入，有造成骨质疏松和生育困难的风险。这说明了过分节食的危险，显然支持了营养专家的观点。

其余选项均表明了节食的好处，都削弱了营养专家的观点。

6. 答案：C。

题干断定：

第一，经济的良性循环是指，不过分依靠政府的投资而靠自身的力量实现的经济增长。

第二，我国近几年经济稳定增长是靠政府加大投资实现的。

从中可以推出：我国近几年经济稳定增长不是经济的良性循环。

因此，某一时期的经济稳定增长不意味着这一时期的经济已经转入良性循环，C 项正确。

其余选项不恰当。

7. 答案：A。

教授认为：父母 O 型→子女 O 型。

学生质疑：¬父母 O 型∧子女 O 型（我父亲是 B 型血，而我是 O 型血）。

学生的质疑对教授并没有反驳作用，实际上，学生的质疑是下列命题的负命题：

父母 O 型←子女 O 型

也就是学生把教授的陈述理解为父母都是 O 型血为子女是 O 型血的必要条件。因此，A 正确。

8. 答案：C。

“肯尼亚选手的成绩比乙的成绩差”“丙称赞肯尼亚选手发挥出色”，那么肯尼亚选手不是乙，也不是丙，即：肯尼亚选手是甲。

“甲（肯尼亚选手）的成绩比德国选手的成绩好”“肯尼亚选手的成绩比乙的成绩差”，那么，三位选手的名次和国籍如下：

乙	＞	甲	＞	（丙）
（美国）		肯尼亚		德国

因此，C 为正确答案。

其他选项不正确。

9. 答案：E。

题干结论：儿童时代经常看到父母经受病痛，会使这个人在成年后更易于得这种病痛。

E 项表明，是因为成年后生病才记起儿童时代父母的病痛，而并不是因为记得父母的病痛才使得成年后更易于得这种病痛，这就有力地削弱了题干论证，所以为正确答案。

其余选项均为无关项。

10. 答案：B。

题干根据归纳概括，得出一个结论：创造性研究是左撇子独特的天然禀赋。

B 项是其所依赖的假设，否则，如果左撇子突出的创新研究能力是由后天因素决定的，那么题干断定就不成立。

其他都是无关项。

11. 答案：A。

题干推理关系为：

（1）超过 800 万元→超额奖

（2）超过 500 万元↔超过 800 万元

（3）超过 500 万元←敬业奖

Ⅰ一定是真的。因为雇员获得了敬业奖，则营业额超过了 500 万元，超过 500 万元则超过 800 万元（10 个连锁分店有 7 个超过了 800 万元，另外 3 个都不足 500 万元）。年营业额超过 800 万元则雇员可获得年超额奖。所以，获得敬业奖的雇员一定获得了年超额奖。

Ⅱ不一定真，虽然年营业额超过 800 万元则雇员可获得年超额奖，但获得年超额奖，年营业额未必超过 800 万元，即使超过 800 万元，也未必获得年敬业奖。

Ⅲ不一定是真的。达森集团 10 个连锁分店有 7 个年营业额超过 800 万元，所以，大多数连锁分店的雇员可获得年超额奖，但是并不意味着达森集团的绝大多数雇员可获得年超额奖，因为很可能大多数连锁店的雇员只占整个集团雇员的少数。

因此，A 项为正确答案。

12. 答案：C。

本题问题实际上是要求找一个选项，使得题干条件发生矛盾。

由于广西人是南方人，因此，从题干条件“3 个南方人，1 个男士，2 个 20 岁，2 个近视眼，1 个女士，1 个广西人，还有 1 个北方人。以上涉及了全部成员”，可知有 10 人。其中必有一个重复计算了。A、B、D 都能起到解释作用。E 也不能使题干条件矛盾。

只有 C 项“2 个 20 岁的人都是近视眼”，这样题目条件中所有的人合计起来只有 8 人，到不了 9 人，这与题干条件发生了矛盾。因此，C 为正确答案。

13. 答案：D。

选项 D 为本题答案，它使题干形成了一个悖论。

假设“我将死在错误之神面前”是真话：一方面，按题干规定，他应在真理之神面前被杀掉；另一方面，按这句话本身是真话，他应在错误之神面前被杀掉。这就形成了矛盾，使得岛上的人没有办法杀掉他。

假设“我将死在错误之神面前”是假话：一方面，按题干规定，他应在错误之神面前被杀掉；另一方面，按这句话本身是假话，他应在真理之神面前被杀掉。这就形成了矛盾，使得岛上的人没有办法杀掉他。

总之，哲学家说了选项 D 中的这句话，使得岛上的人没有办法杀掉他。

14. 答案：E。

根据本题的论述，很容易看出消费者代表在反对软饮料商的论述中，并没提及软饮料制造商所提出的他们的产品因增加了钙的含量而更有益于孩子们健康的声明，而是通过指出软饮料制造商的产品的一个内在缺点来表明他们的产品能给孩子们的健康造成一定的危害，也就是说消费者代表用找出其他原因的方法削弱了软饮料制造商的其产品有益于孩子们健康的声明。由以上分析可知，E 为本题答案，而 A、B、C 和 D 都是明显错误的选项。

15. 答案：A。

题干断定：第一，仙客来在炎热的地带很难生长。水稻在干旱的地区很难种植；

第二，在某个国家的大部分地区，或者仙客来很容易生长，或者很容易种植水稻。

从而推出：在某个国家的大部分地区，或者气候不炎热，或者不干旱。

使这一情况为假的情况只能是，炎热且干旱。因此，A 项正确。

16. 答案：C。

题干断定，在美联储推出 QE3 的前提下：

(1) 各国要维持汇率稳定→购买美元资产→加大本国通货膨胀压力

(2) 不想输入通货膨胀→本币升值→抑制出口→经济滑坡

其中，由条件 (2) 可得：不想输入通货膨胀→本币升值 = 或者没有输入性通货膨胀，或者本币升值。

从中必然可以推出：如果美联储推出 QE3，那么，或者其他国家没有输入性通货膨胀，或者本币升值。这等价于 C 项所断定的。因此，C 正确。

根据断定（2），若想避免本国经济滑坡，就要输入通货膨胀；而再根据断定（1），推不出不要购买美元资产，因此，A 项推不出。

B 项是个很好的干扰项。由条件（2）可得：不想输入通货膨胀→经济滑坡 = 或者输入通货膨胀，或者经济滑坡。但这个结果必须是在美联储推出 QE3 的前提下，而题干并没有明确美联储确实推出了 QE3，因此，B 项不一定成立。（若改成这样的说法就成立了：如果美联储推出 QE3，那么，其他国家或者面临输入性通货膨胀的压力，或者面临经济滑坡的危险。）

D 选项显然不确定。

17. 答案：A。

题干对一个现象提出一个解释：对战争的巨大破坏产生的恐惧有威慑作用。

（原因）对第二次世界大战的恐惧→（结果）没有大规模的战争发生

A 说明恐惧并没有威慑作用，要不然第二次世界大战也不会发生，即有因（对第一次世界大战的恐惧）却无果（有大规模的战争发生），所以，A 是个有因无果的削弱，为本题答案。

18. 答案：D。

从“有些北大学生是共产党员”，根据对当关系推理，可以推出选项 A。

从“所有北大学生都不是民主党派的成员”，通过连续的换质/位推理（SEP→PES→PA¬S→¬SIP→¬SO¬P）可以推出选项 B。

从“有些北大学生学文科”出发，通过连续的换位/质推理（SIP→PIS→PO¬S）可以推出“有些学文科的不是非北大学生”，再根据对当关系，可以推出选项 C。

从“所有北大学生都不是民主党派的成员”出发，先换质（SEP→SA¬P）得到“所有北大学生都是非民主党派的成员”，再根据对当推理（从属关系），可以推出选项 E。

从“有些北大学生今后将成为杰出人士”出发，经过换质，可以推出“有些北大学生不是今后不会成为杰出人士的人”，而后者不能换位为选项 D。所以，本题答案为 D。

19. 答案：A。

本题实际上问的是题干所述发现能够驳斥哪一个选项。对这种题目，一般是把题干中的主要观点取非即为答案。A 表明任何方案都可能只在短期内有效，所以与题干推理相违背，因此 A 为本题答案。

E 易误选，选 E 的人可能认为休闲、教育活动增加可以减少犯罪，从而反对了题干的观点，但这是递推出来的，实际上 E 与犯罪率减少一点关系也没有，因此 E 不正确。

20. 答案：C。

由（2）知丁的陈述正确，结合（3）可推出，（4）乙是杀人犯；

又由（2）知丙有罪，结合（1）可推出，（5）甲或乙不是杀人犯；

由（4）和（5）可推出：甲不是杀人犯。所以，C 项正确。

21. 答案：A。

题干通过音乐家的胼胝体比非音乐家的胼胝体大这一现象，得出结论，音乐训练会导致胼胝体变大。

要得出这一因果关系，必须排除他因，其中一个重要的他因就是其本来就存在差别，而不是音乐训练所致，可见，题干论证必须假设 A 项，否则，如果在音乐家开始训练之前，他们的胼胝体就比同年龄的非音乐家的胼胝体大，那题干的结论就得不出了。

其余选项均不是论证所依赖的假设。

22. 答案：A。

从“织女爱每一个爱牛郎的人”，加上Ⅰ“每一个人都爱牛郎”，就会得出“织女爱每一个人”，而这与题干中给定的条件“没有人爱每一个人”矛盾。所以，Ⅰ不可能为真。

Ⅱ“每一个人都爱一些人”与题干中给定的条件并不矛盾，可能为真。

由于“爱”这一情感是不传递的，于是由“织女爱每一个爱牛郎的人”，不能推出“织女爱牛郎”，因此Ⅲ“织女不爱牛郎”可能为真。

23. 答案：E。

本题是使用求异法作出的论证，先行情况中的差异因素是“镁盐”，比较的现象是“黄瓜产量”，得出的结论是：差异因素（镁盐）是导致某种现象（黄瓜产量较高）产生的原因。要削弱这个论证，就必须指出除了“镁盐”这个差异因素外，另有其他差异因素。

E 指出这两个实验大棚的土质与日照量不同，从而用另有他因的方式解释了第一个实验大棚产量较高的原因，削弱了题干论证，所以 E 正确。

A 指出另一块土地也有镁盐，有一定削弱作用，但是请注意 A 只说有少量镁盐，而没有说第一个大棚施用镁盐后两块地的镁盐量相同，这意味着可能是镁盐的量不同导致产量差异，其削弱力度不足。

B 引入无关比较，明显错误，排除。

C 还是说两块土地种植的作物相同，并没有说这两个实验大棚的品种不一样，实际上支持了题干，排除。

D 为明显无关选项，排除。

24. 答案：A。

题干观点为，食盐加碘是导致国内部分地区甲状腺疾病增多的原因。

要验证此观点是否正确，最有效的方法是用对比数据说话。如果 A 项为真，即食盐加碘 8 年的乡镇年均甲亢发病率明显高于未加碘的乡镇，这显然有助于说明加碘是导致甲亢疾病增多的原因，因此，该项为正确答案。

其余选项都没有谈到食盐加碘和甲状腺疾病之间的关联，均不能支持题干观点。

25. 答案：A。

本题是要列出一个从第 1 周到第 7 周的演出安排，属于排列题。条件表达如下：

(1) G=3

(2) ×(O，S)

(3) K<J，S

(4) (F，J)

F 在 5 号位，由条件 (4)，J 可在 4 号位或 6 号位

	1	2	3	4	5	6	7
J=4			G	J	F		
J=6			G		F	J	

由条件（3），K不可能在7号位，剩下的O、R、S都可能在7号位。

26. 答案：D。

R在5号位，O在2号位；由条件（4），F、J就占据6号和7号位；由条件（2），S不能在1号位，只能在4号位，这样K只能是1号位；由于F和J可以互换，因此，有两种安排方式。

序号	1	2	3	4	5	6	7
	K	O	G	S	R	F/J	J/F

27. 答案：C。

题干混淆了条件，从题干的前提应该得出的结论是癌症会导致抵抗力下降，而不应该得出“抵抗力下降的人容易患癌症”这一错误的结论。

C项与题干犯了同样的逻辑错误，为正确答案。

28. 答案：C。

解题的突破口首先是要判定A、B、C、D的名字。

由条件（5）知，甲住的层数高于乙和丙住的层数。

由条件（4）知，甲住的层数介于丙和丁住的层数之间。

由条件（2）知，丙住的层数不是最低的。

所以从高到低依次住的是丁、甲、丙、乙。

再结合条件（1）（2），可推出从高到低依次住的是D、A、C、B。

因此，A是甲，B是乙，C是丙，D是丁。

由条件（3）知，乙住的层数只能是1、2、3层，下面分别讨论。

①若乙住1层，则丁住5层。设丙住x层，则甲住（$1+x$）层，由条件（4），有：

$5-(1+x+2)=(1+x+2)-x$

解出$x=-1$，不符合条件。

②若乙住2层，则丁住10层。设丙住x层，则甲住（$2+x$）层，由条件（4），有：

$10-(2+x+2)=(2+x+2)-x$

解出$x=2$，与乙住在同一层，不符合条件。

③只能乙住在3层，丁住在15层。设丙住在x层，则甲住（$3+x$）层，由条件（4），有：

$15-(3+x+2)=(3+x+2)-x$

解出$x=5$。

所以，乙住3层，丙住5层，甲住8层，丁住15层。

29. 答案：C。

李教授认为：矿泉水比纯净水含有更多的矿物质，而矿物质会在肾脏里沉淀。所以，经常饮用矿泉水的人会增加患肾结石的危险。

C项表明，矿物质在肾脏里沉淀的原因是肾功能出现了问题。意味着肾功能没问题的正常人是不会出现矿物质在肾脏里沉淀的情况的，这就有力地削弱了结论：经常饮用矿泉水的人会增加患肾结石的危险。

D项也有所削弱，但削弱力度不足。如果说经常饮用纯净水的人有肾结石的比例不低于经常饮用矿泉水的人，才能严重削弱。

E项也是削弱力度不足，因为没有对矿泉水中的矿物质与平常的饭菜里的矿物质的比较，如果说矿泉水中的矿物质与平常的饭菜里的矿物质相比是微不足道的，那么就能严重削弱。

30. 答案：D。

D项削弱题干的方式是因果倒置，不是经常在电脑显示器前工作会导致头痛，而是经常感到头痛的人员感觉自己经常在电脑显示器前工作。

模拟试题十七参考答案及解析

1. 答案：B。

本题需要解释的现象是“咖啡并不含糖，也不分解为糖，但咖啡却可使人体内的血糖浓度上升”。

B 项介绍了咖啡是如何起作用的，表明了因果关系，很好地解释了题干。

A 项认为喝咖啡只是一种习惯，起作用的还是饭中的食物，不能解释题干，排除。

E 项与题干所述的现象符合，但并没有解释为什么出现这种现象。

2. 答案：D。

A、B、C 只是证明这位英语家教的特质和能力，E 则是从小李的角度说的，都没有直接、有效地说明这位英语家教对提高小李的英语成绩的作用。而 D“如果不请英语家教，上学期期末考试小李的英语成绩会更差”，则从反面有力地论证了这位英语家教对提高小李的英语成绩的作用。

3. 答案：C。

题干通过与 20 世纪 30 年代土地植被覆盖率的对比，推出放牧没有带来环境危害。

本题的两个数据，如果一个是基于人为放牧对环境所造成的破坏而统计出的，另一个是基于自然灾害对环境所造成的破坏而统计出的，则由于样本不同，其数据是不可比的。C 指出 20 世纪 30 年代的情况比较特殊，有可能是干旱造成植被不正常的稀少，因此与 20 世纪 30 年代的情况做对比不能说明问题，削弱题干论述，正确。

A、B、D 引入无关比较，都应排除；E 指出 20 世纪 30 年代以来公共土地增加了，但是对植被情况的影响不能确定，排除。

4. 答案：A。

由“有些购买基金的员工买了股票”“所有购买股票的员工都不买国债”可必然推出：有些购买了基金的员工没有买国债。再加上“凡是购买地方债券的员工都买了国债”，可进一步推出：有些购买了基金的员工没有买地方债券。因此，A 项一定为真。

其余选项都不能从题干合乎逻辑地推出。

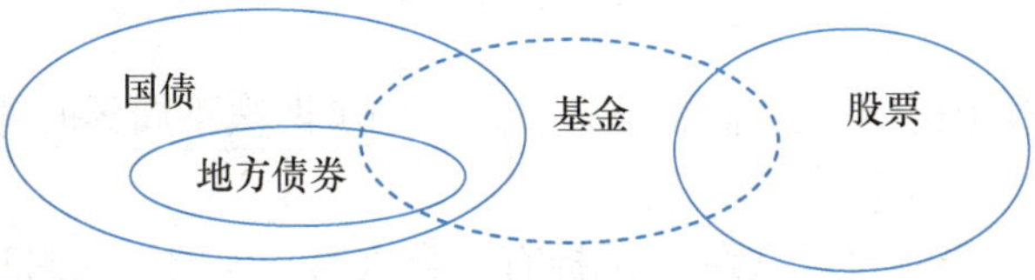

5. 答案：C。

既然购买名牌，不是为了产品的质量，而往往是为了品牌的名声，那么，合适的推论就是，应当保持名牌的价位，企业不必采用薄利多销的营销策略。

6. 答案：C。

题干由在六个月内患者好转率和痊愈率较高，推出新疗法较好。

这则统计论证应当涉及两组数据的比较，但原文陈述却没有提供最常用的疗法使溃疡患者好转的比例。C是针对其统计不全和数据的可比性提出的一个焦点问题。如果六个月内用最常用的疗法医治该种溃疡的患者中，取得明显好转的比例为80%以上甚至100%，那么不能说明新方法比常用方法好；如果六个月内用最常用的疗法医治该种溃疡的患者中，取得明显好转的比例在80%以下甚至更低，则说明新疗法比常用疗法好。故C正确。

A为明显无关选项，排除；成本也许会影响治疗方法的可行性，但是与疗效无关，B应排除；D为明显无关选项，排除；无论患者感觉如何都不影响好转率，E应排除。

7. 答案：E。

由题干，可知以下推理关系：

① W→X

② ¬S← ¬T

③ T↔ ¬X

④ Y且Z→W

联立以上条件，可得S→T→ ¬X→ ¬W→ ¬Y或 ¬Z

也就是说，如果S接通，那么Y和Z至少要断开一个。而现在S和Z都接通，那么就一定要断开Y。

这样我们可推出：T是接通状态并且Y是断开状态，即E正确。

8. 答案：C。

本题要求对两种共变现象——传统儿童疾病发病率下降，另一种发生在儿童身上的罕见疾病的发病率随之上升——作出合理解释。

答案应能解释麻疹发病率的下降和彼特逊病发病率的上升之间的关系。C指出得过麻疹的儿童形成了对导致彼特逊病的病毒的免疫力，既然麻疹发病率低了，那么更少的儿童有对彼特逊病的免疫力，因此后者的发病率随着前者发病率的下降而上升，所以C正确；A指出遗传因素的作用，但并不能解释为什么彼特逊发病率上升；B中的“其他任何国家”，与“美国”无关；D、E均不能起到解释作用。

9. 答案：B。

题干是个省略三段论。补充B项，与题干前提一起，题干结论才能成立。因此，B为正确答案。

注意：如果选A，则会出现“高校教师”这个中项两次不周延的情况。

10. 答案：D。

根据题干条件：如果一位玩家在A地拥有一家旅馆，他就必须同时拥有A地和B地。

其逆否命题为：假如该玩家不拥有B地，则该玩家在A地不拥有旅馆。

因此，D项可推出。其余各项均推不出。

11. 答案：D。

科学家的观点：全球绿色植物每年释放的甲烷量为 0.6 亿～2.4 亿吨，占全球甲烷总排放量的 10%～40%，其中 2/3 左右来自植被丰富的热带地区。

A、B、C、E 项所述的事实都从不同角度支持了这一观点。

只有 D 项表明，近期的甲烷含量增加与森林植被无关，反对了题干中科学家的观点，为正确答案。

12. 答案：B。

题干的矛盾在于：虽然两个政党都有 1/3 以上的选民不满意两党的统治哲学，并表示愿意加入第三党，而即使成立第三党，它也没机会获得 1/3 以上的选票。

B 说明对两党不满的选民所倾向的主张完全不同，暗示即使成立第三党也不能同时吸引对这两个党不满的选民，所以，任意成立一个第三党不可能得到两类完全不同的选票，即第三党不可能获得 1/3 选票，所以 B 正确。

A、E 项为明显的无关选项，排除。

C 指出可能统计的数据有漏洞，有可能解释题干的矛盾，但是在题干中已经预设了条件“该民意测验反映了一般选民的情绪”，排除了统计有漏洞的可能，故 C 错误。

D 是干扰项，指出有超过一半的人会放弃投票，这些人包括不满意两党的统治哲学的 1/3 的反对者，也可能包括这两党的成员或者另外的成员，具体比例在选项中并没有指出，所以，有可能即使有人放弃投票，第三党也能获得 1/3 以上的选票。因此 D 不对。

13. 答案：C。

如果“王太太说得不对”，即“王先生说得不对”是错误的，那么，王先生的话是正确的，即“小李、老赵、小潘和老马四个人中最多来了两人”是真的。

最多来了两人意味着可以来 0、1、2 个，A、B 都有可能为真，都应排除。

最多来了两人意味着可以来 0、1、2 个，因此 C 一定为假，为正确选项。

D 讨论其他人，不能断定真假，排除。

E 容易误选，如果小李和小赵都来，那么按照 E 的说法来了四个人，与 C 相同，必定为假，但是不要忘记 E 只是说“如果”，并没有排除小李和小赵没有都来的可能，因此 E 有可能为真，故应排除。

14. 答案：A。

针对反对政府干预的观点所列举的许多行业，题干举出了金融业这样一个反例，指出：在 20 世纪 30 年代，如果没有政府的干预，金融业的某些部分会彻底崩溃。这就说明，不能认为政府对商业的干预一定对企业和公众不利。因此，答案为 A。

15. 答案：B。

要从工业消费者使用的石油价格低，推出工业消费者使用的天然气的价格低，必须假设：天然气的工业消费者可以很快地和便宜地转换到石油这种替代品。否则，就得不出工业消费者使用的天然气价格可能会保持在低水平的结论。

16. 答案：E。

三个人的猜测各对了一半。假设建国的前半句话真，后半句话假，可以得出：丹丹参加了数学竞赛，则小颖没有参加物理竞赛，那么小颖只能参加化学竞赛（小颖不会参加数学竞赛），这样，淑珍参加物理竞赛。将这一结果代入小杰说的话中，发现小杰的两句断定都不正确。

因此，只能是建国的前半句话假，后半句话真。即：丹丹没有参加数学竞赛，小颖参加了物理竞赛。于是，丹丹参加化学竞赛，淑珍参加数学竞赛。

17. 答案：B。

题干论证：目前还没有证据证明这两种病毒能够完全删除计算机文件，所以，发现有这两种病毒的计算机用户不必担心自己的文件被清除掉。

这实际上犯了诉诸无知的谬误。目前还没有证据证明这两种病毒能够完全删除计算机文件，并不能排除它们能够完全删除计算机文件的可能性。可见，B项正确地指出了题干论证的错误。

18. 答案：A。

本题题干推理是：P（父母亲）对R（对孩子的控制）的影响转移到了Q（专职的教育者）对R（对孩子的控制）的影响。

需要削弱的对象在问题中已经问得很清楚，只要找一个说明父母亲的控制没有继续受到削弱的选项。A项所述学校遵循父母的意见，削弱了父母亲的控制继续受到削弱的结论。

D项实际上支持题干的论断。

19. 答案：D。

小张和小李说的话矛盾，必然有一句话是假的。所以，假话必然在二者之中。

既然他们四个人中只有一个人说了谎，因此，小王和小周都说真话，由此可以推出结论：小王没迟到，小周迟到了。

所以，正确答案为D。

20. 答案：B。

题干断定：高层管理人员本人不参与薪酬政策的制定→公司最后确定的薪酬政策就不会成功。

由于P→Q等价于 ¬P∨Q，因此，上式等价于：或者高层管理人员本人参与薪酬政策的制定，或者公司最后确定的薪酬政策不会成功。所以，选项B必然正确，不可能有假。

选项D为干扰项，由题干第二句话，不能推出D项必然成立，因为如果管理人员参与但不告诉公司他们认为重要的薪酬政策，公司最后确定的薪酬政策也不会更加有效。

其他选项也不能从题干必然推出。

21. 答案：B。

题干所述的原则是，违反道德的行为是违背人性的，而所有违背人性的事都是一样地坏。

这一原则的谬误在于看问题绝对化了，并抹杀了在这一原则之下质和量的差别。题干提供了一个抹杀量的差别的例证，选项B提供了一个抹杀质的差别的例证。

其余选项均不符合题干所述的原则。比如A项涉及道德上好的行为的例证，不属于题干所述违反道德的行为。

22. 答案：C。

本题的推理是由一个事实“霜冻年轮没有出现在落叶树的化石中”，而得出一个解释性的结论“那时的南极洲的落叶树上没有霜冻”。解题的思路应该是“没有别的因素影响推论”。也就是说，如果形成化石的过程使得落叶树的霜冻年轮完全模糊，那么也就从另外一个角度解释了为什么“霜冻年轮没有出现在落叶树的化石中”。所以，选项C是一个使结论成立的必要条件。

A、B、D均为无关项。E有一定的支持作用，易误选，但不是必要条件。E项表示“即使那时有霜冻，有的树上也没有霜冻年轮”。E加非，就是“若那时有霜冻，所有树上都有霜冻年轮”，这符合题干“没有霜冻就没有年轮”的说法，不能削弱题干，因此E不是假设。

23. 答案：B。

题干断定了房地产开发商筹集开发资金仅有的两个渠道：第一，银行直接贷款；第二，预售商品房。

题干同时断定第一个渠道不成立，B项断定第二个渠道不成立。由此能合乎逻辑地推出结论，完成题干的论证。用条件关系式表示如下：

(筹资→贷款∨预售) ∧ (¬贷款∧ ¬预售) → ¬筹资

因此，B项是正确答案。

24. 答案：D。

根据题干“没有人给3个以上的同乡会员写过信，给3个同乡会员写过信的人只有1人，仅给2个同乡会员写过信的只有3人，仅给1个同乡会员写过信的有6人”，而1＋3＋6＝10，说明每人都给其他同乡会员写过信，故Ⅰ一定为真。

Ⅱ从题干推不出来，不一定为真。

3×1＋2×3＋1×6＝15，是个奇数，说明至少有一个人是单向写信，也就是至少有一个会员没给所收到的每封来信复信，因此，Ⅲ一定为真。

25. 答案：C。

老李不可能是第四个。若老李是第四个，由于老李的报告必须紧接在老米之后，则老米是第三个，而6个报告中3个在午饭前，3个在午饭后，则老李与老米被午饭隔断了，这与题干条件矛盾。

其他情况都是可能的。

26. 答案：D。

因为四个队的分数是四个连续的自然数，所以四个队的总分为偶数。由于四个队共赛6场，每场的分数和不是3＋0＝3（有胜负）就是1＋1＝2（平局），因此四个队的总分最高为6×3＝18（分），最低为6×2＝12（分），故总分有四种可能：12分，14分，16分，18分。

将上述四个数值分解成四个连续的自然数，只有2＋3＋4＋5＝14和3＋4＋5＋6＝18两种。

(1) 若总分为18分，则此时每场比赛均有胜负，每场比赛各队不是3分就是0分，所以每队的总分都是3的倍数。但3，4，5，6不都是3的倍数，故不满足条件。

(2) 若总分为14分，则6场比赛产生的分数为3，3，2，2，2，2。根据四个队分数分别为2，3，4，5，可列出下表：

	第一名	第二名	第三名	第四名	总分
第一名		3	1	1	5
第二名	0		1	3	4
第三名	1	1		1	3
第四名	1	0	1		2

所以第二名输给第一名，它的总分为4分。

27. 答案：D。

本题考查没有他因的假设和求异法。

题干推理：因为不同时期不同随机抽取的顾客对问题相同而排序不同的问卷反应不同，所以问题的排序方式会影响对问题的回答。

这个结论是通过求异法得到的。在使用求异法时需要注意的是，在被研究现象出现的场合和被研究现象不出现的场合中是否还有其他差异情况。选项D指出两种场合中不存在差异情况，排除了可能导致与这一结论相关的反例产生的一种情况，为本题答案。

实际上这是一道假设、前提、条件类题目，可以首先排除明显无关选项，然后在剩余的选项上“加非”寻找能削弱题干的一项。D加非：调查中包括这样的问题，顾客在一年中的不同时间会对这些问题作出不同的回答。这意味着也许不是因为排序不同而是因为时间的不同使顾客的回答发生变化，即存在他因，削弱题干。故D正确。

只要有排序变化即可，不必全都变化，A应排除。

顾客能否记住回答与题干无关，而且两次抽样都抽到了同一个顾客的概率有可能很小，B应排除。

第二次调查的目的是什么不影响顾客的回答，C应排除。

顾客是随机抽样的，不管是否相同，只要回答有变化就能支持题干，E不是必要的假设。

28. 答案：C。

根据题干条件，写出以下关系式：

① 1红→2黄

② 2绿→1绿

③ 3红∨3黄→2红

其中③的逆否命题是：¬2红→3绿

若C项为真，即2号安插绿旗。由条件②知，1号必然安插绿旗。这与本题的前提条件“1号安插黄旗”相矛盾，因此，这不可能是真的。

29. 答案：A。

若A项为真，即1号安插红旗。由条件①可推出，2号安插黄旗。

再由条件③的逆否命题可推出，既然2号没安插红旗，那么3号既不能安插红旗也不能安插黄旗，则3号只能安插绿旗。

也即，若A项为真，能确定唯一的安插方案。因此，A项为正确答案。

其余选项不能确定唯一的安插方案。

30. 答案：B。

改变了家蝇的某单个基因，克隆出的家蝇不具有紫外视觉。

而未改变基因，克隆出的家蝇具有正常的视觉。

科学家运用求异法得出结论，不具有紫外视觉的这种家蝇必定在这个基因上有缺损。

要想使结论成立，必须保证没有别的因素的影响。因此，B项是必须假设的。否则，如果是其他基因的变化导致不具有紫外视觉，则题干论证就不成立。

模拟试题十八参考答案及解析

1. 答案：D。

帕斯卡的结论是，应该相信上帝存在并按基督教的方式去生活。其推理过程是：

	如果上帝确实存在	如果上帝不存在
相信上帝存在，并按基督教的方式生活	无尽的福祉	失去非常少
不相信上帝存在，不按基督教的方式生活	无尽的惩罚	不会失去什么

问题是，世界有多种宗教，每种宗教都有法力无边的神，按照帕斯卡的推理，各个宗教的神都应该相信，为什么只相信基督教的上帝存在并按基督教的方式去生活呢？可见，D项最合理地说明了此论证的逻辑漏洞。其余选项均不能合理地指出其论证缺陷。

2. 答案：E。

本题反对的思路是“有他因”。E指出1985年调查中有牙洞的孩子减少是因为1985年调查的孩子要比1970年调查的孩子小，因此使得题干推理结论“孩子中的牙病水平降低了”的说服力被削弱；A、B与“牙病比率的降低”无关；C没有区分1970年与1985年；D对题干结论起到了支持作用。

3. 答案：E。

根据题干陈述：所有的商人都支持沿海工业的发展，所有热心乘船游玩的人都反对沿海工业的发展。可推知：商人对乘船游玩不热心。故选E。

其余选项都不对。

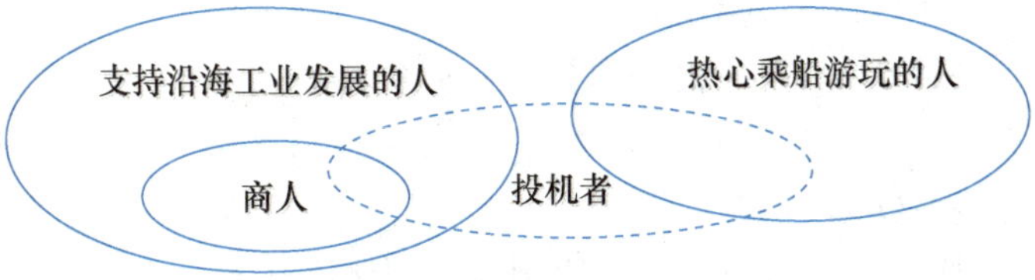

4. 答案：B。

三种产品中有两种产品通过了撞击测试，有两种产品通过了拉伸测试。可见，既通过撞击测试又通过拉伸测试的产品可能是一种产品，也可能是两种产品。因此，B为正确答案。

5. 答案：D。

题干既然断定，家园小区所有住宅楼都有停车位，这是个全称肯定的性质命题，当然可以推出特称肯定的性质命题为真，即I为真。

题干断定家园小区每栋住宅楼旁边都有地面停车位，并且都是按照与住户1：1的比例设置的。Ⅱ项是该充分条件假言命题的肯定后件式，结论不一定正确。Ⅲ项是该充分条件假言命题的逆否命题，结论必为真。

因此 D 项为正确答案。

6. 答案：A。

小李的推销隐含了这样的假设：在日常的饮食中缺乏这些必需的营养。

选项 A 否定了这一假设，有力地削弱了小李的推销力度。

7. 答案：B。

一些机关试行了末位淘汰制后，确实提高了工作效率，这与张宏的观点是一致的，所以张宏的观点得到了加强。

由于提高工作效率与金晶的观点没有关系，所以，金晶的观点没有得到加强，也没有受到削弱。

因此，B 项为正确答案。

8. 答案：A。

题干所述不一致的现象是，那块地拍卖时，第二次的溢价率低于第一次，但是成交金额却高于第一次。

由题干可知，溢价率是一个相对数，为溢价和土地基价的比。若 A 项为真，表明是第二次上市时土地基价提高了，这就有力地解释了题干的不一致现象。

9. 答案：A。

题干断定：基于耕种地和休耕地的总面积计算的平均亩产，苏联比美国多；而仅基于耕种地的面积计算的平均亩产，苏联比美国少。从中显然可直观地看出来美国比苏联的休耕地占农业总面积的比例高，即 A 为正确答案。

可用数学方法证明，设：

美国的总产量为 M，种植面积为 A，休耕面积为 B；

苏联的总产量为 S，种植面积为 C，休耕面积为 D。

则列出关系式：

① $S/C=68\%M/A$

② $S/(C+D)/=114\%M/(A+B)$

推出：$[C/(C+D)]/[A/(A+B)]=114\%/68\%>1$

推出：$B/A>D/C$

推出：$B/(A+B)>D/(C+D)$

即，休耕面积在整个农业面积中占的比例，美国比苏联大。

10. 答案：E。

题干论证：因为专业人才没有去薪水较高的私企，所以可以得出国企的专业人才更关心公共利益。

题干实际上是使用了求异法，来断定“对公众和公益事业的责任感而不是个人利益”是“使得一部分人留在国企”的原因。在使用求异法时需要注意的是，在被研究现象出现的场合和被研究现象不出现的场合中是否还有其他差异情况。也许存在其他差异情况才是造成题干结果的真正原因。E 就是假定了两种场合中不存在其他差异情况，为使题干论证成立，该项是必须假设的，否则，如果国有企事业单位给为其工作的专业人才提供优越的工作条件，或者是支付超过这些专业人才由于较低的工资而获得补偿的额外福利，那么题干论证就不成立了。

B仅仅重复了题干的论据，不是假设。A削弱题干。C为无关比较。D只是为私企工资较高找到了一个解释，并且有暗示专业人员去国企是出于对工作时间的考虑的意思，削弱题干。

11. 答案：B。

根据题干，甲厂导演不姓黄，而且根据甲厂导演做陈述时孙导演的话，即甲厂导演也不姓孙，所以，甲厂导演姓白。又因为乙厂导演不姓孙，所以，乙厂导演姓黄，则丙厂导演姓孙。

12. 答案：C。

题干前提：国营航空公司的飞行员后来转入民营航空公司的人现在通常年薪会超过百万，仍然留在国营航空公司的飞行员年薪一般不超过60万元。

补充C项：如果那些仍然留在国营航空公司的飞行员也选择去了民营航空公司，那他们的年薪也会超过百万。

得出结论：国营航空公司飞行员的薪酬过低。

因此，C项是题干论证的假设。D项易误选，若该项不成立，比如民营航空公司的飞行员比国营航空公司的飞行员每年的飞行里程要少，反而支持了题干结论，所以不是假设。

13. 答案：D。

传统看法认为，《周易》八卦和六十四卦卦名的由来或是取象说，或是取义说，不存在其他的解释。

D项所述，卦名出自卦辞记述的所占之事，与卦名由来的传统看法完全不一致，为正确答案。

14. 答案：A。

题干实验的现象是：离散的母狗很快就和自己的幼仔会合到一起。

题干对此的解释是：狗身上的体味是它们互相辨认的依据，而幼仔无法区分自己母亲与其他母狗身上的味道。因此，每只母狗都能够分辨出自己幼仔的体味。

可见，题干的论证方法就是“在对某种现象的两种可供选择的解释中，通过排除其中的一种，来确定另一种”。因此，本题选A。

15. 答案：C。

田路猜不出，说明前面两人的手帕不可能都是黑色的，否则，如果前面两人的手帕都是黑色的，那田路就知道自己是白色的。因此，前面两人的手帕要么是两白，要么是一白一黑。

陈容如果看到了前面的手帕是黑色的，那么很容易猜出自己头上的是白色的。而陈容也猜不出自己手帕的颜色，说明他看到前面的林跃的手帕是白色的。由此林跃推断自己是白色的。

16. 答案：B。

题干根据前提“低收入纳税人每年将平均减少100元到300元的财税负担”，得到结论“税收改革有益于低收入纳税人”。

而 B 指出税收改革“使低收入纳税人平均每月增加 80 元房租”，即虽然每年平均减少 100 元到 300 元财税负担，但每年增加了 960 元房租，这严重动摇了题干结论。应该选 B。

A 说税收费用将减少，支持题干；C、D 为明显无关选项；E 明显支持题干论证。

17. 答案：A。

题干根据处于无政府状态的索马里人均 GDP 高于非洲许多有强大中央政府统治的国家，得出结论：索马里民众生活水平一点也不差。

A 项所述，索马里的财富集中在少数人手中，许多民众因安全或失业等因素陷入贫困，这表明其人均 GDP 不能真实反映索马里民众生活水平，有力地概括出了上述论证最严重的缺陷。

其余选项均不妥，其中 D 项也能指出论证缺陷，但不如 A 项表述得具体。

18. 答案：B。

题干条件关系为：

（1）乌克兰政府军袭击了俄罗斯车队→可能引发俄方采取强硬措施

（2）乌克兰政府军暂时停止在东部的军事行动以保证俄罗斯车队的安全→给处于下风的民间武装以喘息的机会

由（2）的逆否命题，得到，如果乌克兰政府军不给民间武装以喘息的机会，那么乌克兰政府军就会袭击俄罗斯车队，又由（1）推知，则有可能引发俄方采取强硬措施。

因此，B 项正确。其他选项均不必然为真。

19. 答案：C。

问题目的是反驳第二个人即公司发言人的观点。公司发言人的推理属于“P′而不是 P→Q”（P′＝昆虫与细菌；P＝炼铝厂空气污染；Q＝杀死作物）。这种推理的反对思路可以是 P 导致 P′。C 正指出了这一点，所以 C 正确。

20. 答案：B。

题干论述：虽然最畅销的书与美国总统、医生和狗这 3 种题材有关，但出版商将这 3 种内容结合在一起出版的《美国总统的内科医生的宠物狗》一书的销售反而格外差。

该出版商推理的缺陷是犯了合成谬误。合成谬误是指在论证中，从部分、个体、元素所具有的某种属性，不恰当地推出其整体或集合体也具有这种属性的结论所产生的谬误。B 项恰当地指出了这一点。

21. 答案：C。

题干推理结构是：如果 P，那么 Q；Q，所以，P。

而 C 项的推理结构是：如果 P，那么 Q；非 Q，所以，非 P。这与题干推理方式不同。

其余选项的推理方式均与题干相似。

22. 答案：A。

题干陈述，解决养老金难题的政策包括提高缴费比例、降低支付水平、提高退休年龄。实行提高退休年龄这一政策的政府可能会在下次选举时丢失大量选票。但德国政府还是冒险采用了提高退休年龄这一政策。

A 项如果为真，说明提高缴费比例、降低支付水平这两项政策已走不通了，这就有效地解释了德国政府为什么只能冒险采用提高退休年龄这一政策。

其余选项均为无关项，起不到解释作用。

23. 答案：A。

由于该专业领域没有足够的岗位，所以，虽然最近大学某专业的毕业生去其他专业岗位工作的人更多了，但是并不能说明该专业岗位不受毕业生欢迎。因此，A 项正确。

24. 答案：A。

根据题干条件，写出以下关系式：

① $G \wedge S \to W$

② $N \to \neg R \wedge \neg S$

③ $P \to \neg L$

④ (L，M，R)＝2

⑤ (G，L，M，N，P，R，S，W)＝5

因此，本题实际上是在 L、M、R 中削减 2 个，在 G、N、P、S、W 中削减 3 个。

2	L、M、R
3	G、N、P、S、W

如果 L 和 S 同被削减，就要在 M、R 中削减 1 个，在 G、N、P、W 中削减 2 个。

1	M、R
2	G、N、P、W

A 项与题干条件没有矛盾。

B 项不可能，因为由条件③ $P \to \neg L$，可知 L 不会被削减，这与本题条件相矛盾。

C 项不可能，因为由条件② $N \to \neg R \wedge \neg S$，可知 S 不会被削减，这与本题条件相矛盾。

D 项不可能，因为由条件③ $P \to \neg L$，可知 L 不会被削减，这与本题条件相矛盾。

E 项不可能，同 C 项。

因此，A 项为正确答案。

25. 答案：C。

如果 R 未被削减，那么 L、M 就被削减了，在 G、N、P、S、W 中削减 3 个。

2	L、M
3	G、N、P、S、W

由条件③ $P \to \neg L$，当 P 被削减，则 L 不会被削减，这与本题条件相矛盾。因此，P 不能被削减。这样就要在 G、N、S、W 中削减 3 个。

这时，若 N 被削减，由条件② $N \to \neg R \wedge \neg S$，即 S 不被削减，这样就推出 G、N、W 被削减。

若 N 未被削减，则 G、S、W 被削减。

也即 G、W 被削减是必然的，因此 C 项为正确答案。

从上面的分析也可知，A 项是不可能的；B、D 项是可能的，但不必定为真。

26. 答案：B。

题干推理是：P（经济发展）→Q（环境污染）

其等价于：¬P或Q

因此，B项正确。

27. 答案：C。

老张：四川人←爱吃辣椒。

小刘：四川人∧不爱吃辣椒。

小刘的话对老张的话不构成反驳，小刘的说法是下式的负命题：

四川人→爱吃辣椒。

因此，C为正确答案。

28. 答案：E。

题干论述：捐赠物品需要非常昂贵的日常维护费，因此，捐赠赠品加剧了博物馆对财政资源的需求。

E项表明，即使没有得到捐赠，博物馆也要买这些赠品，那么捐赠就减少了博物馆的购买开支，这就严重地削弱了题干论证。

其余选项均不妥。其中，A项为明显无关选项。B项，即使捐赠现金减轻了博物馆的财政压力，但是捐赠物品的影响不会改变。C项，无论如何博物馆无法避免在贮藏或者维护赠品上的开支，有支持题干的意思。D项，排除了博物馆出售赠品减轻财务压力的可能，有支持题干的作用。

29. 答案：C。

如果王教授是历史学家，又深入研究过夏商周三代历史，加上如果C项为真，即历史学家中只有中国的历史学家才会深入研究夏代历史。那就必然可以推出，王教授一定是中国的历史学家。

30. 答案：C。

题干断定：抽烟会导致癌症，酗酒导致癌症的可能性有多大不能确定。

从中最能推出的是：既抽烟又喝酒的人比那些不抽烟不喝酒的人患癌症的概率要高。即C项是最可信的。

A、B、D项也有道理，但不如C项可信。E项不可信。

模拟试题十九参考答案及解析

1. 答案：B。

既然全部文科类选修课都有学生选修，全部理科类选修课也都有学生选修，可推出结论：该校每门选修课都有学生选修。

2. 答案：E。

王和田的猜测矛盾，必有一真一假。

因为只有一个人的猜测与事实不符，可知丁、赵说真话。

由丁说真话可知，所有人的体检都不合格是不可能的，即有的人体检合格。

由赵说真话可知，校长不合格。这样，田说的是真话，王说的是假话。

因此，答案为 E。

3. 答案：C。

题干论述，一个作战计划中的弱点是不会向外泄露的，但是，A 国所公布的“夺岛”计划却自曝弱点：没有能力迅速运送兵力，以满足登陆作战需要。

A 项是 A 国公布“夺岛”计划的原因，没有说明其为什么泄露弱点；同样地，B 项也不能成为其泄露弱点的理由。C、D 项都可以解释其自曝弱点这一反常做法，但相比较而言，C 项相关性更强，会使自己为“夺岛”计划而发展进攻力量合理化，是全民性的；D 项只是为了改变部分人的意愿。

4. 答案：C。

专家认为，撒谎的心理压力会导致某些生理变化，借助测谎仪可以测量撒谎者的生理表征，从而使测谎结果具有可靠性。如果各种各样的心理压力都会导致类似的生理表征，那么，测谎仪测量到的生理表征，不一定意味着被测试者撒谎，也许是别的心理压力所导致的，这就有力地削弱了题干的论证。

5. 答案：D。

要解答本题，就是要找一个选项说明基于总分的排名不应当被学生们用作申请学校的标准的结论是正确的。D 表明综合得分所依赖的衡量标准对不同的学生来说，可能会因为他们需求的不同而具有不同的重要性，也就是说学生们应根据他们各自的需要而不是根据综合得分来选择学校，所以 D 是本题答案。B 是易被误选的选项，但是要注意的是，广告的内容不一定都不正确，学校的排名高是既定的事实，而不是由学校吹捧出来的，也就是说排名高的学校用此做广告并不能说明综合得分不应该作为申请学校的标准。A、C 和 E 都是无关选项。

6. 答案：B。

题干中的信息是 A 牌奶粉与 B 牌奶粉进行了两年的比较广告战，没有使各自的市场份额增大，反而使很多人不再购买任何品牌的国产奶粉。也就是它们运用比较广告使各自的市场收缩了，这就对B选项的结论提供了支持。

其余选项均超出了题干内容所断定的范围。

7. 答案：C。

题干论述：幼儿园降低管理费所带来的风险是，为应付幼儿园服务质量下降引发的问题而付出的费用可能会更多。

可见，这一论证必须假设管理费降低很可能使幼儿园降低服务质量。否则，管理费降低不可能使幼儿园降低服务质量，那么，题干结论就不成立了。

8. 答案：E。

由于三个人都只猜对了一半，因此，六句话为三真三假。由于三个人都对甲进行了断定，且断定的身份都不同，因此，关于甲的三句话必定是一真两假，于是三个人说的后面那句话必为两真一假。

	第一句话	第二句话
甲	甲当了律师	乙当了法官
乙	甲当了法官	丙当了律师
丙	甲当了检察官	乙当了律师
分析结果	一真两假	两真一假

在三个人的第二句话中，对于乙的两个判断不能都为真，则假话肯定在关于乙的两个判断中，所以剩下的“丙当了律师”这句话肯定是真话，而三人的猜测都是只对了一半，因此，乙说的前面这个判断“甲当了法官”是假话。

既然甲不是法官，又不能是律师，所以，甲是检察官，乙是法官，丙是律师。

所以，E项为正确答案。

9. 答案：C。

本题为性质命题的对当关系推理，其中：(1) 为A判断，(2) 为I判断，(3) 为O判断，(4) 为a判断。

(1) 必定为假。否则，若 (1) 为真，则 (2) (4) 均为真，这与题干条件只有两个为真矛盾。然后，由 (1) 假可推出 (3) 为真。所以，正确答案为C。

10. 答案：B。

A直接对结论提出质疑，C和D指出其他原因。

至于在胰腺癌患者中男女各占多大比例的问题，对上述研究结论的可靠性没有影响。

11. 答案：A。

A项实际上是做个对比实验。如果以肉食为主、很少食用以上蔬菜的群体中胰腺癌患者的比例大，就支持了上述研究结论；反之，如果比例很小，就削弱了上述研究结论。因此，A项是个很好的评价。

B、C、E项都与评价无关。D项是干扰项，但即使查明上述蔬菜中含有某些成分，题目也没告诉你这些成分的作用怎样。因此，D项不是好的评价。

12. 答案：E。

通过认真读题，可以发现批评家答非所问。因此E为本题答案。A、B、C和D四个选项都不能从题干中合理地推出。

13. 答案：B。

题干所述报道称：让水稻听感恩歌、《大悲咒》能增产。

理由是：第一，福建省良山村水稻听《大悲咒》增产了15%；第二，专家表示，音乐有助于植物对营养物质的吸收、传输和转化，还能驱虫。

B项所述，该方法是否具有大面积推广的可行性，显然无助于评估上述报道的真实性。

其余选项都与评估上述报道的真实性具有相关性，这些选项如果为真，均有助于评估上述报道的真实性，若为假，则反对了题干报道的真实性。

14. 答案：C。

本题推理是将一个研究的结果类推至所有孩子，其暗含假设是“接受研究的孩子”与“所有孩子”的探讨对象本质属性一样。如果这个隐含假设不成立，那么，题干的类比推理就受到削弱。C指出研究人员无意识地将相当多的以前接受过别的教育培养训练的孩子包括进来，因此，作为这个研究人员测试对象的孩子是特殊（或不具有代表性）的，他们的成功性的增加完全有可能是另外的教育培养训练的结果，所以C为本题答案。B中的“认知能力”与题干推理无关。

15. 答案：A。

张霞的猜测是：

①陈红买的是苹果。

②黄燕燕买的肯定不是戴尔。

③余明明买的不会是苹果。

根据题意，这三个断定是一真两假。假定①真，由于三人买的手提电脑牌子都不一样，那么，③也必然真。这违反了题意。因此，必然推出①为假，即，陈红买的不是苹果。

下面可分两种情况分析：

第一种情况：②真③假。则，黄燕燕买的不是戴尔，余明明买的是苹果。可以推出：陈红买的是戴尔、黄燕燕买的是惠普、余明明买的是苹果。

	苹果	戴尔	惠普
陈　红	×	√	
黄燕燕		×	√
余明明	√	×	×

第二种情况：②假③真。则，黄燕燕买的是戴尔，余明明买的不是苹果。得出这三人都没买苹果，不符合题意，排除。

	苹果	戴尔	惠普
陈　红	×		
黄燕燕	×	√	
余明明	×		

16. 答案：E。

题干推理：前提P（温度模式变化）导致了Q（干旱），结论R（全球变暖）不能导致Q（干旱）。

要削弱题干推理，只要说明R（全球变暖）导致了P（温度模式变化）即可。

选项E说明全球变暖趋势影响了太平洋地区温度模式变化，起到了间接削弱的作用。

17. 答案：E。

题干论述，青蛙的卵没有保护，青蛙数量的下降可能是由紫外线照射增加导致的。

E项表明，把青蛙的卵保护在沙子下的青蛙物种比不保护的青蛙数量下降得少，这意味着保护是有效的，有助于说明紫外线照射是青蛙数量下降的原因，因此为正确答案。

其余选项均不妥。其中，A项，是个无因有果的削弱；B项，昆虫物种下降与题干无关；C项，涉及无关概念“杀虫剂”；D项，乌龟卵有坚硬的外壳，但乌龟数量也下降，这削弱了题干论证。

18. 答案：A。

根据题干陈述，“北京人”属于直立人；对中国当代人群的研究发现，没有检测到直立人的遗传组分。从中显然可以推出：“北京人”的后代可能灭绝了。

再根据题干陈述，对中国当代人群的研究发现，其遗传物质均源自非洲，起源时间在10万年以内。从中可以推出：中国当代人的祖先是大约10万年前从非洲来到亚洲的。

因此，题干陈述有力地支持了A项的说法。

其余选项都推不出。

19. 答案：D。

根据题干条件，可知：

化学药剂VIANZONE＋氯化钠→浑浊

化学药剂VIANZONE＋硝酸钾→浑浊

化学药剂VIANZONE＋苯→透明

化学药剂VIANZONE＋一种透明溶液中→透明

显然可知，该透明溶液不含有氯化钠（否则会变浑浊），也不含有硝酸钾（否则也会变浑浊），而含有苯是可能的。

因此，答案选D。

20. 答案：C。

题干断定：哥白尼的天体系统理论优于托勒密的理论，而且它刚提出来时就比后者更好，哥白尼提出的是一个较为简单的理论。

可见，题干论述的原则是简单的理论优于复杂的理论，所以，C项正确。

其余选项都不妥，比如选项B是干扰项，因为题目比较的是差和优，而不是重要性。

21. 答案：A。

只有财富被平均分配的情况下，才能够保持政治稳定，可以表示为：

（1）财富被平均分配←政治稳定

财富的平均分配消除了风险的存在，可以表示为：

（2）财富被平均分配→消除风险

风险的存在正是经济有效运转不可缺少的前提条件，可以表示为：

（3）风险的存在←经济有效运转

由（3）得：（4）消除风险→不能保持经济有效运转。

由（1）和（2）得：（5）不消除风险→财富不被平均分配→不能保持政治稳定。

由（4）和（5）通过二难推理得出结论：要么“不能保持经济有效运转”，要么“不能保持政治稳定”。

22. 答案：A。

根据题干条件，列表如下：

		①不看电视	②看新闻节目	③看动画节目
妈妈	要看电视，什么节目都可以	×	√	√
爸爸	可以不看电视，要看就看新闻节目	√	√	×
孩子	可以不看电视，要看就看动画节目	√	×	√

因此，“有一个人同意全部意见”是不可能成立的，即A项正确。

23. 答案：D。

需要解释的现象是，电话公司开始提供电子接线员系统，然而近期内，人工接线员不会因此减少。

显然，A、B、C、E项有助于解释这一点。而如果D项成立的话，人工接线员就会减少，反而削弱了题干结论，因此，不能解释题干现象。

24. 答案：E。

题干断定：

（1）好的生源和一流的师资队伍→能够在高考中取得好成绩

（2）改善教学条件←好的生源和一流的师资队伍

既然×中学去年没有在高考中取得好成绩，那么由（1）式可必然推出，×中学一定没有好的生源或者师资队伍不够一流。因此，Ⅰ项不必然为真，但可能为真。

至于×中学是否改善教学条件，从（2）式推不出来，也就意味着，教学条件是否改善都有可能，即Ⅱ项和Ⅲ项不必然为真，但也都有可能为真。

因此，E为正确答案。

25. 答案：A。

题干对“倾销”的定义是，以低于商品生产成本的价格在另一国销售这种商品的行为。

并举例：H国的河虾生产者正在以低于M国河虾生产成本的价格在M国销售。

可见，H国的河虾生产者是否正在M国倾销河虾，取决于倾销定义中的“生产成本”指的是商品原产地的生产成本，还是销售地同类商品的生产成本，因此，A为正确答案。

26. 答案：D。

所谓“别在我家门口”综合征的典型特征是当触犯个人（个体）的利益时，公开反对自己曾赞成和支持的符合整体利益的事情。

A项不属于“别在我家门口”综合征。因为当该家长知道一个感染了艾滋病毒的孩子进入了他孩子所在的学校时，并没有改变他原先的感染了艾滋病毒的孩子不能允许进入公共学校的主张，而只是立即办理了自己孩子的退学手续。

B项不属于“别在我家门口”综合征。某政客自己递交了一份虚假的财产登记表，并不能说明他改变了所有政府官员必须履行个人财产公开登记的主张。

C项不属于“别在我家门口”综合征。某教授主张的是宗教团体而不是个人有义务从事慈善事业，因此他自己拒绝捐款资助索马里饥民并不有悖于他的主张。

D项属于“别在我家门口”综合征。某汽车商要求本国政府限制外国制造的汽车进口，这直接有悖于其国际汽车自由贸易的主张。

E项不属于“别在我家门口”综合征。因为主张“本国保持足够的核能力以抵御外部可能的核袭击”并不有悖于“核战争足以毁灭人类”的观点。

27. 答案：C。

题干断定：连续3年获得过三等奖以上的奖学金∧本年度各门学科终考成绩平均得分在90分以上←特等奖学金。

该原则并没有得到严格贯彻，即是其负命题：

(¬连续3年获得过三等奖以上的奖学金∨ ¬本年度各门学科终考成绩平均得分在90分以上)∧特等奖学金。

C项，张三为去年入学，即不可能连续3年获得过三等奖以上的奖学金，但他获得了本年度特等奖学金。这符合该原则的负命题，因此，支持了校董事会确定的上述原则并没有得到严格贯彻这一结论。

28. 答案：B。

规则：候选人多于一个→候选人同意被提名∧在表态同意之前被告知其他的候选人是谁。

事实：候选人同意被提名后←知道实际的候选人是谁。

由于只有当候选人同意被提名后才能知道实际的候选人是谁，因此，候选人同意被提名之前不知道实际的候选人是谁。

而如果候选人多于一个，按照题干所陈述的规则，候选人同意被提名之前已被告知实际的候选人是谁。这就与事实不符。这说明，如果该项规则得到实施，候选人不可能多于一个。因此B项成立。

A项不一定成立。因为，如果候选人是一个，题干所述的规则仍然可以实施。

因为若实行题干所述的规则，被提名的候选人最多只可能是一个，因此，E项很可能成立，但不必然成立。例如，可以设想一条规则，实施该规则不可能产生任何候选人。既然这种情况不能排除，E项就不一定成立。

其余各项显然均不成立。

29. 答案：D。

A选项，G在第三天，Q必然在第五天，R必须在第六天。与题设矛盾。排除。

B选项，H在第三天，G在第五天，只有第一天和第二天是连续的，而这样就无法安排Q、R，所以，这种排列也不符合题意。排除。

C选项和B选项类似，没有位置连续安排Q和R。故排除。

D选项，与题干条件不矛盾。

30. 答案：B。

根据题干，可知Q在第四天，R在第五天，F在第六天。只有第一、二、三天可以安排J、G、H。而Q不在第五天，所以G不在第三天。因此第三天只能是J或H。

模拟试题二十参考答案及解析

1. 答案：D。

本题为典型的因果倒置型题目。D 项揭示了一个额外信息，说明因为醉酒而出现暴力倾向，而不是因为具有暴力倾向而容易喝醉酒。

B 项与 D 项类似，但出现了“喝酒上瘾”的新概念，不如 D 项好。

2. 答案：C。

题干断定：

①如果有的人灵魂不能进天堂，则“上帝之爱”就不是普适的。

②如果“上帝之爱”不是普适的，则上帝的存在就不是合理的。

③如果所有人的灵魂都能进天堂，那么，信教与不信教就没有重大区别。

由条件②得：如果上帝的存在是合理的，“上帝之爱”就是普适的。再结合条件①得：所有人的灵魂都能进天堂。再结合条件③得：信教与不信教就没有重大区别。因此，C 项必然为真。

3. 答案：B。

题干结论是，北极的开发和利用将为人类带来巨大的好处。理由是：第一，北极资源丰富；第二，全球变暖使北极地区冰面融化，穿过北冰洋的航线可使从亚洲到欧洲的距离大大缩短。

B 项不能质疑开发北极的可行性，因此为正确答案。

其余选项均说明了开发北极会带来不同的负面作用，都削弱了题干论证。

4. 答案：E。

题干的回应犯了诉诸无知的谬误。目前没有任何报告显示这种化学品进入海产品食物链并威胁到公众的健康，并不能排除这种化学品进入海产品食物链并威胁到公众的健康的可能性。可见，E 项正确地指出了题干论证的错误。

5. 答案：C。

题干断定：如果盛大败诉，则培养了自己的竞争对手；如果盛大胜诉，则为 *bang!* 日后告赢《三国杀》抄袭提供了一个非常好的案例。盛大公司或者败诉或者胜诉，因此，盛大公司或者在培养自己的竞争对手，或者在为 *bang!* 将来状告自己抄袭提供好的案例。即 C 项正确。

6. 答案：C。

题干研究发现揭示的意思实际上是，在患肺癌的建筑工人中有 90%的经常感受到压力。其并没有说明肺癌患者中建筑工人所占的比例，因此推不出“王强很可能是一名建筑工人”的结论。

只有假设“经常感受到压力的肺癌患者中绝大多数是建筑工人”，那么根据王强是一名经常感受到压力的肺癌患者，才能推出：王强很可能是一名建筑工人。所以，C为正确答案。

E项似乎也有道理，但不如C项准确，因为不仅仅是不足以推出王强的身份，而是根本推不出。

7. 答案：B。

题干断定：如果具备较扎实的专业知识和基本社交能力，或者作出适合自己的选择，那么，就能找到工作职位。既然小王没有找到工作职位，那么可推出：小王不同时具备较扎实的专业知识和基本社交能力，并且没作出适合自己的选择。因此，B项正确。

8. 答案：B。

依据本小题条件，J在周五、周六、周日，则L只能在周一、周二、周三、周四。K在周一、周二、周三，则Y必然也在周一、周二、周三，周一、周二、周三必须有蔬菜，J已经特价3次了不能排，G也不能排，所以必然排H。特价商品数满额，故周一、周二、周三也不能排L。因此只能把L排在周四。

9. 答案：C。

根据本小题条件，水果特价9次，而一周只有7天，所以有两天必然是有两种水果特价，再加上必须有蔬菜，这两天已经满额了，所以，最多剩下5天可以进行饮料特价销售。

10. 答案：E。

题干论述：由于著名歌手的演唱费用比他们的模仿者要高，广告费用上升。

E项是题干论证的假设，否则，广告不使用歌曲的广为人知的版本（即该著名歌手演唱的版本），那么就得不出题干的结论。

A项与该论述无关。该论述讨论广告费用，而不是广告效果，因此，没有假设B项。该论述假设特定歌曲的广为人知的版本是不可以随意使用的，但没有涉及其他歌曲，因此C项不是假设。由于该论述指出广告公司将停止使用模仿者，故没有假设D项。

11. 答案：A。

测试结果发现：快乐的人比不快乐者独处时间少，说话时间多；进行实质性谈话多，闲聊少。

A项很好地概括了测试结果，作为结论最恰当。其他选项都不适合作为结论，其中，B、E项虽然符合题干，但没有全面概括测试结果；C、D项只是说明数据不能反映真实情况。

12. 答案：A。

题干结论是：一个职业球员到了45岁时运动水平和耐力不会明显下降。理由是：45岁的退役球员和30岁的现役球员在一场马拉松比赛中的成绩没有什么差别。

A项指出题干论证犯了以偏概全的逻辑错误；C、D项都是另有他因的削弱。从最能削弱上述论证的角度看，A项削弱力度最大。B、E项是无关项。

13. 答案：E。

A、D、E项都能加强论证，但E项加强力度最大，因为E项为题干论证提供了科学依据。B项起到削弱作用，C项是无关项。

14. 答案：A。

第二个孩子说：我有三个妹妹。第三个孩子说：我有三个哥哥。可见，至少是六个，三儿三女。首先可排除E项。

假定A项成立，从大到小依次排顺序为1～6号，如下表所示：

1	2	3	4	5	6
儿子	儿子	女儿	儿子	女儿	女儿

此种情况下，第一个孩子在3号或4号位，表中所列情况满足其回答；第二个孩子在2号位，表中所列情况满足其回答；第三个孩子在5号位，表中所列情况满足其回答。没有矛盾。

B项不能满足第一个孩子的回答；C项不能满足第二个孩子的回答；D项不能满足第三个孩子的回答。因此，答案只能选A。

15. 答案：C。

题干断定：

①成为真正的世界强队→具备一流水平的科学训练手段

②不成为真正的世界强队→无法在国际大赛上夺冠

由此可推出：不具备一流水平的科学训练手段→无法在国际大赛上夺冠。即：只有具备一流的科学训练手段，才能获得世界冠军。A项符合原意。

B项符合①的原意；D项符合②的原意；E项符合②的原意。只有C项不符合题干原意，因此为正确答案。

16. 答案：A。

对于恐龙灭绝的原因，甲的意见是饥饿（极大地减少了以前丰富的食物来源），但认为造成饥饿的原因是全球性的气候剧变；乙的意见也是饥饿（新的动物家族成为与恐龙争夺食物的致命对手），但认为造成饥饿的原因是新的动物家族哺乳动物；丙的意见还是饥饿（大量的作为恐龙食物的植物相继枯亡），但认为造成饥饿的原因是行星撞击地球，引起烟云遮日达数十年之久。由此可见，三人都同意饥饿是引起恐龙灭绝的原因，但对引起食物短缺的原因有不同的意见，所以选项A成立。

17. 答案：D。

题干等价的逆否命题是：如果弗兰没获得金靴奖，那么，斯内德获得金靴奖或者穆勒助攻次数不比斯内德多。因此，在弗兰没获得金靴奖，并且穆勒助攻次数比斯内德多的情况下，就必然推出：斯内德获得了金靴奖。即正确答案是D。

18. 答案：A。

题干前提有：

（1）预报坏天气∨预售票卖得太少←音乐会取消

（2）音乐会取消→退款

（3）¬预售票卖得太少∧退款

题干结论是：预报坏天气。

根据（1）要得出预报坏天气的结论，必须满足“音乐会取消”和“并非预售票卖得太少”这两个条件。这从（2）和（3）推不出来。必须把（2）的条件改为：音乐会取消←

退款，才能推出题干结论。

可见，题干推理错误在于，误把“取消”作为“退款”的唯一充分条件，即充分必要条件。选项A很好地描述了这一推理特点。因此是正确答案。

19. 答案：D。

题干需要解释的现象是，该公司撤销了占员工总数25%的三个部门，并没有雇用新员工，但实际裁员率仅为15%，而没有达到25%的预计裁员率。如果D项为真，即被撤销的三个部门的一些优秀员工被重新分派到该公司的其他部门工作，就有说服力地解释了题干的现象。

20. 答案：E。

题干依据氟化物会增加骨骼密度，就推出使用氟化物能帮助强化骨质、降低骨折风险。

E项表明，使用氟化物后骨骼比正常的骨骼组织更脆，更易受损，这就直接削弱了题干的观点。

21. 答案：B。

题干中教职员工认为留学生和州外学生学费提高导致了生源减少。它的逆否命题就是，要使生源不下降就必须减少学费。B项为减少墨西哥生源的学费提供了一个可行的方案，因此是正确答案。

A项没有提出这样一个计划。因为要讨论的问题是得克萨斯州边境附近的大学招收的墨西哥生源下降的问题，而向墨西哥人提供经济上的激励，使他们去墨西哥的大学上学，对于解决该问题没有任何帮助。C、D和E项都没有提出计划来降低被认为导致招生人数下降的学费。

22. 答案：D。

教育专家的观点是，过多地上课外班对小学生的心理健康不利。

各选项对题干似乎都有不同程度的支持。D项提供证据，表明多上课外班的小学生心理异常者的发生率高于少上或不上课外班的小学生，相比较而言是最有力度的支持项。

23. 答案：C。

题干断定：A总说真话，B总说假话，C说真话和假话都有可能。用排除法解：

对于A、B项，第一个人是A，应说真话，测试者问第一个人：“你是谁?”其回答不可能说“我是C”，排除。

对于D项，第一个人是C，第二个人是A，那么，测试者问第二个人：“第一个人是谁?”第二个人不可能回答说“他是B”，排除。

E项，第一个人是C，第三个人是A，那么，测试者问第三个人：“第一个人是谁?”第三个人不可能回答说“他是A”，排除。

只有C项，不能使题干条件产生矛盾。因此，C为正确答案。

24. 答案：B。

题干断定，所有的工程师都是工会会员，所有工会会员都办了信用卡。这表明，所有工程师都办了信用卡。再加上题干又断定，没有管理人员办信用卡。因此，可必然推出：所有工程师都不是管理人员。因此，B项必假，为正确答案。其余选项都有可能为真。

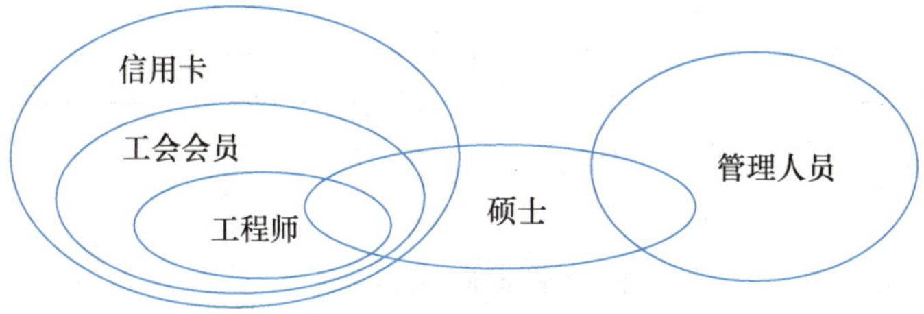

25. 答案：D。

从题干可必然推出：所有工程师都办了信用卡。

因此，D项“一个没有办信用卡的工程师”是上述前提的一个反例。

其余选项都不与题干矛盾。

26. 答案：C。

题干断定，对希腊来说：

（1）债务危机得不到解决→对欧元区的经济产生负面影响

（2）进行广泛改革←重返经济发展的道路

（3）¬(减少福利∨实现经济大幅发展）→债务危机难解

由（3），解决债务危机→减少福利∨实现经济大幅发展

因此，如果希腊要解决债务危机，那么，必须减少福利或者实现经济大幅发展。但如果还无法实现经济大幅发展，就必须减少福利。可见，C项为正确答案。

其余选项均不必然为真，比如A项是（3）式的否命题，B项是（2）式的否命题。

27. 答案：D。

张华所述“作为公司的合法拥有者，只要我愿意，我就有权卖掉它”，这其中的“权”是指“公司的拥有权”。而“如果我卖掉它，忠诚的员工们将会因此遭受不幸，因而我无权这样做”，这其中的“权”是指“对忠诚员工的负责权”。

可见，这两种说法并不矛盾，张华推论中的缺陷就是将公司的拥有权与对忠诚员工的负责权混为一谈。因此，D项为正确答案。

28. 答案：D。

本题条件表达如下：

（1）$M<X$

（2）$Y<M \rightarrow Q<K$，X

（3）$M<Y \rightarrow K<Q$，X

（4）$S<Y \dot{\vee} S<M$

诸选项中只有D项与题干条件不矛盾，因此，为正确答案。

其余选项均不符合题干条件，其中，A项违背条件（3）；B项违背条件（4）；C项违背条件（2）。

29. 答案：A。

$S\neq1$，否则违背条件（4），又因为$Y=2$，所以，$S>Y$。

再由条件（4）得：$Y<S<M$。结合条件（1）得：$Y<S<M<X$。

再由条件（2）得：$Q<K$，X。

这样Q只能在1号位。因此，K、S、M、X在3到6号位。

1	2	3	4	5	6
Q	Y				

诸选项中只有A项符合条件。其余选项均不可能为真。

30. 答案：C。

因为K<M<Q，由条件（2）的逆否命题推得：M<Y

再结合条件（4），推得：K<M<S<Y

又由条件（1）M<X，推得：M< X，Q，S，Y

因此，M的右边有四件瓷器，左边只有一件，即K。

所以，K只能在1号位，M在2号位。

1	2	3	4	5	6
K	M				

诸选项中只有C项与上述条件不矛盾，因此为正确答案。

其余选项均不符合上述条件，均不可能为真。

后　记

作为管理类和经济类专业学位联考的重要科目，逻辑推理测试的特征是在难度合理的基础上，强调以速度为主，因此，为应对这种富有挑战性的实力型测试，考生既需要具有雄厚的综合实力，又需要运用有效的应试方法和策略。

考前最后一个月是复习的重要阶段，是考生最后能把握到的冲刺阶段！临考冲刺的最大特点是时间短、节奏快。

冲刺阶段的主要任务是进行全真模考训练。

平常在做练习时一定要集中限时训练，否则成效较小。考前做模拟练习时，一定要找出整块、连贯的时间，在不受干扰的环境中进行；注意对时间的把握，一定要掐时间做练习，在规定时间内做完一套题，以此来训练自己的应试能力。有的考生习惯于平时慢慢做，做一题对一下答案，这非常不利于逻辑的备考。平时训练时一定要按照考试规定的时间做一整套题，做完后对答案，再对做错的题进行分析，并充分理解。同时应注意：不要搞疲劳战术，一次正式训练就只做一套题；要专心，不要隔一会儿做一道，有手无心；有时暂时的错误率比较高，也不要太担心。每次练习都要计时记分。具体做法是：

（1）总用时限制在考试规定的时间内。一定要严格遵照考试大纲所规定的时间要求进行模拟训练，一套联考综合能力的逻辑推理题（30 道）要限时在 50 分钟内做完。

（2）题目做过一遍之后，记一下时间。

（3）用 5 分钟检查一遍。

（4）写下自己对“错了几道”的估计。

（5）对照答案。

（6）分析总结，做错的题一定要看书后的解析。

做题后要学会总结，举一反三。光练不总结是考前训练的大忌。一定要花时间把做错的题搞懂、弄透彻，不仅要知其然还要知其所以然。特别是做了一套题以后，总结一下，看自己的感觉是不是和命题者一致，这是解题训练的一个有效方法。

衷心希望各位考生通过本书的训练，有效地提高逻辑解题能力和应试能力，顺利夺得逻辑高分。

科学思维文库·周建武逻辑书系
在版书目

科学思维是人们正确认识客观世界和改造客观世界的有效工具，是对包括逻辑与批判性思维在内的各种科学思维方法的有机整合。“科学思维文库·周建武逻辑书系”目前在版的主要图书如下：

考研逻辑系列图书

- 《MBA、MPA、MPAcc、MEM管理类联考综合能力逻辑历年真题分类精解（精讲篇）》
- 《MBA、MPA、MPAcc、MEM管理类联考综合能力逻辑历年真题分类精解（精练篇）》
- 《MBA、MPA、MPAcc、MEM管理类联考综合能力逻辑精选600题（20套全真试卷及详解）》

考研逻辑辅导丛书

- 《MBA、MPA、MPAcc、MEM管理类联考综合能力逻辑教程(考前辅导与历年试题精讲)》
- 《MBA、MPA、MPAcc、MEM管理类联考综合能力逻辑题库（专项训练与模拟试题精编)》
- 《管理类联考与经济类联考综合能力论证有效性分析(考试教程与历年真题)》
- 《经济类联考综合能力逻辑应试教程(历年真题分类精解及全真模拟试卷)》

科学逻辑系列丛书

- 《科学推理——逻辑与科学思维方法》
- 《科学分析——逻辑与科学演绎方法》
- 《科学论证——逻辑与科学评价方法》

大学逻辑系列丛书

- 《逻辑学导论——推理、论证与批判性思维》
- 《批判性思维——逻辑原理与方法》
- 《论证有效性分析——逻辑与批判性写作指南》

高中逻辑系列丛书

- 《简明逻辑学——逻辑论证与批判性思维》
- 《科学逻辑——逻辑推理与科学思维方法》

大众逻辑系列丛书

- 《博弈法则——历史与生活中的逻辑》
- 《思维日训——逻辑趣题365道》
- 《推理日训——逻辑名题365道》
- 《经典逻辑思维名题365道》
- 《经典全脑思维趣题分类训练》

图书在版编目（CIP）数据

MBA、MPA、MPAcc、MEM管理类联考综合能力逻辑精选600题：20套全真试卷及详解 / 周建武编著. -- 北京：中国人民大学出版社，2024.4

ISBN 978-7-300-32754-9

Ⅰ.①M… Ⅱ.①周… Ⅲ.①逻辑-研究生-入学考试-习题集 Ⅳ.①B81-44

中国国家版本馆CIP数据核字（2024）第081186号

MBA、MPA、MPAcc、MEM管理类联考综合能力逻辑精选600题（20套全真试卷及详解）

周建武　编著

MBA、MPA、MPAcc、MEM Guanlilei Liankao Zonghe Nengli Luoji Jingxuan 600 Ti（20 Tao Quanzhen Shijuan ji Xiangjie）

出版发行　中国人民大学出版社

社　　址　北京中关村大街31号　　　**邮政编码**　100080

电　　话　010－62511242（总编室）　　010－62511770（质管部）

　　　　　　010－82501766（邮购部）　　010－62514148（门市部）

　　　　　　010－62515195（发行公司）　　010－62515275（盗版举报）

网　　址　http://www.crup.com.cn

经　　销　新华书店

印　　刷　北京昌联印刷有限公司

开　　本　787 mm×1092 mm　1/16　　　**版　　次**　2024年4月第1版

印　　张　19.75　　　**印　　次**　2024年4月第1次印刷

字　　数　469 000　　　**定　　价**　59.00元
